唯有知识

让我们免于平庸

—— 唯知唯识 喜乐平安

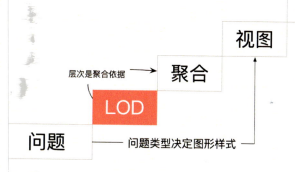

从问题到图形的可视化方法、最佳可视化实践

行级别计算补充数据、聚合回答答案、高级计算实现额外聚合

行级别、主视图LOD、额外引用的级别（Fixed LOD）

区分样本、维度（层次）、聚合，以及问题类型

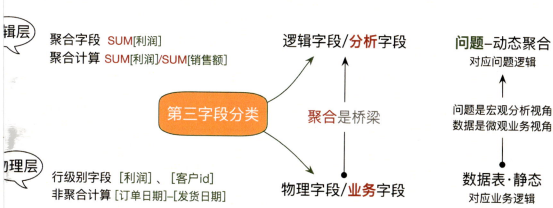

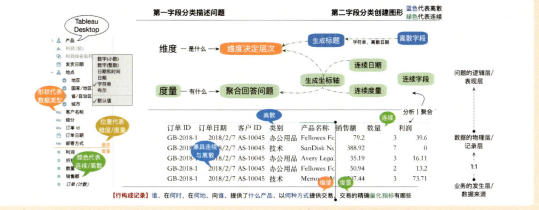

· Tableau字段的多种分类方法及其关系（第4章）·

· 第三字段分类：业务字段与分析字段（第3章）·

· 分布和相关性分析是向结构化分析的过渡（第2章）·

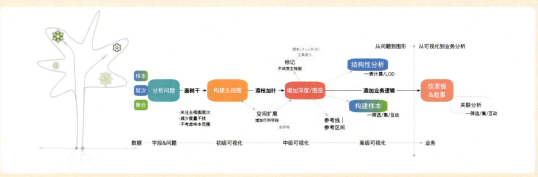

· 从问题分析到图形增强分析的完整路径（第4章）·

· 使用自定义字段逻辑,实现更高级自定义形状和文本修饰(第9章)·

· 在主视图中间接引用特定独立层次的聚合特征(第14章)·

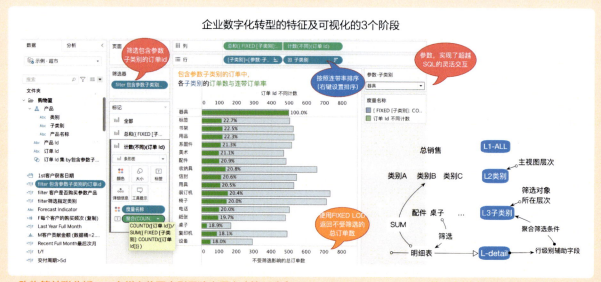

· 购物篮关联分析——在样本范围中引用独立层次(第14章)·

业务可视化分析
从问题到图形的Tableau方法

喜乐君 著

电子工业出版社
Publishing House of Electronics Industry
北京·BEIJING

内 容 简 介

对广大的业务分析师而言，业务分析（或者称为商业分析）应该从业务和问题出发，可视化是实现的方法，辅助决策是最终的目的。本书以业务分析为起点，介绍了"样本范围、问题描述和问题答案"的解析方法，以及聚合过程、连续与离散的字段分类，共同作为业务分析、可视化分析的理论基础。

本书借助敏捷 BI 工具 Tableau，详细介绍了 7 种基本问题类型（排序与对比、时间序列、占比、文本表、分布分析、相关性分析、地理空间可视化）及其对应的基本图形，并介绍了基于标记、坐标轴、参考线、计算的增强分析方法。本书的目的是让读者从"三图一表"的结果分析，经由分布和相关性的特征分析，走向业务分析中的关键领域——多个问题的结构化分析。

未经许可，不得以任何方式复制或抄袭本书之部分或全部内容。
版权所有，侵权必究。

图书在版编目（CIP）数据

业务可视化分析：从问题到图形的 Tableau 方法/喜乐君著. —北京：电子工业出版社，2021.8
ISBN 978-7-121-41764-1

Ⅰ．①业… Ⅱ．①喜… Ⅲ．①可视化软件－数据分析 Ⅳ．①TP317.3

中国版本图书馆 CIP 数据核字（2021）第 157200 号

责任编辑：石　倩
印　　刷：北京天宇星印刷厂
装　　订：北京天宇星印刷厂
出版发行：电子工业出版社
　　　　　北京市海淀区万寿路 173 信箱　邮编 100036
开　　本：787×980　1/16　印张：22.25　字数：570 千字　彩插：2
版　　次：2021 年 8 月第 1 版
印　　次：2025 年 1 月第 4 次印刷
定　　价：139.00 元

凡所购买电子工业出版社图书有缺损问题，请向购买书店调换。若书店售缺，请与本社发行部联系，联系及邮购电话：(010) 88254888，88258888。
质量投诉请发邮件至 zlts@phei.com.cn，盗版侵权举报请发邮件至 dbqq@phei.com.cn。
本书咨询联系方式：faq@phei.com.cn。

推荐序 1

21世纪以来,数据已经逐渐渗透到各个行业和领域,成为重要的生产因素,推动了社会和经济发展。大数据分析则是人们与数据进行信息沟通的重要手段,能够充分挖掘数据价值并帮助分析决策。2016年,教育部公布首批3所增加"数据科学与大数据"专业的高校;到2020年,开设该专业的院校已超过600所。"数据科学与大数据技术"专业是典型的多学科交叉领域,很多大学甚至都是多个院系合作培养,该专业方向的人才一般要具备理论、实践和应用3个方面的综合能力,既能深入理解模型,又能解决实际问题。

可视化是完成数据分析与业务决策相结合的关键技术。可视化在其中的作用体现为:第一,可视化旨在利用人的视觉感知能力,强化人对数据的认知理解,是数据分析的核心技术之一;第二,可视化的目的是洞悉事务的规律,包括探索、发现、解释、分析、决策和学习等,与数据分析和业务决策息息相关;第三,可视化强调"认知回路",相比自动化方法的黑箱模型,可视化是业务用户进入大数据分析领域看得见、摸得着、直观易懂的道路。

Tableau 最早起源于斯坦福大学的 Polaris 的科研成果,作为一款问题驱动的数据可视化工具,Tableau 是理论与应用完美结合并成功商业化的典型案例。它强调"可视化分析周期",即提出问题、分析数据、得出答案、根据答案继续提出下一个问题的迭代分析过程。我们把这个过程称为,从问题到图形的 Tableau 方法。

本书的作者虽然不是专业的 IT 背景出身,但是接受过一流高等院校本科、研究生的系统训练,因此他的书很好地融合了理论与实践、体系与方法、经验与总结。在和作者的交流中,我也能感受到他对业务分析的专注、理论探索的热情。

本书看似是讲解 Tableau 敏捷分析工具,实则阐述了完整的面向业务的可视化分析框架体系,结合业务、"从问题出发"是这本书的鲜明特色。其中,第1篇,作者介绍了"从问题出发"的数据常识和理论框架,总结为"3种字段分类方法";第2篇,作者介绍了"从问题出发"的7种可视化图形;第3篇,作者介绍了如何利用第2篇的基本图形要素,实现多维度分析,走向"高级问题分析"。综观全书,有几个地方给我留下了深刻印象。

- 从业务视角出发，作者总结了不同阶段的代表性工具（Excel、SQL、Tableau）背后的共同点和差异，总结了"样本范围、问题描述和问题答案"的分析方法，并借助"层次"的概念与高级计算、结构化分析前后关联，为业务用户走向高级分析指明了一条鲜明的道路。
- 在层次分析的基础上，作者把可视化分析分为结果分析、特征分析和结构化分析3个阶段，借助 Tableau 字段维度和问题层次的概念，精彩地阐述了"大数据分析是多维度、结构化分析"的观点。
- 本书从问题出发阐述图形，而非为了图形讲解图形，其中讲解了很多具有启发性的案例，比如从绝对坐标轴到相对坐标轴的转化、文本表的修饰等。

大数据分析是理论与应用高度结合的领域，希望本书提出的面向应用的分析框架，能够对将转行进入大数据分析领域的人们有所帮助。

陈为

浙江大学　教授

2021 年 7 月

推荐序 2

21世纪是互联网的时代，也是数据的时代。2003年，Tableau在美国西雅图成立。3位创始人均来自斯坦福大学，分别是曾获得奥斯卡金像奖与图灵奖的教授Pat Hanrahan、对数据充满热情的睿智商业领袖Christian Chabot和杰出的计算机科学家Chris Stole。他们联手解决了软件面临的最大难题之一：让数据变得通俗易懂。

过去30年，中国经济发生了翻天覆地的变化，同时也面临着全新的机遇和挑战。在数字化面前，所有传统行业都值得重做一遍，因此，中国正努力推进现代化和数字化进程，这也是缩小与世界差距的关键方式。如今，在互联网金融、新零售、移动支付等数字经济领域可以引领世界浪潮。国家如此，我们每个人也是如此，每一位劳动者都应该用数据、数据思维武装自己。在2021年麦肯锡发布的《中国的技能转型》研究报告中称，"到2030年，平均到每位劳动者，约87天的工时可被自动化取代，并需重新部署"，而在推动技能转型的关键举措中，首推"数字化技术"。未来，每个人都应该具备数据思维，从而面对这个数字化的世界。

企业是国家中最关键的经济主体，也是每个人施展才华的地方。在企业环境中，数据的最终目的在于辅助领导的业务决策。每一个最终决策背后，都有至少10个可供替代的决策选项，至少30个假设验证的思路，以及无数的数据支持。面对越来越复杂的企业决策环境，企业中每个人都需要更快的数据分析能力和假设验证方法；面向企业决策的敏捷分析，正是Tableau的最佳应用场景。Tableau已经从早期的可视化分析工具，发展成为覆盖数据分析、数据治理、安全管控、数据分享等一体化的企业大数据分析平台，而面向决策的敏捷可视化分析是其最为精湛的一环。

本书的作者喜乐君使用Tableau至今，其孜孜不倦的钻研精神令人钦佩；同时，作为Tableau重要的服务商之一，又得以深入各行各业不断积累真实的Tableau应用经验。喜乐君持续不断地输出高质量知识，帮助越来越多的Tableau用户深入理解Tableau的精髓。因为他深入思考、无私分享的社区精神，在2021年更被推选成为全球Tableau Zen Master成员。

本书中，喜乐君进一步总结了他的学习和客户实践经验，并毫无保留地分享给读者，在很多方面给我留下了深刻的印象。

- Tableau 作为敏捷分析的工具，其完美的应用依赖于特定的分析常识的理解，本书将关键的分析常识和 Tableau 中、高级应用结合在一起，工具而不失理性，原理又不显枯燥。
- 对维度和度量、连续和离散、物理与逻辑的"3 种字段分类方法"，特别是从 Tableau LOD 发展而来的"层次分析方法"，有助于初学者快速掌握 Tableau 的底层逻辑，并为高级分析打下坚实的基础。
- 全书秉承从问题出发的思考逻辑，而非"为了图形而说图形"，有助于帮助业务用户更好地理解业务分析，避免陷入"形式主义"的可视化陷阱。
- 最精彩之处，莫过于对"多维度、结构化分析"的总结，在这一方面，Tableau 体现了其他同类工具望尘莫及的优势，也是业务分析的最终归宿。

喜乐君作为一名"非 IT 背景"用户，能对 Tableau 的理解得如此深入，同时又能以通俗易懂的方式分享给大家，这又足以证明 Tableau 本身的优秀基因。"Tableau 帮助人人看到和理解数据"，有了本书的帮助，希望更多的业务用户能把 Tableau 的敏捷分析理念和分析方法，应用到所在行业中，从而取得更大的成绩。Tableau 终将不会辜负大家的期望。

叶松林

Tableau 大中华区　总经理

2021 年 7 月

推荐序 3

因为在国外大学里从事可视化和人机交互等课程的教学和研究的原因，我时常接触到各类数据分析和信息可视化的工具和资料，其中就有喜乐君的那本《数据可视化分析：Tableau 原理与实践》。其内容翔实有趣，喜乐君对 Tableau 的深刻理解令人眼前一亮。但工具的使用并不等同于数据可视化，我一直很期待喜乐君能写出一本同样实用却又可以超越工具本身的、不限行业和场景的、讲述业务分析与可视化的**系统方法**（system approach）的图书。没想到这么快就拿到了，着实令人充满期待。

我翻阅了这本书的样稿，欣喜地发现这的确是一本着眼于建立系统性思维的数据可视化著作。通过使用图表、图形和地图等视觉元素，数据可视化提供了一种便捷地查看和理解数据趋势、异常值和模式的方式。经常有学生问我，这难道不就是拿到数据，导入 Excel，生成柱状图之类图形的过程吗？非也！首先，我们要学会提出正确的问题，明确目的。就像 M. Browne 和 Stuart Keeley 在他们的《学会提问》（*Asking the Right Questions*）一书中指出的那样，学会提问能帮助我们进行批判性思考，为正确的决策从一开始就打下坚实的基础。这里面就涉及系统性的分析方法。虽然可视化本身不是目标，但优秀的可视化能帮助我们获得业务洞察力，引导我们进行业务决策。如果没有扎实的分析方法，不清楚业务分析和不同可视化方式的联系，那最终给出的可视化方案可能就是一个为了可视化而可视化的图形（很多图书或者商业案例中都有这样的问题），从而无法有效地传递信息、协助决策和传达价值。此外，在商业使用环境中，可视化这种视觉艺术的呈现形式往往也颇有讲究，优秀的可视化制作方案能够考虑听众和其他上下文因素（context），讲出令人信服的故事。

可以说，这个看似简单的"从提问到图形"的过程，其实是一个系统化过程，贯穿理解、分析、设计、制作，而这正是本书最大的魅力所在。喜乐君从业务和问题出发，把系统性的分析思维和设计思维娓娓道来，其言语真挚，深入浅出，富有哲理。人们常说，"授人以鱼，不如授人以渔"，本书是不仅有"授人以鱼"的生动形象的例子，更有大量的结合喜乐君十几年从业经验的、对普适性原理的阐述和探索，尤为难得。

感谢喜乐君倾心撰写本书，奉献给读者一次深层次、多维度的业务可视化分析之旅。我相信，无论你是初学数据分析的学生，还是已经在商业智能领域耕耘多年的从业人员，本书都会给你带来诸多启发和帮助！

满烨懋（知乎 ID：叶茂）

瑞典查尔姆斯理工大学 & 哥德堡大学 计算机系讲师

2021 年 7 月 20 日于瑞典

推荐序 4

在数字经济中，大数据是商业竞争的核心要素之一。

企业数字化转型背后，本质是构造以数字为中心的企业生态系统。在业务运营过程中，企业会遇到很多问题，从发现问题、分析问题到解决问题，都离不开数据的洞察。过去，企业面临的是数据太少、数据滞后；维护和管理数据的 IT 部门，通常与制定管理决策的业务部门相距甚远，因此"数据"很难转化为决策使用的"知识"。如今，借助大数据分析工具，业务用户可以深入参与到数据准备、数据分析的过程中，并借助可视化把数据分析与决策紧密结合，实现了真正的"数据自由"。这也是我们近年来大力推动数据治理、赋能业务分析的原因。

在从数据到应用的路上，可视化分析是适合每个人的"快车道"，能帮助领导直观地发现问题。我请喜乐君给公司管理层做过一次"大数据驱动业务决策"的主题分享，最受欢迎的就是基于企业业务场景的探索演示环节；各级领导一目了然地看到过去自己管理中的盲点，感慨于数据分析的魅力。我们也使用 Tableau 开发了一系列的主题运营看板，彻底拉近了业务领导与数据之间的距离，提高了业务决策的效率。

对管理者来说，最具有挑战的工作是发现经营过程中的异常，并寻找线索建立假设，最终解决业务问题。如今，借助 Tableau 大数据可视化分析，业务用户和分析师不仅可以实时了解业务动态，还能借助趋势分析、模型计算、异常洞察，更快地发现潜在风险和机会，之后为管理层提出更有针对性的决策建议与依据。沿着这样的道路，之前作为支持单位的信息化部门，就能深入参与到企业的业务决策中心，帮助企业缩小不同部门之间的"数字鸿沟"，更好地发挥数字的红利。

我看过喜乐君的《数据可视化分析：Tableau 原理与实践》一书，相比之下，这本《业务可视化分析：从问题到图形的 Tableau 方法》更加侧重业务分析方法，从问题解析出发，借助于图形又归于问题的探索。全书结合案例及通俗易懂的表述和操作插图，深入浅出地讲述了 Tableau 可视化的方法和图形。即使读者没有太多的统计学知识及 IT 技术背景，也很容易掌握这个工具，从而在业务工作岗位上，开展自助式的探索分析。

对企业而言，数据分析必须以满足业务需求为导向，因此要与业务问题紧密结合。本书精彩地回答了"分析如何与业务深入结合"，因此，本书分享的思考、方法、经验，一定能在某种程度上帮助读者提升数据分析能力。

王晶

长隆集团 CIO 兼数字与信息化部　总经理

2021 年 7 月

自 序

赋予可视化灵魂：
基于业务分析的新思考

与笔者的上一本书《数据可视化分析：Tableau 原理与实践》（以下简称《数据可视化分析》）的出版相隔整一年，我们又见面了。感谢每位读者的热心支持，笔者也将付出真诚与所有。这本书不仅仅是过去一年的新知识点，更包括了笔者在数据分析领域挣扎多年后对思考体系的重新梳理和突破。作为《数据可视化分析》的姊妹篇，本书在某些体系上更加基础、完整，在一些知识上又更加深入和进阶。

在这里，笔者简单介绍一下本书的缘起、阐述方法、知识结构等内容。

1. 缘起

在《数据可视化分析》一书中，笔者总结多年学习、培训和实施服务的经验，介绍了 Tableau 的完整知识体系，以及基于 Tableau 知识框架的问题分析方法、数据准备的多层模型，特别是基于"层次"（LOD）的计算体系。该书上市后，多谢各位读者的口口相传，在 Tableau 的小圈子里流传尚好，而笔者也借加印穿插补充了一些知识要点，并勘误校订。不过，该书的可视化阐述过于简单，这与笔者的艺术感欠缺、知识积累不够有直接关系。

综观各种可视化图形，不管是 Tableau Public 上的，还是借助 Python 可视化库实现的，在笔者看来，绚烂的形式背后大多远离了数据的土壤——业务环境。可视化的目的是业务与决策，应以业务为背景、从问题出发、以可视化方法辅助决策（见本书第 2 章）。

同时，作为 Tableau 重要的代理商和服务提供商之一，笔者在过去一年中有幸认识了很多客户，笔者惊奇地发现，原来大公司面临的困境和中小公司其实并无二致，甚至"组织惯性"更大、更难以改变。借助于自己多年前的业务背景，笔者极力向客户推广可视化表象之上的业务探索与结构化分析。在客户服务过程中，寥寥几个"结构化分析"案例总能打动业务人员的心——他们都曾有类似的想法，但是受限于工具，从来没有实现过。

在 2020 年下半年给红塔集团、平安普惠等客户提供培训和咨询服务时，笔者就开始酝酿本书的框架。笔者有几个非常明确的期望，希望借助本书实现：

（1）专注业务分析方法，阐述更加完整的逻辑体系，特别是基于"第一字段分类"的问题分析方法、基于层次的结构化分析方法（见第 3 章）。

（2）基于"第二字段分类"的可视化逻辑，"可视化是由点线面构成的图形"，但更重要的是图形类型及其对应的业务意义；业务分析是自问题到图形的过程，而非自数据到图形的过程（见第 4 章）。

（3）从业务场景出发，分门别类介绍问题的类型与图形逻辑，同时引导更多的业务用户从"三图一表"的基本图形，借分布分析和相关性分析的特位分析走向"结构化分析"。结构化分析是本书最重要的归宿，是笔者热切希望每一位读者、用户都能深入理解的内容，借助相关的简单案例，在你的用户中获得"哇喔"的惊喜。

2021 年上半年，在为长隆集团提供咨询服务的过程中，笔者在分享"数据准备与性能优化"时，获得了"第三字段分类"的关键灵感。本书付梓前夕，笔者特意突出了这个内容（见 3.4 节），虽然内容简单，但这将是之后新书的主题"数据准备与分析模型"的逻辑起点。

为此，本书尽可能站在业务用户的角度，延续"原理性思考"的底色，阐述如何从问题出发，从业务经验出发，沿着特定的逻辑，掌握业务分析的完整体系和方法。每个人都能经过刻意练习掌握这些方法，之后再与本行业的业务经验结合，成为高级业务分析师。

2. 本书的阐述方法

本书的精彩，首先来自体系框架和阐述方式；其次才是工具带来的想象力。

大学毕业及之后多年，笔者跟随王思悦教授学习"发明创造与创新思维"差不多十年了。课程中有一个让笔者铭记一生的例子：带橡皮的铅笔与羊角锤。王教授精彩地阐述了如何通过"同中之异""异中之同"的角度创造性地总结多个事物背后的特征，从而让笔者迈向创新之路。带橡皮的铅笔一端能写、一端能擦，羊角锤一端能敲、一端可拔，功能相克，这是二者的"异中之同"。而二者又有显著的差异，前者是"材料上的互克"，后者却是"结构上的互克"，此为"同中之异"。这个例子笔者反复听了很多年，每次都有新的收获，如今终于可以换一种方式表达出来。

在本书中，笔者将用上述思考方法，总结多年业务分析和客户服务经验中的"同中之异"和"异中之同"，构建整本书的逻辑体系，比如：

- Excel 透视图、SQL 聚合查询、Tableau 拖曳分析之间的相同点是什么（问题的结构和聚合过程是相同的，见第 2 章）？不同点又是什么（展现方式不同，即可视化基础，见第 3 章）？
- 条形图、折线图、饼图作为简单图形背后的相同点是什么（结果分析为主）？分布分析和相关性分析的相同点又是什么（特征分析为主）？从结果分析、特征分析再往前，就是二者结合的结构化分析。
- 简单问题和复杂问题因何不同，又因何关联在一起？如何用逻辑方法构建复杂问题和高级问题的结构？层次是问题分析的关键，多个层次的相关性就是结构化分析的关键。

以上是本书暗含的脉络。经由"同中之异""异中之同"的普适性原理与方法，帮助所有人快速进入可视化业务分析的广阔天地，再根据问题的不同类型，阐述不同分支的前进之路。

这种构建方法的好处是能在案例之后直抵原理，帮助读者举一反三、触类旁通，从而成为高级的业务分析师；而其缺点就是需要一定的理解能力，毕竟这也是笔者十年之功，历经多个行业的点滴总结。

当然，在看似复杂的体系背后，笔者并没有重新创造什么知识，无非是采纳百家之长，然后组合创新的结果（就像克里斯坦森所言）。五音可以谱曲，五色创造绚烂，哪怕只有五种图形，借助于原理性的理解和业务的表述方法，也可以深刻地展示数据背后的业务规律。

> "图片最伟大的价值在于它迫使我们注意到从未预见到的事物。"
>
> ——《探索性数据分析》，1998

在这个过程中，业务问题是指引，是方向，是北斗星。有一个"因指见月"的典故，教导我们不能执着于名相（"手指"）而忘记了修行的觉悟（"月亮"），就像匆忙得只记得赚钱而忘记了生活。业务分析何尝不是如此？

3. 本书的知识结构

本书从业务出发，从问题出发，穿插必要的分析知识和图形概念，最后以高级分析结尾。其中重点解释业务分析方法、可视化构建方法、主要的问题类型与扩展逻辑、业务中的结构化分析方法等，具体如下。

第 1 篇，介绍业务分析的重要性，以及问题分析的方法与可视化分析基础。

第 1 章，通过一个小故事，介绍传统企业普遍面临的困境。

第 2 章，介绍数据分析如何成为连接数据资产到价值决策的桥梁。这个桥梁中有两个关键词：

问题和图形。问题决定图形的类型与意义，图形是问题的载体。基本可视化、交互探索可视化和结构化分析层层递进，越来越靠近业务的本质。

第 3 章，介绍问题分析的方法。介绍适用于所有行业、普遍场景的结构化问题思考方法、过程思考方法，并努力将一些技术领域的专业词汇变成普及型的业务知识。

第 4 章，介绍可视化分析的构建逻辑与通用方法。脱离具体的图形，介绍可视化的构成、字段属性、图形的逻辑意义，以及适用于每种图形的可视化绘制路径和方向。

第 2 篇，介绍可视化分析的常见图形及其业务延伸形式。

第 5 章，介绍本书"从问题到图形的方法"的思考来源，以及主流的几种可视化选择路径。

第 6 章～第 12 章，分别介绍排序与对比、时间序列、占比、文本表、分布分析、相关性分析、地理空间可视化共 7 个主要的问题类型，以及每一类问题对应的基本图形、复杂图形和高级图形样式。

第 3 篇，介绍从单一可视化分析走向高级分析的交互与结构化分析。

第 13 章，介绍"样本范围"相关的控制要素，并重点介绍在"样本范围"中引用另一个层次的问题分析。以购物篮关联分析为例，对比了筛选、集和计算 3 种实现方法。

第 14 章，本书最重要的升华，介绍了"结构化分析"的业务背景、问题类型、典型案例，以及与之相反的可视化方向。

第 15 章，分享了如何成为一名优秀的业务分析师（商业分析师）的个人经验和建议。

在各个章节中，穿插了业务分析的案例和思考方法，限于篇幅，不能完整介绍每一步的细节，需要读者在"技艺"方面多加练习和探索。

卓越的思考一定是超越工具的，但最好的思考只有在最佳的工具中才能尽情绽放。本书配图主要基于 Tableau Desktop 完成，部分环节辅以 Excel 与 SQL 作为对比理解。

4．本书的长远希望

"业务分析师"或"商业分析师"作为一个全新的职业，在互联网、电商等行业中越来越重要；而每一个传统行业，都值得用类似的思维重建对数据的理解和数据分析框架——正如很多人所说，"数字化时代，所有的行业都值得重做一遍"，不管是卖菜、水电公共事业，还是制造汽车、火箭，这是我们这一代人的幸运和机会。很多传统公司在犹豫是否购买哪怕一套 Tableau 时，它已经为此付费了（只是换一种方式，比如重复劳动、沉没成本等）。

在这个快速变化的时代，很多人被守旧的思维和工具所困，所以"忙而无功"；很多 IT 部门陷入"终日碌碌"，而业务部门依然觉得他们"无所作为"的困境——不是每个人不努力，只是他们在做不擅长的事情。笔者希望为乐意改变的个人和单位提供一条看得见的转型之路。基于可视化分析的业务分析，是适用于任何企业的"数字化转型"的窗口。

数据是资产，已经是无可置疑的了，因为数据被称为"21世纪的石油"。

如果有人希望从IT人员转型为业务分析师（商业分析师），如果有人希望从业务人员成长为更优秀的业务经理（跨界的业务经理），那么笔者希望这本书能提供给他们一些捷径，并减少笔者所经历的苦痛和纠结。业务分析首先应该关注思维方法，其次才是工具实现。

不管你是否在用Tableau，本书都将提供超越软件本身的灵感。借此，希望读者能找到适合自己的成长之路。

毕竟，作为新时代的从业者，我们不仅仅是公司中的一员、家庭中的一员，更重要的是"自己的CEO"，正如德鲁克所言：

"知识工作者必须成为自己的首席执行官……不仅要清楚自己的优点和缺点，也知道自己是怎样学习新知识和与别人共事的，并且还明白自己的价值观是什么、自己又能在哪些方面做出最大贡献。因为只有当所有的工作都从自己的长处着眼时，你才能真正做到卓尔不群。"

5. 鸣谢

本书的构想最早源自红塔集团玉溪卷烟厂高宇雷先生的提议，他建议笔者多分享一些"可视化的制作方法"；之后在给平安普惠的多次培训中，本书脉络逐步完善，并在2021年春节期间集中完成。

2021年4月，为了验证本书的逻辑框架，笔者又在上海组织了6天的课程，完整、深入地分享了本书的细节，并获得了一些宝贵的改进线索。感谢参与的每一位朋友，以及来自上海杉达学院（提供了活动场地）、上海交通大学、华东师范大学、上海对外经贸大学等多位老师和学生的聆听。

感谢多年来每一位客户的支持和理解，作为一名"创业型知识分子"，客户给了笔者最大的理解和支持，这是笔者成长的土壤，也是这本书创作的动力。特别感谢百胜中国唐小强先生为本书做出的贡献，他是完整阅读本书的首位读者。

感谢Tableau，它让笔者感受到了"文思泉涌"的激情和热爱。2021年有幸成为全球Tableau Zen Master的一员，让笔者倍感荣幸。这本书也是笔者对这项荣誉的最好回馈。虽然本书在努力脱离工具阐述分析方法，但在Tableau面前，笔者永远要保持谦逊——笔者只是一具传递知识的"皮囊"，而Tableau才是激活笔者力量、赋予笔者能量的宝剑。

感谢多位Tableau大师，特别是Ken Flerlage、Andy Kriebel、Alexander Mou、Jeffrey Shaffer等多位Tableau Zen Master，读者可以在Tableau Public上领略他们的绝佳作品，本书多有引用。

感谢与笔者同时入围 Tableau Zen Master，同时还是中国首位 Tableau Ambassador 的 Wendy（汪士佳）女士；笔者诚邀 Wendy 为本书设计封面，她的回馈远超笔者的预期。不管是笔者所代表的理性之路，还是 Wendy 所代表的艺术家之路，Tableau 都会是你最好的伙伴。

感谢电子工业出版社的石倩编辑，因缘际会合作至今，她是两本书背后的默默功臣；每次图书加印，她都耐心地让笔者的书更加完美——不管是修改错别字、升级插图，还是协助笔者重写某些章节。本书的未来也是如此，每一次加印，都是一次或大或小的升级，这也是我们对待知识的态度。

感谢家人，在笔者匆匆忙忙的人生路上，他们理解了笔者的一切。

感谢喜乐的人生；人生美好。

喜乐君

2021 年 6 月 1 日

读者服务

微信扫码回复：41764

- 加入本书读者交流群，与作者互动
- 获取本书配套资源
- 获取【百场业界大咖直播合集】（持续更新），仅需 1 元

目　　录

第 1 篇　从业务和问题出发的可视化体系

第 1 章　我的故事：业务分析需要可视化 2
1.1　生活/工作面前，我们都一样 2
1.2　带着问题启程 5

第 2 章　奠基：业务可视化分析的价值与形式 7
2.1　古往今来，分析的终极目的是辅助决策 7
2.2　简单可视化：帮助领导更快地获得信息 11
2.3　交互可视化：可视化是假设验证的工具 14
2.4　高级可视化：分布、相关性分析与结构化分析 17
2.5　Tableau：敏捷 BI 助力决策分析 19

第 3 章　方法论：业务分析框架与分析基础 21
3.1　基础：业务分析框架与问题结构 22
　　3.1.1　"业务—数据—分析"的层次框架 22
　　3.1.2　理解问题的通用结构 23
3.2　过程：分析的本质过程是聚合 24
　　3.2.1　Excel 数据透视表：拖曳即聚合 25
　　3.2.2　独立于数据库的 SQL 查询：窗口式、编程化结构查询 26
　　3.2.3　Tableau VizQL 可视化拖拉曳：聚合、可视化、分析三合一 ... 26
　　3.2.4　超越工具之上：分析的本质过程是聚合 27

3.3 聚合的起点：理解数据明细表的构成与详细级别 28
    3.3.1 理解数据表的构成及字段分类 29
    3.3.2 理解数据表反映的的业务过程及数据表记录的唯一性 36
    3.3.3 理解多个数据表的"行级别"及其相互关系，是数据合并/匹配的基础 38
3.4 聚合的终点：理解逻辑表与逻辑字段 38
    3.4.1 理解"聚合表"的特殊性及其详细级别 38
    3.4.2 理解问题中包含的计算类型：行级别计算、聚合计算 39
    3.4.3 字段的分类与多视角理解 42
    3.4.4 常见聚合类型：合计、方差、百分位 43
3.5 从问题分析视角看数据分析的发展阶段 49

第 4 章 启程：可视化构建方法与扩展路径 52

4.1 从交叉表到图表：可视化的构成要素 52
    4.1.1 可视化坐标空间：坐标系与坐标轴 54
    4.1.2 字段的连续、离散属性与坐标轴 55
    4.1.3 可视化视觉模式与图形类型 62
    4.1.4 可视化的意义描述：不忘初心、牢记业务 65
4.2 7 种问题类型及其对应的可视化图形简述 66
    4.2.1 传统三大图及其局限性 67
    4.2.2 交叉表：侧重度量指标的高密度展现 68
    4.2.3 分布分析的三大典型图形 69
    4.2.4 相关性：散点图与双轴折线图 73
    4.2.5 地理位置可视化 74
4.3 从基本可视化到复杂图形的延伸方法综述 75
    4.3.1 从问题分析到图形增强分析的完整路径 76
    4.3.2 基于行列的空间扩展：分区与矩阵 77
    4.3.3 基于标记的增强分析：分层绘制方法 80
    4.3.4 基于坐标轴的扩展：双轴、同步与多轴的合并处理 86
    4.3.5 基于参考线的扩展：增加视图聚合的二次聚合 88

第 2 篇 问题的 7 种基本类型与可视化方法

第 5 章 从问题到图形的可视化逻辑 92
- 5.1 从问题到图形的启蒙与进化 92
  - 5.1.1 《用图表说话》中的三步走方法 92
  - 5.1.2 "问题的字段解析方法"与基本问题类型 93
- 5.2 可视化图形分类方法与可视化过程 95
  - 5.2.1 FT 可视化词典 95
  - 5.2.2 *Data Points* 中的数据可视化过程 97
  - 5.2.3 Abela 的"图形推荐"逻辑 98
  - 5.2.4 面向 IT 的 Echarts 与面向业务的 Tableau BI 99

第 6 章 没有对比就没有分析：排序与对比 101
- 6.1 基本条形图与多个离散维度条形图 101
  - 6.1.1 并排条形图（side-by-side bar）：离散字段并排构成分区 102
  - 6.1.2 条形图矩阵：离散字段交叉构成矩阵 103
  - 6.1.3 矩阵实例：日历矩阵条形图 104
  - 6.1.4 堆叠条形图：你喜欢喝什么咖啡 106
  - 6.1.5 比例条形图：把堆叠条形图转化为占比分析 108
- 6.2 包含多个度量坐标轴的条形图 108
  - 6.2.1 字段重要性递减的多种布局方式 109
  - 6.2.2 考虑字段关系的双轴布局方式 110
  - 6.2.3 并排条形图：多个绝对值度量字段的对比 112
  - 6.2.4 重叠条形图：多个绝对值度量字段的包含关系 113
- 6.3 字段类型和属性对可视化的影响 114
  - 6.3.1 字段类型和属性对颜色的影响 114
  - 6.3.2 "绝对值"与比值：字段属性对标记选择的影响 116
- 6.4 坐标轴的调整与组合 117
  - 6.4.1 默认零点：除非必要，谨慎更改 118
  - 6.4.2 坐标轴"倒序"：有些数据越大越差 118
  - 6.4.3 绝对值刻度与百分位刻度 119

6.4.4 从"等距坐标轴"到"不等距坐标轴" 120
6.4.5 棒棒糖图：虚拟双轴 121
6.5 以条形图为底色的进阶图形 122
6.5.1 靶心图：在排序基础上增加对比关系 122
6.5.2 "进度条"：展示单一对比关系的条形图变种 124
6.5.3 结构化分析实例：条形图的"高级化" 127

第 7 章 连续性分析：时间序列及其转化 129

7.1 时间序列的构成 129
7.2 折线图的多种延伸形式 130
7.2.1 时间的层次结构与连续/离散属性 130
7.2.2 并排折线图和矩阵折线图 132
7.2.3 多维度折线图、堆叠面积图、百分比堆叠面积图 133
7.2.4 案例：包含时序的柱状图与结构化分析 136
7.3 包含多个度量的时间序列 138
7.3.1 时间序列中的双轴与柱状图 138
7.3.2 双轴的改变：柱状图与折线图的结合 139
7.3.3 案例：基于公共基准的多轴合并 140
7.4 时间序列与条形图的结合：甘特图及其变种 141
7.4.1 标准甘特图：沿着连续日期延伸 141
7.4.2 股票蜡烛图：两个甘特图的重叠 143
7.4.3 跨度图："伪装的甘特图样式" 144
7.4.4 阶梯图：以阶梯方式表达"跨度" 146
7.5 日期的高级转化：绝对日期与相对日期 147
7.5.1 两类日期锚点：绝对日期轴和相对日期轴 148
7.5.2 "公共基准"案例：产品在不同时间段的业绩对比 149
7.5.3 高级案例：客户复购分析 152
7.6 时序分析中度量的处理与高级图形 155
7.6.1 聚合度量的累计汇总处理 155
7.6.2 绝对值与同比双轴图：同比或环比的比率 156
7.6.3 排序图：绝对值转化为相对排序 157

7.6.4　高级案例：地平线图——借助高级计算处理度量 159
7.7　坡面图：次序字段的前后变化 163
7.8　在趋势中增加对比关系：双折线增加阴影区 164

第 8 章　占比分析（part to whole）与高级分析入门 168
8.1　占比问题类型与饼图、树状图 168
8.2　高级分析入门：以"合计百分比"理解二次聚合 173
8.3　初级：饼图作为辅助图形查看结构 176
8.4　案例：结合计算自定义分组及其占比 178
　　　8.4.1　行级别分组：使用组和行级别计算自定义分组 178
　　　8.4.2　特定层次的分组：使用集和高级计算动态分组 179
8.5　案例：使用多种方法展示类别的占比 181
　　　8.5.1　方法一：使用"隐藏"功能分析单一类别占比 182
　　　8.5.2　方法二：使用"行级别计算"分析单一类别占比 183
　　　8.5.3　方法三：使用"筛选和高级计算"分析单一类别占比 184
8.6　高级图形：环形图、旭日图、南丁格尔玫瑰图 185
　　　8.6.1　环形图：最简单的双层次结构 185
　　　8.6.2　旭日图：双层占比 186
　　　8.6.3　南丁格尔玫瑰图及个人建议 187

第 9 章　交叉表及其延伸形式："旧瓶装新酒" 189
9.1　交叉表的关键场景：最高聚合与"总分结构" 189
9.2　交叉表的优势与推荐场景 191
9.3　让交叉表更实用：增加可视化修饰的方法 193
　　　9.3.1　典型交叉表的样式与说明 193
　　　9.3.2　简易法：基于度量名称的颜色修饰 194
　　　9.3.3　简易法：基于单一度量的突出显示表 196
　　　9.3.4　高级法：基于坐标轴和标记的"文本自定义" 197
　　　9.3.5　高级法：使用自定义字段逻辑控制形状或其他 201
9.4　让简单丰富起来：善用工具提示与仪表板互动 202

9.5　文字云与气泡图：不常用和不推荐的图形 204

9.6　总结：用好"三图一表"，揭开业务面纱 205

第 10 章　迈向大数据：超越个体、走向分布 207

10.1　从个体分析到分布分析 207

10.2　直方图：分布分析第一图 208

 10.2.1　简单直方图：使用数据桶（bin）在数据表行级别创建直方图 209

 10.2.2　高级直方图：使用高级聚合计算和数据桶生成直方图区间 210

 10.2.3　基于 RFM 模型的客户分布分析 211

10.3　分布函数与箱线图：以百分位和方差描述离散程度 214

 10.3.1　分布函数的应用：箱线图入门 214

 10.3.2　洞悉箱线图：理解百分位数函数与两类聚合 215

10.4　帕累托图：头部集中分布 218

 10.4.1　横轴百分位处理：将离散维度序列转化为连续百分位坐标轴 219

 10.4.2　纵轴累计百分比处理：度量的百分位转化 220

 10.4.3　空间分类处理：帕累托图的颜色分类和互动筛选 221

10.5　自定义分布分析：参考线与参考分布模型 222

 10.5.1　使用多条"百分比"参考线构建区间 223

 10.5.2　自定义百分位分布区间 224

 10.5.3　分位数分布区间 225

 10.5.4　标准差分布与"质量控制图"和"六西格玛区间" 226

第 11 章　超越经验，走向探索：广义相关性分析 229

11.1　散点图与参考分区：波士顿矩阵 229

11.2　中级：散点图矩阵和"散点图松散化" 232

11.3　高级：用皮尔逊系数生成相关值矩阵 236

11.4　层次关系：多个维度字段之间的结构关系 239

11.5　次序字段的流向分析：漏斗图和桑基图 242

 11.5.1　漏斗图（上）：基于次序字段的变化 242

 11.5.2　漏斗图（下）：基于度量值的变化 245

11.5.3　桑基图：多阶段的流向变化（简要） 247

11.6　瀑布图：多个数值的依赖关系 248

11.7　雷达图：多角度的综合关系 251

11.8　相关性或因果关系：基于空间的流行病学案例 254

第 12 章　特殊的分布：地理空间分析 259

12.1　地理空间和地理图层 259

12.2　点图与热力图：地理空间分布及其扩展形式 260

12.2.1　点图和热力图的对比说明 260

12.2.2　MakePoint 空间点和 BUFFER 缓冲函数 262

12.2.3　自定义坐标系分布："化学元素周期表" 264

12.3　符号地图与填充地图：用大小和颜色标记度量值 264

12.3.1　符号地图和填充地图：增加更多数据层 265

12.3.2　地图标记层：组合多种标记样式 266

12.3.3　高级案例：使用表计算自定义空间矩阵 267

12.4　路径地图：路径多点连线和 MakeLine 双点连线函数 269

12.4.1　多点路径：使用次序字段连接多个空间点 269

12.4.2　点到点路径：Makeline 空间线函数和 DISTANCE() 直线距离函数 270

12.4.3　AREA 空间面积函数 270

12.5　地理空间图形的说明 271

第 3 篇　超越：从可视化分析走向结构化洞察

第 13 章　样本控制与假设验证：交互 275

13.1　在 Excel、SQL、Tableau 中构建分析样本 275

13.1.1　Excel 与 SQL 中的静态筛选 275

13.1.2　在 Tableau 中创建筛选的基本方法 277

13.2　样本控制的形式与归类 278

13.2.1　快速筛选器的常见形式与优先级 278

13.2.2　关联筛选器和共用筛选器 281

13.3　基于中间变量的高级样本控制 282
13.4　样本控制的高级形式：指定详细级别的条件筛选 285
　　13.4.1　指定详细级别条件筛选的 3 种方式 285
　　13.4.2　购物篮关联分析的样本解读——量化筛选条件 286
13.5　性能：逻辑计算位置对筛选的影响 290
　　13.5.1　筛选的本质与筛选的标准位置 290
　　13.5.2　在聚合过程中间接筛选的"非标准操作"及其代价 291
　　13.5.3　不同筛选方法的高级分类与适用场景 293

第 14 章　从表象到本质：结构化分析是业务可视化分析的灵魂 296

14.1　结构化分析是通往业务探索的必由之路 296
　　14.1.1　结构化分析是业务复杂性的要求 297
　　14.1.2　结构化分析的基本形式 298
14.2　可视化分析中常见的详细级别及其组合关系 300
　　14.2.1　行详细级别、问题详细级别及聚合度、颗粒度 300
　　14.2.2　结构化分析的基本类型 303
14.3　结构化分析的几种典型场景和案例 303
　　14.3.1　交易的利润结构分析：主视图引入数据表行级别的聚合 303
　　14.3.2　订单的利润结构分析：主视图引入独立详细级别的聚合 305
　　14.3.3　客户矩阵分析：当前视图详细级别引入独立详细级别的聚合 307
　　14.3.4　环形图：当前视图详细级别引入更高聚合度详细级别的聚合 308
14.4　结构化分析的高级形式：嵌套 LOD 的多遍聚合 311
　　14.4.1　客户购买力：使用嵌套 LOD 完成多遍聚合 311
14.5　通用的详细级别分析方法 314
　　14.5.1　结构化分析与"问题结构" 314
　　14.5.2　详细级别分析的 4 个步骤 315
14.6　和结构化分析相反的"努力"方法 316
　　14.6.1　"形式大于内容"的图形 316
　　14.6.2　缺乏代表性和意义的指标 319
　　14.6.3　缺乏互动性的图表 319

14.6.4　不符合直觉的设计 320

第 15 章　归来：成为优秀的业务分析师的个人建议 321

　15.1　好奇、探索和持续学习的欲望，是前进的源泉 321

　15.2　学习理解原理，方能举一反三、事半功倍 322

　15.3　深入理解业务，方能立于不败之地 323

　15.4　分析要从明细开始，过度整理会远离真相 324

　15.5　工具不在多而贵在精，熟能生巧、巧能生智 325

　15.6　循序渐进，不要好高骛远 326

后记&参考资料 328

第 1 篇

从业务和问题出发的可视化体系

第 1 章

我的故事：业务分析需要可视化

1.1 生活/工作面前，我们都一样

日期：2020 年 1 月 15 日

坐标：某城市 SP 公司会议室

年初，分析部一众人马数日加班之后，终于完成了多位领导指派的"运营分析报告"。不过，谁都不敢松懈，马上就要召开年度运营会议，随时可能会被要求补充数据。这期间，身为总经理助理的小王就负责穿梭在各部门之间沟通问题，尽可能确保数据准确、结论清晰地呈现在总经理甄总面前。

2020 年业务虽然不错，但是总经理甄总似乎不太开心，因为他的主要任务并非仅关注销售额增长——毕竟 SP 公司过去几年一直增长不错。2019 年甄总走马上任，给董事会承诺的是利润以及新客户数每年保持 15%以上的同比增长，从而扭转过去多年来对部分大客户的过度依赖——这是一家以批发为主的企业用品提供商。

SP 公司的产品覆盖办公用品、技术和家具三大类，子类别多达 17 种，产品 SKU 达到 2000 多种。产品行销全国 30 多个省/市/自治区。

年度运营会议开始。

首先上台的是负责运营业务的 Kate 女士，她是跟着老板创业多年的干将，从早年的销售员一路成长为运营总监。

"2020 年，公司运营实现了 28.72%的同比增长，是过去几年增长最快的一年，利润也实现了明显的增长。" Kate 很自然地给大家展示了如图 1-1 所示的图形，虽然这种简单图形明显地阻碍了大家的数据表达，但是大部分人都不打算挑战相对保守、却又有点完美主义的甄总多年来的职业习惯。

图1-1 多年的业绩指标变化

"同时,客户数增长策略也较有成效,从去年的 662 个,发展为 698 个。"Kate 停顿了一下,望了一下长长的会议桌尽头的甄总。

"看上去,利润的增长似乎不及销售额的增长快。"一脸严肃的甄总一反往常的沉默。

小王在领导一旁如坐针毡,这样的数据汇报已经是公司的常态。每个人都要对自己的工作负责,同时考虑职位的稳定性。因此人性的弱点难免让我们每个人都有意识或者无意识地隐藏一些暗含风险的数据,同时根据领导的喜好对业务汇报做出调整。在每一家公司,似乎最高领导的喜恶、数据习惯和沟通方式才是高层业绩汇报的锚点。在 SP 公司,大家都乐意所见的是,甄总对数据并不敏感,这减轻了大家的压力和焦虑。

"客户数虽然增加了,但是也没有达成年初设定的达到 750 个的目标。能重点阐述一下为什么会这样吗?"略微思考后的甄总此时又发话了。努力保持镇定的神情,有一丝丝的不满。

"好的甄总,利润和客户数增长确实慢于销售额的增长。主要是由于部分地区的客户数严重下滑导致的,已经有外部渠道销售经理近期提交了辞职申请。这个您是知道的。"

作为总经理助理,小王虽然接触业务不久,但是天天参加这种高管会议,也逐渐熟悉了公司的人员分工和业务流程。由于 SP 公司是面向大客户的,而大客户无非就是各地区能直接接触终端企业客户的零售商和二级批发商。早期的大客户都是由创始人的"江湖关系"建立起来的,客户更新很慢,也就没有单独的市场部去开拓市场。所以,客户开发的任务虽然分给了运营中心,但更像是分给了各地区的销售代表——他们都是创始人早年的老兵,甄总也不想对他们大动干戈。

"好的,你继续说吧。"甄总沉默片刻后说道。

"接下来是产品部分。这幅图展示了 2020 年各产品类别、子类别的主要业绩指标。从中可以看出,除了复印机销售额极微小的下滑,其他均同比增长很好,特别是桌子和书架。当然,复印机和桌子的利润下滑比较大。不过,桌子的客单价(人均客户贡献)也是这里面最高的,这一点值得鼓励。"(见图 1-2)

2020年,各产品类别、子类别的运营指标

类别	子类别	销售额(元)	销售额同比%	利润总和(元)	利润同比%	利润率	客户数(个)	人均客户贡献(元)
办公用品	标签	33,036.1	37.9%	7,617.5	19.2%	23.1%	169	195
	美术	66,281.0	42.4%	-3,787.0	63.2%	-5.7%	151	439
	器具	734,513.3	28.9%	55,737.3	86.3%	7.6%	162	4,534
	收纳具	398,106.9	23.6%	112,336.0	30.3%	28.2%	209	1,905
	系固件	45,705.3	26.2%	6,290.5	15.5%	13.8%	179	255
	信封	101,439.9	43.0%	24,175.5	38.5%	23.8%	177	573
	用品	106,544.2	57.0%	12,942.6	24.3%	12.1%	177	602
	纸张	84,093.5	15.1%	19,577.6	9.4%	23.3%	152	553
	装订机	94,897.3	24.9%	12,899.0	16.2%	13.6%	232	409
	合计	1,664,617.5	29.4%	247,788.9	41.9%	14.9%	626	2,659
技术	电话	625,616.3	30.3%	91,685.3	20.4%	14.7%	167	3,746
	复印机	604,969.0	-1.1%	62,284.3	-38.0%	10.3%	164	3,689
	配件	252,589.6	16.2%	35,021.6	-7.7%	13.9%	155	1,630
	设备	326,889.6	38.9%	50,349.4	25.7%	15.4%	110	2,972
	合计	1,810,064.4	17.2%	239,340.6	-6.0%	13.2%	407	4,447
家具	书架	825,113.4	43.7%	135,174.6	38.4%	16.4%	176	4,688
	椅子	640,209.8	15.4%	92,621.7	0.8%	14.5%	221	2,897
	用具	170,441.6	40.6%	32,388.4	44.8%	19.0%	182	936
	桌子	351,991.7	116.4%	-66,199.7	-247.3%	-18.8%	58	6,069
	合计	1,987,756.5	40.7%	193,984.9	0.6%	9.8%	444	4,477
合计		5,462,438.4	28.7%	681,114.4	9.5%	12.5%	698	7,826

图 1-2 多年的业绩指标变化

说到这里,大家都坐直了身子,沿着那个会议室长条桌往前凑了凑身子,试图寻找一些自己关心的指标。

"今年的总体利润率是 12.5%,似乎比去年低了好几个点。"甄总说。

"是的,甄总。我们今年新开辟了一些市场,运营成本比较高,而且今年受电商影响,所以利润率下降了两个点左右。"Kate 解释道。

"接下来,我说一下各地区的销售情况。2020 年,华东地区的销售额占比最高,占公司的 28.7%;其次是中南地区。利润占比则正好相反,中南地区最高,为 33.5%,华东地区为 26.68%。从省份角度看,山东省销售额第一,这是我们深耕十多年最稳定的市场,也是我们的大本营;其次是黑龙江省和广东省。"(见图 1-3)

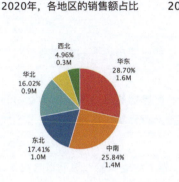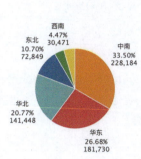

图 1-3　多年的业绩指标变化

"接下来，我们计划继续开拓山东省及周边市场，特别是近几年的新进城市，加快扩展客户渠道。加大营销投入，增加更多客户机会。"说到这里，Kate 围绕会议室看了一圈，看着甄总放下他冲茶的大铁壶。

每次开会，都是大家最紧张的时候，唯恐领导会问一些难以回答的问题；时不时还要加班整理数据。几年下来，小王已经感觉到了某些不佳的苗头，他总感觉这种凭借"经验性运营"的方法越来越难以适应互联网发展的大潮。甄总最近几年开始读某顶级机构的 EMBA 课程，也感受到团队转型的无力，数据上的转型就是一个关键而重要的缩影。很多决策缺乏深入数据分析的逻辑指引，经验性的业务假设缺乏验证，这就导致了越来越多的决策失误。

"除了上帝，任何人都必须用数据说话。"

——质量管理专家，爱德华兹·戴明（W. Edwards. Deming）

在职能部门工作越久，小王转型业务的想法就越来越强烈，苦于领导一直不能放行。不过，既然所有的业务都直接或者间接地转化为数据，那么也许数据分析是学习业务的一个不错的"捷径"。

1.2　带着问题启程

耳濡目染两年时间，小王基本了解了各位领导的汇报思路与总经理的思路。过去勤学苦练的 Excel 已经不能满足分析的展现需求，而且总是无法解决一些根本性的问题。比如，不同中心之间的数据不一致，采购人员说购买 5 亿元，运营人员说卖出去 4 亿元，仓库说只有 5 千万元存货，每个中心的数据看似都准确无误，却拼不成更大的业务。

所以，小王最近开始自学一个全新的工具——Tableau。边学习边用真实的数据做模拟，尝试着回答领导的一些业务问题。

（1）业绩虽然增长，但是利润的同比增长速度明显减慢。销售增长是由成熟市场驱动的，还是由新兴市场驱动的？利润增速下滑，是源自成本增加、管理费用超预算，还是市场费用不加节制？这些都是问题，需要借助层层假设来验证。

（2）几个子类别的销售增长很好，不过据说很多都是因为为了完成销售业绩而盲目打折导致的，甚至很多产品最后都是借助周年庆、创业季等宣传窗口"赔钱甩卖"（特别是一些临期消耗品和常年储存的次品）。在 SP 公司，虽然运营人员负责销售，但是产品折扣策略却是由采购中心制定的，这样的配合导致问题容易被隐藏、问题发现不及时、责任归属不清楚。运营门店有时为了照顾一些大客户，把客户养成了"不打折不消费"的坏习惯，结果出现了很多"蛀虫客户"。如何精确地量化这些风险？

（3）客户虽然在增长，但是对老客户的依赖度依然很高,高到什么程度？ 大家都是凭感觉，Excel 无法处理五六年的数据，所以每次也难以量化。

真正的业务分析，不是把 Excel 中的图表借"敏捷 BI"的名义实现自动化那么简单，技术的进步应该是帮助我们发现更多之前的分析盲区，特别是单一问题分析背后的结构化要素。

敏捷 BI 实现了"技术的平民化"，让不懂 IT 底层代码逻辑的业务用户，也可以借助可视化的操作技术和简单易懂的函数计算，加深自己对业务的理解，最后通过数据分析与业务理解的融合，实现业务决策的升级。

本书的内容，就是笔者多年业务思考、精进 Tableau 的最新总结。

第 2 章

奠基：业务可视化分析的价值与形式

古往今来，分析的目的是辅助决策，计算机是为"辅助决策"而生的。决策包含"获得信息"和"做出判断"两个环节，可视化分析既能提高获得信息的效率，又有助于以交互方式快速假设验证。

随着数据增加、业务复杂化，"所见即所得"的可视化分析成为业务用户的关键能力，是连接数据资产与价值决策的桥梁。而以结构化分析为特征的数据分析，更是深入理解业务的全新角度。

2.1 古往今来，分析的终极目的是辅助决策

不管在什么时代，哪个地点，也不管使用什么工具，分析作为一种富含主观能动性的思维劳动，它的目的不是数字和计算本身，而是应对人与自然、人与社会的变化。

1. 数据分析的历史伴随人类文明的发展史

毕竟，文字、程序和计算机能帮助我们思考，但不能代替思考。只是在不同的历史阶段，分析的焦点和工具不同。

- "智人"最早借助语言和想象以智谋狩猎，一步一步让猎物深陷包围圈，这是原始的、抽象的分析[1]。
- 国家借助数字和概率等统计学知识分析各国的政治、经济、军事力量，从而做好攻守策略，这是建立在严谨量化统计基础上的分析。
- 20 世纪开始，商业组织的竞争与国家军事需要成为更重要的社会进步的推动力，计算机、互联网、算法、编程语言等的发明推动了数据的大爆炸和分析的大发展，善用工具、顺应市场的企业在竞争中取胜，从而出现了"赢者通吃"的寡头现象。

1　改编自尤瓦尔·赫拉利《人类简史：从动物到人类》中对早期智人进化的描述。

时代在变化,分析的永恒目的(辅助决策)不曾变化;变化的除了工具,还有方法。

100年前,科学分析的分水岭是是否采用严谨的统计学方法。代表性事件是20世纪30年代,盖洛普预测罗斯福总统竞选成功[1]。样本多不一定准确,有代表性才是科学的。

最近几十年,科学分析的分水岭是是否采用"计算机辅助方法"。从70年前第一台计算机发明开始,计算机从预测导弹轨迹等军事用途快速普及到企业和个人领域。如今的每台电脑、每部手机、每辆汽车,甚至每个物联网灯泡和插座,都成为互联网世界的一分子。全世界每天新增加的数据量,都是天文数字。幸运的是,技术也在大发展,才有了如今我们的从容不迫。

如今业务分析都建立在计算机和数据库基础上,包括数据的采集、存储、处理、分析、展现各个环节,可以统称为"计算机辅助决策系统"(computer aided decision system)。不管技术如何进步,业务环境如何复杂,分析都天然地面向决策,很多人反而忽略了"计算机辅助决策"的初衷。

分析辅助决策,这是目的,也是起点,不管工具和方法如何变化。

那分析是如何辅助决策的呢?这就涉及从数据到决策的过程。

如图2-1所示,按照数据分析的加工阶段,可以分为数据、信息、知识和智慧/洞见4个阶段,被普遍称为"DIKW模型"。分析的价值就是借助外在的工具和内在的经验寻找数据之间的规律性,总结为信息并进一步转化为指导行动的知识和智慧/洞见。如果从企业的角度看,这个过程就是弥补数据部门和业务部门之间鸿沟的过程。

图2-1 数据金字塔和分析作为桥梁

在此,可以举一个有助于理解这个过程的例子。

笔者从某篇论文中提取了几个关键数据,分别是"中医、西医、3.7、13.2",这样的数据只是数据(data)而已。为它们赋予逻辑关系,为"(某个样本范围)COVID-19接诊患者,西医治愈率3.7%,

---

[1] 在那次预测中,数学家乔治·盖洛普通过建立与美国全体选民结构一致的5000个调查样本,战胜了几百万个发放问卷的传统媒体。

中西医结合治愈率 13.2%"，这样所有人都明白了数据背后的逻辑关系，这就是信息（information）。按照这个思路，可以收集关于死亡率、治疗成本等更多的信息，就可以获得可以指导行动的知识，如图 2-2 所示。

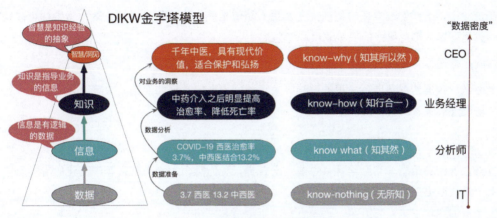

图 2-2　理解数据金字塔的过程

单片段信息只是阐述某个小样本的事实。背景信息（比如样本有效性、死亡率、治疗成本等更多信息）越多，面向决策的知识和行动就越有效，并能形成更好的普遍智慧。

2020 年年初，武汉爆发"新型冠状病毒肺炎"，伟大勇敢的医护人员与病毒展开赛跑，各种治疗手段都在陌生的病毒面前轮番上阵，也为中西医提供了一个极佳的对比样本。早期的治疗都是西医、西药方式，包括核酸检测、CT、"人工肺"、抗生素等，后来金银潭等中医医院的疗法获得认可。从 2020 年 2 月 3 日始，武汉市各定点救治医疗机构收治的患者必须服用中药。以此为分界，就有了前后不同治疗方法的对比样本，以此计算中、西医治疗新型冠状病毒肺炎的治愈率、病死率，就有了如表 2-1 所示的数据。

表 2-1　《中医治疗新冠肺炎成本收益比较》部分数据[1]

治疗方案	治愈率	死亡率	治疗成本
西药治疗/2月2日及之前	3.656%	5.154%	每天治疗成本约 4978 元/天，西医治疗患者的平均住院天数为（9.59±3.59）天
中西医治疗/2月3日使用中医药后到 19 日样本	13.188%	3.310%	中西医结合治疗患者的平均住院天数为（7.38±2.06）天

---

[1] 对应数据来自《中医治疗新冠肺炎成本收益比较》，作者：王健、郭敏、黄勉（武汉大学董辅礽经济社会发展研究院，武汉大学健康经济与管理研究中心）、吕明珊（卡尔加里大学文学院经济系、医学院社会卫生科学系、公共卫生学院），全文来自搜狐网络。

如果你作为国家相关部门领导人、医院院长,想要发展特色农业的地方代表,或者中医药大学管理者,甚至是一位思考子女成长路线的家长,在上述的数据、信息和知识的推动下,一定会做出一些有益的思考和行动,并比以往更加理性。

在企业中,这样的过程每时每刻都在发生。随着更多的信息和知识的汇聚,领导就可以获得进一步的数据理解,形成更好的决策洞察和智慧。

这就是数据作为潜在的资产,不断影响并转化为业务决策的过程。

上面是从数据的视角理解决策的过程,为了更好地理解数据如何辅助决策,还可以从人的大脑运作的角度理解决策的内在过程。

2. 决策:获得信息、做出判断的过程

首先,人的决策既非完全理性,也非完全自觉,我们每个人既受百万年来进化的直觉所控制,也被上千年文明史带来的理性方法所影响。

在《思考,快与慢》一书中,作者丹尼尔·卡尼曼介绍了人类大脑双系统的判断和决策机制,这里引用最为精彩而概括的一段:

> "我们人脑的运作,可以描述为2个抽象人物不稳定的相互作用,就是'快思考'和'慢思考',它们各司其职。快思考是系统1,运用直觉、快速进行思考,无意识且快速的,不怎么费脑力,没有感觉,完全处于自主控制状态。慢思考是系统2,监督系统1的运作,在自身有限能力下尽可能占据控制地位。将注意力转移到需要费脑力的大脑活动上来,例如复杂的运算。系统2的运行通常与行为、选择和专注等主观体验相关联。"

我们的工作和生活中都是这样的思考过程。回想一下公司开会的过程。总经理要求每一位汇报者的PPT和数据仪表板既要图文并茂,又要突出重点,就是为方便"快思考",便捷地获得信息;而一旦发现异常的线索,领导就会叫停,"慢思考"希望获得更多信息以做判断,此时是大量的数据、经验、智慧的理性交流。高管们通常要耗尽很长时间才能做出一点有效的决策,期间是"快思考"和"慢思考"不断交换阵地的过程。

再想一下企业想方设法吸引和促进客户成交的过程。

营销部门费尽心思吸引客户到门店,陈列部精心设计广告标识牌(POP),促销员要洞察客户的心理活动,融合营销学、设计艺术、消费心理学等各种知识为一体,只为让客户"不假思索地消费",减少犹豫、促进购买。商家的营销活动,就是尽可能让客户的"快思考"先于"慢思考"做出购物决策,如图2-3所示。

图 2-3　精明的现场销售激发客户的快思考代替慢思考

在很多习以为常的领域，这种"快思考"过程依然存在，比如红绿灯和"健康通行码"、车站和机场指示牌等。精心设计标识，目的都在于简化客户的决策过程，提高行为的准确性。

概括而言，决策判断可以分为"获得信息"和"做出决策"两个环节。只是不同的场景，各有侧重；可视化的首要目的是帮助人们更快捷地获得信息，从而更高效地走向决策过程。

当然，企业的决策过程要复杂得多，通常融合直觉与理性，不断地获得数据，不断地假设验证，最终才能选择"相对最优"的判断。而可视化分析方法，既是获得信息（直觉思考）到做出决策（理性思考）的桥梁，也是多种决策假设验证时的入口。

初级的可视化分析通常关注前者，特别是很多企业把"数字化大屏"视为 BI 分析；高级的可视化分析是面向业务的，作为辅助决策出现的，是数据与经验的结合，是直觉与理性的结合。据此，笔者把可视化分为 3 个阶段：简单可视化（侧重于展示数据结果）、交互可视化（探索与假设）、高级可视化（侧重数据的相关性、分布与多详细级别结构）。

2.2　简单可视化：帮助领导更快地获得信息

相对于理性的判断，人类在直觉思考方面的进化显然更久，而可视化的判断和认知是直觉思考（快思考）的重要分支。

正如专家所讲，"视觉感知系统是迄今人类所知的具有最高处理带宽的生物系统。人眼具有很强的模式识别能力，对可视化符号的信息获取能力远高于对文本和数字的直接识别。"[1] 这是可视化的理论基础。在数据爆炸的时代，领导要处理更多的外部信息，高效的可视化因此越来越重要。

几千年的人类文明，就有很多可视化"进化"的经典案例，其一是数字，其二是钟表，其本质都是"可视化要素"的优胜劣汰。

---

[1]《数据可视化》，陈为 沈则潜 陶煜波 等编著，电子工业出版社。

1. 数字的进化：形状、位置等可视化要素"此消彼长"

罗马数字是西方早期的数字系统，借助于"手指"这一特殊形状形象化表示，每个手指代表 1，一只手就是 5（用两个手指的间隔 V 符号化代表）[1]，人有两只手，正反两个 V 叠加为 X 代表 10；数字 9（Ⅸ）和数字 11（Ⅺ）就用相对位置来表示。当数字越来越大时，罗马数字就变得笨重，一方面需要创造更多的形状代表大数，另一方面需要不停地左右组合描述其他值。如图 2-4 右侧所示，8、80、800 看似不同又有相似之处，罗马数字是借助形状、位置、计算来描述的。

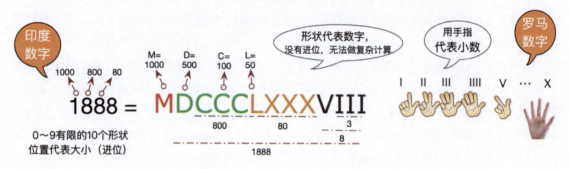

图 2-4　用位置代表大小的印度数字战胜了形状代表大小的罗马数字

罗马数字在描述小数 1~14 时，只需要记住Ⅰ、Ⅴ和Ⅹ三个形象化的符号再组合就好。相比之下，印度数字（也称为阿拉伯数字）则要记住 0~9 共计 10 个符号——幼儿园小朋友也是太难了。但是，由于有了 0，就有了填充位置而来的 10、100、1000 和进位方法（无须创造更多形状，位置就能代表大小），一下子为未来的无限数字制定了永恒规则——无法言喻的美妙。

类似的道理，为什么中国的"天干地支纪年法"被大众所遗忘，多少人还能背下来"甲乙丙丁子丑寅卯"？一个重要原因是，作为计数的方法，它包含的形状太多，又依赖"60 年一甲子"循环组合代表大小，甚至不能描述 61、62，太"贵族"（依赖理性）。

罗马数字和天干地支纪年法都太"贵族"（依赖理性），而不够"平民"（依赖直觉），它们可以服务于精英知识分子和需要神秘感的教士占卜家，却不适合所有人的直觉，因此在市场经济的大潮中被印度数字和大写计数（如壹佰伍拾玖元）所取代。

有人说，印度数字传入欧洲，和"借贷记账法"一起催生了商业历史大发展，是不无道理的。我们如今已经很难想象一个没有印度数字的时代，更不能想象 70 年前还是竖版印刷的时代。

如今的数字是"可视化视觉要素"之间优胜劣汰的进化结果，当知识从宫廷外溢到平民，足够形象、方便、老少皆宜的方法才有机会被广泛传播——能引起快思考的可视化方法是重要的进化原

---

[1] 中世纪之前，罗马数字"4"一直都是四条竖线，逐渐改为Ⅳ是为了简洁，曾长期被认为是不合规的写法。

则。而在"可视化视觉要素"之中,"位置"通常是第一要素——把最重要的信息放在最关键的位置。这几乎是仪表板布局的第一法则。

2. 钟表的进化:分类、坐标轴和循环的可视化完美结合

人类很早就有了时间观念,但是却难以衡量它。如图 2-5 所示,早期的时间仪器有点像沙漏,没有循环概念,后来的日晷有了循环刻度,以阴影的位置代表时间;工业革命推进了技术的发展,逐渐才有了如今钟表的样子——它不仅有时、分、秒的三级分类,而且自动周而复始。无须计算,每个人都可以通过可视化的直觉判断。

图 2-5　钟表的发展历史

在典型的钟表中,时、分、秒代表分类(用长度来代表),周围的刻度代表 12 进位、60 进位和循环(用首尾相接的坐标轴代表)。中国传统的天干地支纪年也有类似的逻辑——10 天干、12 地支有条件地组合为 60 一组,周而复始。只是,罗马数字的线性增长,天干地支的循环往复,都不及印度数字精妙——用有限的几个形状组合描述无限的增长。

可见,数字和钟表都是可视化直觉的胜利,经典的"进化案例"还有红绿灯(健康码也是这个思路)、斑马线、警示牌等各种标识。

它们都是使用了位置、大小、颜色、形状等人们清晰易辨的方式来传递数据。科学家把这些可视化背后的一致性元素称为"前注意属性"(preattentive attribute),它们在我们的潜意识层面活动,无须经过理性思考,帮助我们快速获得信息并做出相应判断。常见的"前注意属性"如图 2-6 所示。

图 2-6　常见的"前注意属性"

3. 以展现数据结果为目的的简单可视化样式

可视化分析就是使用这些元素表达数据，从数据中归纳信息并予以展现的过程。借助上述的"前注意属性"，简单的可视化分析仅用折线图、条形图、饼图就能展现丰富的数据内容。

在典型的仪表板中，最重要的数据通常是宏观的关键指标，比如销售额、利润、利润率等，它们位于仪表板的左上角（视觉的起点）；其他数据放在右侧或者下方，帮助领导层层递进地获得信息。图 2-7 展示了"2020 年度超市的核心指标及产品类别的盈利情况"。

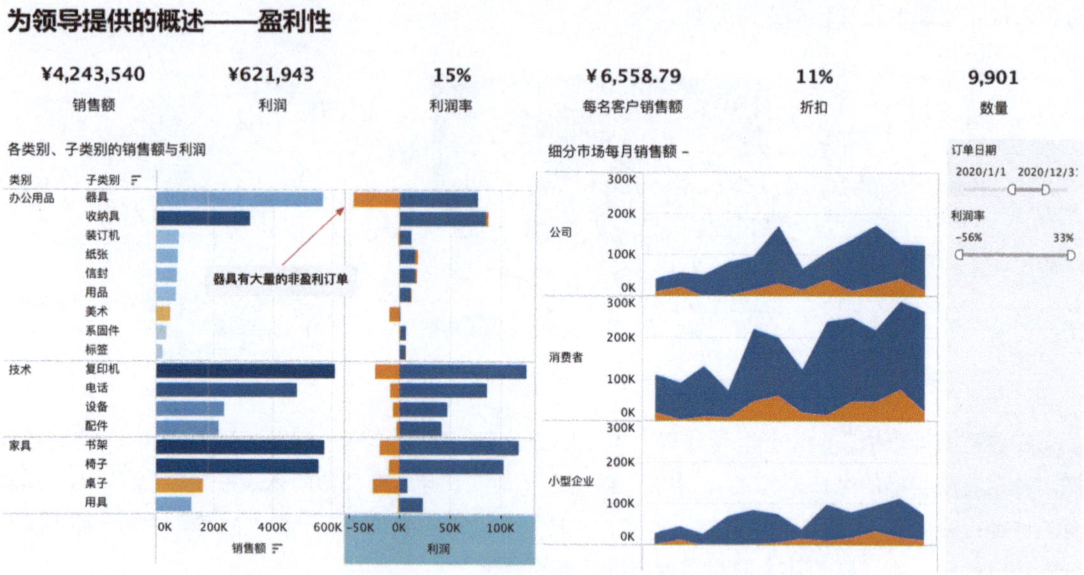

图 2-7　基于文本表、条形图和折线面积图构建的简单可视化

通过图 2-7 所示的仪表板，领导可以一目了然地查看全年业绩，还能快速发现"销售额贡献很高的器具、复印机、书架"存在很多的亏损订单。但是，这些亏损是集中在一个时间点（比如双 11）还是分布在全年？是为了服务高价值客户，还是存在大量的低价值、亏损客户？

可视化的起点是展现，但关键是交互，这样才能满足不同人的差异化需求，也才能找到更多数据之间的关联性。

2.3　交互可视化：可视化是假设验证的工具

决策包括获得信息和做出判断两个环节，其中获得信息只是起点，做出判断才是关键，而判断

第 2 章　奠基：业务可视化分析的价值与形式 | 15

依赖于广泛的假设验证。甚至可以说，决策就是不断假设验证并做出最优选择的过程。

比如，在图 2-7 中，"各个子类别都存在大量亏损交易"，不同的子类别业务经理就会关心，这些亏损交易是在哪些地区、哪些时间段出现的？主要集中在哪些产品？由于每个人关心的"样本范围"不同，仪表板就需要具备互动交互能力，这就是交互可视化的基本场景。

在此前基础上调整视图，增加各月份的利润波动（以盈亏[利润]<0 为颜色分类），增加产品的散点图，并为左侧的条形图增加"筛选动作"，如图 2-8 所示。这样，任何一个人都可以设置右侧筛选范围、点击对应的子类别名称，从而查看其在不同时间点的交易盈亏变化和对应的亏损的主要产品。

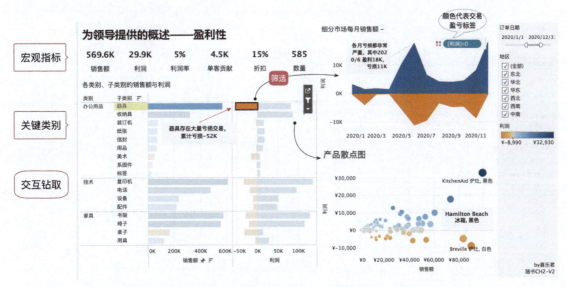

图 2-8　以互动为桥梁的多表关联可交互，从而满足更多人、更多场景需要

比如，点击"器具"或者其中的任意条形图，可以看到器具在各月份的交易盈亏波动，发现器具的交易亏损并非集中在某个时间段，而是散布在全年——推测亏损交易不是短期的营销活动或者客户原因导致的，而是长期的价格政策、客户政策所引起的。相对应的，最重要的两个亏损产品是Hamilton（冰箱）和 Breville（炉灶），运营者需要思考它们的产品定位——是作为吸引新客户而设的营销产品，还是老产品升级而选择的出清。数据一方面会揭示事实，另一方面也是对现实的解释。

在企业环境中，业务决策要综合数据不断提出假设、证实/证伪假设，然后保留有价值的线索，最后做出综合性的决策建议。大数据时代，每个决策都应该获得数据的支持，而可视化、交互性的业务仪表板，会是最佳的选择。因此，在掌握问题分析方法、图形设计之后，借助筛选、集、参数等方法操纵视图，是从数据可视化走向业务可视化的关键一步，本书会在第 13 章简要介绍。

当然，面对这样的利润交易结构，"器具"业务负责人可能会说，"我的亏损交易是部分高价值客户导致的，为了维护这些高价值客户，我们会适当地给予一些价格折扣或者赠品。"如何证实或者证伪这样的假设呢？这就不仅仅需要交互，更需要继续深入到"客户"的详细级别完成利润结构的分析。同时，并不关心每个客户的差异。这也是本书第 14 章要抵达的业务分析的终极地带：结构化分析。结构化分析反映了大数据分析的基本原则：分析关注宏观特征、而不关心个体差异。

初级分析师可以通过交互可视化验证。假设亏损交易都是给高价值客户的，那么客户对应的订单都是盈利的（利润总和大于 0），同时客户的总利润也是大于 0 的，可以借助订单的利润分布（直方图）和客户的价值分布（散点图）来验证。如图 2-9 所示。

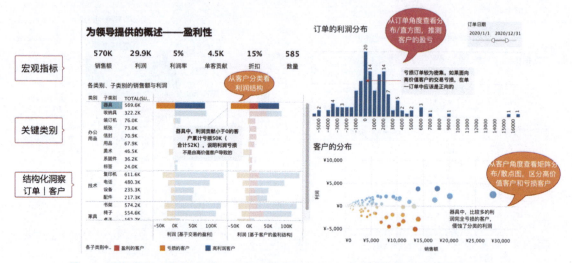

图 2-9　基于分布、相关性分析，以及在条形图中增加客户角度，完成多个视角的结构化分析

为了从订单和客户角度查看利润的构成，图 2-9 右侧增加了"订单的利润分布/直方图"与"客户销售额、利润相关性分布/散点图"。如果亏损的交易是面向高价值客户的，那么包含亏损交易的订单的合计利润亏损的概率就会低，同时客户分布中完全亏损的客户也会比较少。所以可以推测，亏损的交易并非是给了高价值客户，相反是被那些常年亏损的"蛀虫客户"造成的。

不过，这种方式虽然表面可行，但是有一定的片面性。筛选"器具"时，订单分布和客户特征会忽视其他子类别的影响。也许，客户 A 买了很多其他子类别产品，公司赚了很多钱，随手赠送了一个"器具"产品呢，这就超出了上面的范围。此时就不仅仅需要交互，更需要继续深入到"客户"或者"订单"的详细级别完成利润结构的分析。这也是本书第 14 章要抵达的业务分析的终极地带：结构化分析。

结构化分析反映了大数据分析的基本原则：分析关注宏观特征，而不关心个体差异。

2.4 高级可视化：分布、相关性分析与结构化分析

从简单的可视化图形（条形图、折线图、饼图和交叉表）通往高级的可视化分析，中间有一个桥梁是分布分析和相关性分析，简单的分布分析关注明细的直接聚合特征（如不同年龄的客户数分布），高级的分布分析关注指定详细级别的聚合特征（比如不同购买频次的客户数量分布）；相关性分析也是同理。结构化分析，则是不同详细级别之间的多维度、结构化洞察。本书将在第 2 篇中依次介绍常见的"三图一表"（排序条形图、时序折线图、占比饼图、交叉文本表）和分布、相关性，并在第 3 篇深入介绍结构化分析方法。如图 2-10 所示。

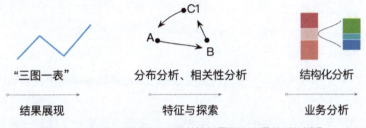

图 2-10　分布、相关性分析是从简单图形到高级分析的桥梁

我们可以使用结构化分析的方法深入洞察前面的问题："器具的亏损交易是否由高价值客户造成"。这里的高价值客户是跨子类别的全部利润标记判断的。

为了更进一步验证这个假设，可以查看每个的客户总体利润并分类，比如总利润超过 1000 元标记为"高利润客户"，0 元至 1000 元标记为"盈利的客户"，否则为"亏损客户"（蛀虫客户）。把这个利润价值分类字段放到之前的"各类别、子类别的销售额和利润条形图"中，就借助堆叠的颜色构建了结构化分析。如图 2-11 右侧条形图所示，如果器具的亏损交易是作为高价值客户的赠送服务产生的，那么客户的利润标签应该是"高利润客户"和"盈利的客户"，"亏损客户"比例极少或者没有，但是图例中很明显不是。

这样，领导不仅能看到"各类别、子类别的销售额排序"，更能看到每个子类别中的结构化构成——不管是基于明细的利润分类标签，还是基于每个客户利润贡献的分类标签。这里使用了 Tableau 中的行级别计算和 FIXED LOD 计算，本例的更多介绍可以参考第 14 章。

本书以问题分析开始，以可视化分析为主干，但是以介绍笔者多年总结的结构化分析为最终目的。结构化分析不是一种图形样式，不是一种可视化分析，而是一种基于可视化分析方法的业务思考方法；这种方法的基本特征是多个详细级别之间的关联。

很多看似简单的图形，都可以借助结构化分析的改进重新绽放。

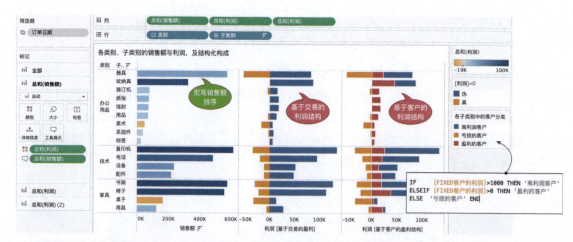

图 2-11　在"类别、子类别的销售额排序"中,引入其他详细级别,查看基于详细级别特征的结构化分析

举例而言,如图 2-12 左侧所示,使用折线图或者柱状图展现各年销售额的增长趋势,可以看出销售额在逐年增长。这只是单一角度的结果分析,面向决策的业务分析还要关注结果背后的风险要素(如图 2-12 右侧所示)——虽然销售额逐年增加,但是老客户驱动了成长,新客户贡献微弱。

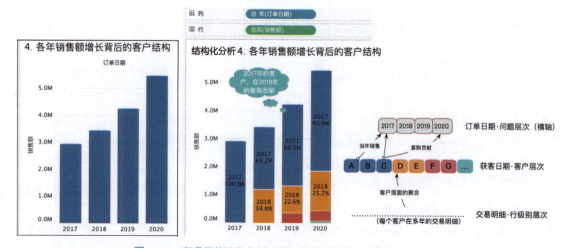

图 2-12　在多年的销售分析中增加客户矩阵要素(见第 14.3 节)

图形依然简单,但问题却已经截然不同,这里引用了另一个详细级别的聚合(每位客户的首次订单日期)。

创新并非一定是发明一个全新的东西,大部分都是组合式创新。结构化分析也与此同理,笔者没有发明任何要素,只是借助 Tableau 敏捷 BI 的优势概括了业务分析中的思考路径(而且目前还没有发现有另一个产品可以如此完美地表达笔者的类似想法）。而这恰恰是 Excel 和 SQL 的短板，工具阻碍了业务思考的"变现"和敏捷，久而久之，业务思考就被限制了，并放弃了有价值的思考。

与酷炫的大屏相比，这才是可视化分析最佳、最迷人的场景，也是本书的最终目标。

2.5 Tableau：敏捷 BI 助力决策分析

时代在变化，决策的本质并没有，分析即选择，决策即择优，企业决策意味着风险和责任。互联网经济的快速发展，既给了大家更多的试错机会，也提高了决策失误的风险。

同时，时代要求每个人都要成为善于决策的"企业家"——每个人都是行走的市场经济单位。决策应该群策群力、广泛假设、团结协作、快速验证，然后做出最优质的选择。这个过程必须足够高效，跟上市场，超过对手。业务可视化分析以实用、有效、敏捷为基本特征，以提供分析线索和假设验证为追求。因此，服务于业务用户和决策者的敏捷 BI 快速兴起。

而 Tableau 正是这其中最优秀的代表之一。

图 2-13 所示为 Tableau Desktop（本书中的 Tableau 默认均指 Tableau Desktop）可视化界面中的主要功能区与辅助卡片。通过拖曳字段到空间区域，或者结合"智能推荐"就可以一次性完成查询、聚合和可视化的全过程。本书并非 Tableau 的说明书，因此不能过多介绍细节的制作方法，希望读者多多见谅、多多练习。

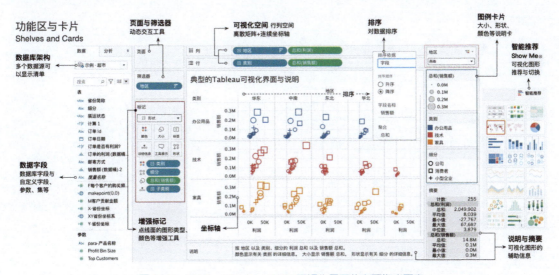

图 2-13　Tableau Desktop 2021 可视化界面的主要构成要素

虽然使用 Excel、SQL 等方式也能完成类似的数据聚合，但是这样的数据还需要可视化的二次加工，才能作为辅助决策的直接素材。而类似 Python 的开发方式，虽胜于可视化图形，却失于敏捷，因此阻碍了决策过程中最关键的假设验证的效率。

不同的工具适合不同的人，效率各有差异，但逻辑方法是"万变不离其宗"的。接下来的第 3 章会介绍所有分析背后相同的本质过程，并在第 4 章以 Tableau 为载体介绍可视化的框架。之后第 2 篇介绍常见问题类型背后的常见图形。

本书以 Tableau 为工具讲解"业务可视化分析"的基本思路与方法，同时尽可能避免陷入技术讲解之中。希望更多的读者可以把基于业务的问题分析与思考过程，迁移到自己所用的工具中。

第 3 章

方法论：业务分析框架与分析基础

数据分析是衔接数据资产到业务决策价值的桥梁，这个桥梁上的双向车道分别是问题和图形。其中，问题决定了图形的类型与意义，图形则是问题和意义的载体。

目前，业务分析有 3 个代表性的工具，分别是：业务人员使用的 Excel 数据透视表、IT 技术人员常用的 SQL 结构化查询语言，以及以 Tableau 为代表的拖拉曳敏捷 BI 工具。不同的工具之间虽有明显的差异，但是背后的逻辑过程却基本一致。**它们的"异中之同"，就是业务分析的关键，这里概括为问题的静态构成和动态聚合过程**。本章内容是全书业务分析的理论基础，建议先不求甚解，再层层深入，初学者也可以速读之后从第 4 章开始，通读第 2 篇后再复习本章。

本章将重点阐述问题分析的完整思路，从问题的结构、过程，到多个问题的详细级别，最终阐述结构化分析的快车道。要点如下。

- 问题分析是起点：任何问题，都是由样本范围、问题描述和问题答案构成的。
- 理解分析详细级别框架：分析（问题）是从数据表而来的聚合，数据表是业务过程的反映。
- 从动态角度，分析即指定详细级别的聚合，是从数据表详细级别到问题详细级别的计算过程。
- 数据表（明细级别）描述企业的业务对象、业务过程，它们是分析聚合的起点。
- 问题描述（问题详细级别）是聚合的分组和计算依据。
- 聚合有多种聚合类型；聚合度是衡量多个问题详细级别高低关系的尺度，为高级的业务分析铺平道路（即一个视图中包含多个问题详细级别的结构化分析）。

静态看结构，结构看字段；动态看过程，过程即聚合；分析是问题结构与数据聚合的结合。数据表字段（列）是问题分析的关键，数据表记录（行）是数据聚合的起点。

3.1 基础：业务分析框架与问题结构

3.1.1 "业务—数据—分析"的层次框架

在业务分析中，指标和问题是分析的基本组成部分。把指标、问题及其可视化等展现形式视为一个整体，就构成了分析框架的需求，合成"分析层"（Analysis Layer）。

从分析的角度看，分析是从数据计算而来的，数据是从业务中产生的记录，这样就可以构建了笔者最重要的分析咨询方法论，笔者称之为"业务—数据—分析模型"（Business-Data-Analysis Model）。如图 3-1 所示。

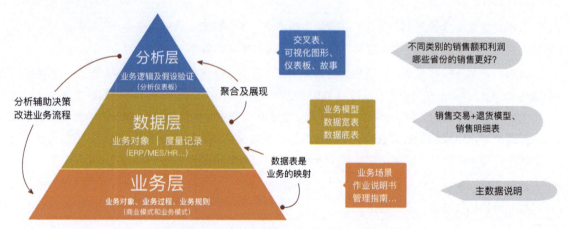

图 3-1　"业务–数据–分析"的层次框架

为了进一步展开后续内容，这里简述要点如下。

- **业务是数据产生的土壤。**

  在"业务层"，业务体现为具体、可见的业务行为，不管是线下零售交易、线上转账还是直播课堂；业务过程由业务对象构成，同时遵守特定的业务规则。此时的业务过程是鲜活的、多样的，如同液态水的灵动多变。

  从数据角度看，以 ERP、CRM、MES[1]等业务信息系统为载体，企业运营过程（Enterprise Operation）持续不断地产生大量数据，因此"运营型数据"（Operational Data）是企业数据的主体；"运营型数据库"（Operational Database）是它们的中转站。

1　ERP 生产管理系统、CRM 客户管理系统、MES 制造执行系统，是企业主要的信息化系统，这些系统采集的数据都会写入背后的"运营型数据库"，数据库是它们的重要组成部分。

- **数据是对企业运营过程的反映、记录和整合。**
  在"数据层",具体、动态的业务被转化为抽象的、静态的计算机字符,历史交易都存储在计算机磁盘或类似媒介中,这个"固化"过程如同水转化为冰。此时,数据遵循的不是业务规则,而是数据规则,典型代表是数据库的范式要求、完整性约束,数据化、标准化过程,为后续分析奠定基础,这是数据库的基础。

  从数据角度看,多个业务信息系统的数据需要整合、处理、交换,最终汇总在数据库中,称为"数据仓库"(Data Warehouse),或者"分析型数据库"(Analytical Database);其中有物理表、逻辑视图、数据模型等多种形式。复杂的数据处理催生了专门的 ETL 技术。

- **分析是对企业数据的抽象和升华。**
  在"分析层",分析师从历史的数据中总结、归纳业务的规律性,比如,哪类客户成交率更高、什么产品最受欢迎。分析是对数据记录的组合、概括、抽象、升华,是质变过程,如同水气化为"水气"。分析过程看似远离业务,却源自业务、归于业务。脱离业务的展现、不能辅助决策的分析,都是缺乏价值的。

  在展现形式上,常见的分析有报表(Report)、可视化图表(Chart)、交互仪表板(Dashboard)、数据故事(Story)等多种形式,它们帮助业务领导更好地了解业务过程、发现改进机会、做出行动决策。不同的分析形式,包含的经验成本和智慧成分也大不相同。

从业务层到数据层的过程,是企业信息化(Business Informaion)的工作,不在本书的阐述范围;而从数据层到分析层,是企业数据化转型的关键,是敏捷 BI(Business Intelligence)的领地。

3.1.2 理解问题的通用结构

指标和问题不仅是分析层的重要构成,也是整个分析框架的起点。理解指标的关键是聚合,理解问题的关键是结构。

问题举例,"在消费者细分市场中,各产品类别的销售额总和与客户不同计数"。最重要的落脚点是两个指标(销售额总和与客户不同计数),分别借助于不同的聚合方式实现;而问题结构分为 3 个部分:样本范围、问题描述、问题答案,它们的关系如图 3-2 所示。

- 样本范围:消费者细分市场(即筛选"细分"字段,只保留"消费者"),影响聚合值大小。
- 问题描述:各产品类别,单一或多个字段构成问题的详细级别,是答案聚合的分组依据。
- 问题答案:销售额总和与客户不同计数(总和与不同计数是聚合方式),"销售额总和"常简称"销售额","客户不同计数"常简称"客户数"。

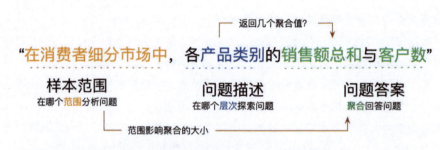

图 3-2 每个问题都是由 3 个部分构成的

这样的分析有助于业务用户快速聚焦结果，并通往之后的聚合过程、问题类型和图形选择。

示例数据中，"类别"字段包含 3 个数据值（办公用品、技术、家具），分别要对应 2 个度量字段"销售额总和与客户不同计数"，因此"问题答案"是 3 行 2 列的 6 个数字，如表 3-1 所示。这个结果可以使用各种工具完成。样本范围只影响数据值的大小，而不影响结果的结构。

表 3-1 产品类别的销售额与客户数

产品类别	销售额总和	客户不同计数（客户数）
办公用品	2,543,529	406
技术	2,692,828	358
家具	2,788,714	371

进一步概括问题中不同字段的属性，我们把产品类别、客户名称、日期等字段归纳为"定性字段"，用于对分析结果做分组和分类；把销售额、客户数、利润率等字段归纳为"定量字段"，用于精确地量化问题答案的大小程度。Tableau 称为"维度"（dimension）和"度量"（measure）——维度描述问题（是什么）、度量回答问题（有多少）。本书称为"第一字段分类"，这是问题分析的基础。

除了从静态角度看待问题的结构，还要理解指标背后的聚合过程，这是不同工具背后的本质。

3.2　过程：分析的本质过程是聚合

具体到每个问题而言，分析是从"数据表明细行"到"问题"的抽象计算过程。**最基本、最重要的抽象计算形式是"聚合"**，比如求和、平均值、最大值等。下面以 3 种工具分别介绍分析案例，而后总结分析的本质过程。

3.2.1 Excel 数据透视表：拖曳即聚合

用 Excel 做数据分析，离不开"数据透视表"（pivot table）。如图 3-3 所示，选择全部或者部分样本数据，点击"插入→数据透视表"命令就可以创建数据透视表。

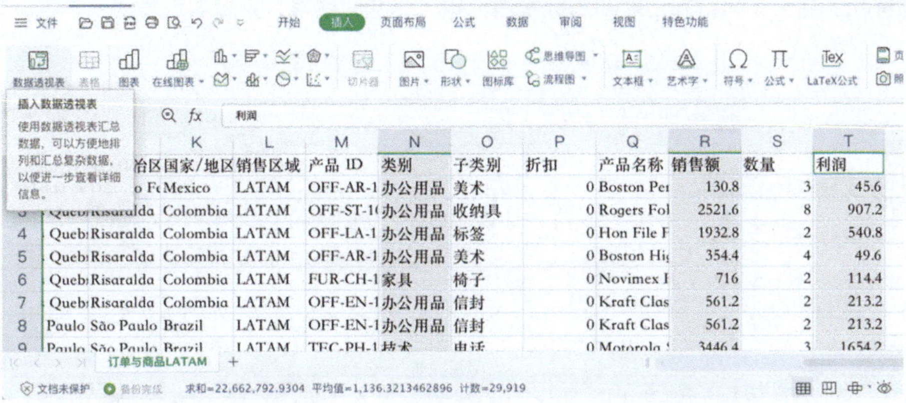

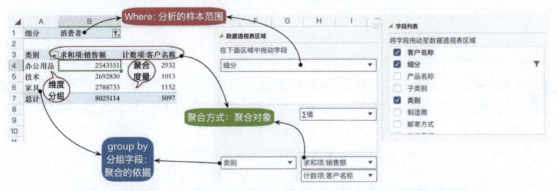

图 3-3　基于 WPS Excel 的数据明细，选择数据创建数据透视表

如图 3-4 所示，在数据透视表中，把不同的字段放在不同的位置：细分字段用于筛选、类别字段作为分类、销售额和客户名称字段聚合，几万行的数据，就聚合成为简单的 3 行 3 列的表格。

图 3-4　基于 WPS Excel 的数据透视图字段设置（特别注意，这里客户默认重复计数）

问题依然是由"样本范围、问题描述和问题答案"3 个部分构成的。Excel 用"透视"（英文 pivot）代表抽象计算过程，Pivot 虽有结构转置之意，但更深刻的内涵是由多变少的抽象聚合。

不过，Excel 的限制性非常明显，数据量一旦超过一定限度，那么本地汇总几乎成为不可完成的任务；这是 Excel "存取一体"的天然缺陷。此时专业方法就登场了——以数据库存储数据、以 SQL（Structured Query Language）结构化查询实现"存取分离"。Power Query 也是类似逻辑。

3.2.2 独立于数据库的 SQL 查询：窗口式、编程化结构查询

还是以上述的数据为例，相同的问题，SQL 结构化查询语言体现了技术的优雅。语法的不同部分，对应"样本范围、问题描述和问题答案"的不同部分，如图 3-5 所示。SQL 背后的逻辑与 Excel 中的数据透视表完全相同，都是对明细数据做分组、聚合的过程，只是实现方式的差异。

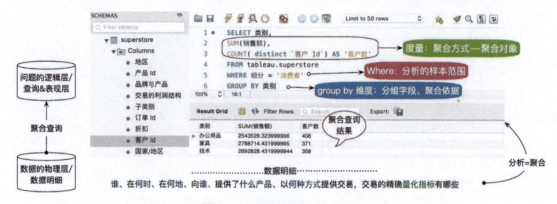

图 3-5　基于数据库的 SQL 查询

和 Excel 的本地存储、数据透视表聚合相比，数据库 SQL 语言实现了"数据存储"与"数据查询"的隔离，性能更好、功能更强大、标准化程度更高。

打个比方，我们可以把数据比作金融资产。Excel 如同每个人随身携带的钱包，集现金管理、现金查询和取款于一体，简单易用、存取方便，不过仅适用于少量金钱的情形。大量的资金甚至有价记券就要存放在银行（"数据库"）中，支取大额现金需要到银行柜台，按照银行的标准操作（填写现金提取单，输入规范的姓名、身份证、取款金额等必要信息），这和分析师从数据库（或者称为"数据银行"）查询的逻辑一样，只是银行柜台变成了数据库查询界面，标准的查询方式则是 SQL。

SQL 是全世界通用的数据库语言，因此也是高级分析师必备的技能。从这个角度看，全世界数据库工程师查询数据库的标准化程度，是远高于银行的前台操作的。

3.2.3 Tableau VizQL 可视化拖拉曳：聚合、可视化、分析三合一

Excel 这么简单，SQL 语言如此优雅，为什么二者却不能满足业务用户的分析需求呢？

这是因为数据大爆炸要求分析效率必须有本质的提升，分析必须与决策过程紧密结合。Excel 的数据透视表不能满足大量数据的分析需求，SQL 的查询方式又难以普及到业务用户之中，它们都难以胜任决策环节的高效率要求，敏捷分析成为数据时代业务用户的必备能力。本书使用敏捷 BI 的代表之作 Tableau 完成分析，它结合了此前多种技术的优点，既像 Excel 数据透视表一样可以拖曳，又

像 SQL 一样胜任大数据库环境，还能胜过 PPT 的可视化表达方式，是大数据时代面向业务分析的技术进化，被誉为"大数据时代的梵高"，如图 3-6 所示。

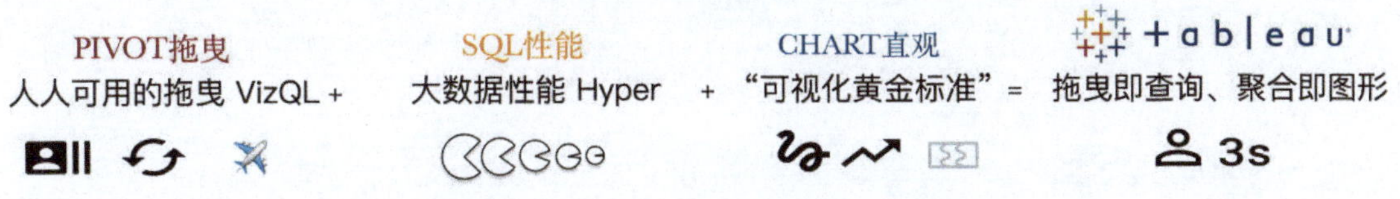

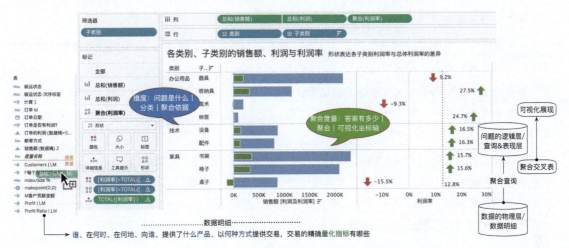

图 3-6 敏捷 BI 工具提高了数据分析的效率

以"各类别、子类别的销售额（总和）、利润（总和）"为例，借助 Tableau 快捷高效的拖曳操作和 VizQL 查询语言，聚合查询可以同步生成可视化图形，甚至借助颜色、形状、标签进一步增强表达，从而快速发现问题，指导业务决策。如图 3-7 所示。详见本书 6.2.2 节。

图 3-7 通过 Tableau 快速完成数据的查询、聚合和可视化展现

3.2.4 超越工具之上：分析的本质过程是聚合

对比 Excel 透视表、SQL 查询和 Tableau 的交互可视化，"异中之同"是问题结构与聚合查询——任何问题都是由样本范围、问题描述和问题答案 3 个部分构成的，分析的过程就是从数据表到问题的抽象计算过程，如图 3-8 所示。

不考虑复杂逻辑与数据仓库中间表的前提下，"数据表明细行"对应业务运营过程（比如超市的销售明细表），"问题或可视化"对应管理视角下的抽象思考。这个抽象过程的基本实现方式是聚合计算（aggregate calculations），体现为各类工具中的聚合函数（functions）或者表达式（expressions）。

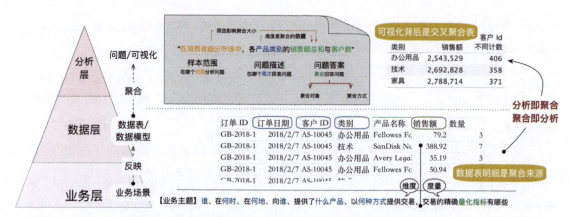

图 3-8　分析的关键是聚合：从数据表行级别到问题详细级别的过程

既然分析即聚合，可以从"聚合角度"回看问题的构成。

从聚合的角度看问题，问题包括三个部分：聚合的数据范围（筛选）、聚合的分类依据（维度）、聚合的结果（聚合度量，简称度量）。

聚合结果又包括两个部分：聚合的对象字段是谁？聚合的方式是什么？任意字段都可以被聚合，常见的聚合方式有总和、平均值、计数等。"总和"作为度量的默认聚合方式经常省略（仅限中文语境）。本章 3.5 节介绍聚合方式。

本书的宗旨是帮助业务分析师高效分析问题（第 1 篇）、选择问题匹配的可视化图形（第 2 篇）、通往业务见解和洞察（第 3 篇）。为了达到最终的目的，就需要搭建足够坚定的分析基础和逻辑方法论，从而支撑未来越来越复杂的逻辑大厦。接下来，本章介绍聚合分析的数据基础和聚合过程：聚合的起点（3.3 节的数据表）、聚合的结果表（3.4 节）。

3.3　聚合的起点：理解数据明细表的构成与详细级别

在本章开篇中，笔者介绍了"业务—数据—分析"的分析框架，其中数据表是业务事务（business event）的反映和记录，简称映射。映射包含两个方面：业务对象和业务过程，比如"喜乐君在写书"，对象包括主体（喜乐君）、行为（写）、客体（书），业务过程则是各个对象按照特定逻辑构成的完整行为（比如喜乐君在写书、扫地僧录制视频，等等）。所有这些都会以数据表的形式展现出来。

具体到关系型数据表，数据表包含两个部分：描述业务对象的字段（列 fields）和体现业务过程的记录（行 records）。字段及其计算构成问题，需要理解其存储类型和逻辑分类；记录是理解业务过程完整性的关键，是聚合的起点，需要理解明细的唯一性（即数据表详细级别、粒度）。

第 3 章　方法论：业务分析框架与分析基础 | 29

> 字段构成问题，是问题结构的基础；记录描述业务，是分析聚合的基础。

本节主要介绍以下内容。

- 3.3.1 节：数据表的构成要素，客观的数据存储类型，以及主观的逻辑字段分类。
- 3.3.2 节：理解数据表记录对应的业务过程，并理解业务记录的唯一性。
- 3.3.3 节：从数据表明细角度看聚合，并理解不同问题之间的聚合度差异和详细级别关系。

3.3.1　理解数据表的构成及字段分类

1. 数据表的构成要素

这里以超市数据为例，图 3-9 所示的数据表是业务对象和过程的反映，是聚合分析的起点。其中包含了非常多的数据常识，数据科学家将其归纳、概括为不同的基本概念。简述如下。

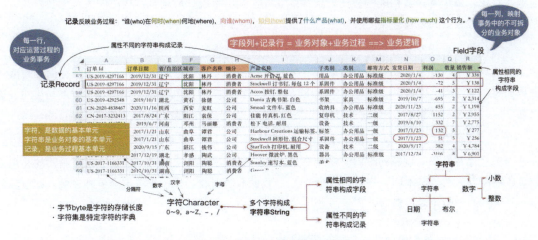

图 3-9　数据表的常见样式和构成

- 字符（character）：肉眼所见的最小数据单元，常见的有数字 0~9、52 个大小写英文字母 a~Z、每个汉字和标点符号。字符的存储单位叫"字节"（byte），通常数字和字母是单一字节，而汉字存储需要两个字节。
- 字符集（character set）：众多的字符组成大字典，构成计算机世界的统一语言。随着时间的演化，字符也会增加，各个国家或地区的字符也差异巨大，产生了不同的字符集，常见的有 ASCII 码（几乎所有计算机的通用编码，主要是英文字母和罗马字符）、GB2312（中国简体中文的早期编码，类似于人类给计算机编写的《新华字典》）、UTF-16 和 UTF-32 编码等。在人类语言还没有统一之前，计算机字符集会首先统一全世界。在分析中，经常遇到货币单位、日期格式不一致的情况，通常是由字符集编码引起的，需要调整所在的区域[1]。

- 字符串（string=a string of characters）：如果说字符是单一的"字"，字符集是"字典"，那么字符串就是"词"，比如"中国""2021/3/1"，字符串对应到真实世界的万事万物。根据描述对象的属性不同，字符串又有多种分类，后面会详细阐述。
- 字段（field）：属性完全相同的多个字符串构成的一列（column），称为字段。比如"客户A、客户B、客户C"都是"客户名称"，"2020/1/3""2021/3/15"都是"订单日期"。根据字段存储和属性的差异，又可以区分数据类型和字段分类。抽象字段分类是通往问题分析的桥梁。
- 记录（record）：数据表是业务的描述，是由不同属性的数据构成的，通常是"谁、在哪里、在何时、给谁、以何种方式、提供了什么产品、以哪些度量衡量"这样的结构。在图 3-9 所示的数据表中，每一行（row）用来描述一笔绝对不同的业务交易。

概括而言，字符、字符集是数据世界的语言规范，字符串描述万事万物；字符串构成的字段对应业务对象，多个字段值构成的数据记录描述业务过程。字段列和记录行构成的关系型数据表，则是数据分析最重要的逻辑起点。

当然，成为高级业务分析师还要深刻的理解，通往分析的关键不是所见的数据本身，而是所见背后的抽象理解，抛开专业的技术术语，业务分析师至少应该熟悉如下内容：与数据存储相对应的数据类型（字符串、整数、小数等）、与问题结构及可视化相对应的逻辑字段分类（维度与度量、连续与离散、物理与逻辑等）、与业务过程和数据合并密切相关的"数据表详细级别"等。

如今，笔者越来越觉得，不管是哪个领域，看得懂"所见"，只是理解了现象；只有理解了逻辑，才能理解规律并升华对现象的理解。逻辑意义上的归纳概括和抽象提炼，是通往深度洞察的必由之路。正如马克思在《资本论》一书中的那句话："物的名称对物的本性来说完全是外在的。即使我知道一个人的名字叫雅各，我对他还是一点不了解。"

2. 在数据表设置阶段预设的数据存储类型

"属性完全相同的多个字符串构成字段"，这里的属性可以概括为"数据类型"。最基础的类型，是在数据库规划、数据表创建时预先设置的，它们决定了每个数据值存储的精度和存储所占用的磁盘空间，相对于分析而言，这是预设的、客观的、不可更改的。

虽然不同的数据存储工具有明显的差异，但主要的数据存储类型有：字符串、日期、整数、小数等内容。

---

1 Excel 把不同国家/地区的日期/时间调整放在了"格式设置"中；Tableau Desktop 的初始化调整位置在"文件→工作簿区域设置"，之后也可以通过格式调整。

在数据表明细中，最基本的字段二分类是字符串和数字，字符串用于数据分类，展示描述的对象是什么（是恐龙不是熊猫），每个字符的存储精度是确定的；而数字用于描述程度大小，展示描述对象的精确程度（身高是 1.83，而非 1.38）。在这个二分法基础上，还可以进一步拆分为更多形式。Tableau 中字符串又分为日期、日期时间、布尔（判断）和字符串——字符串的范围越来越小，数字则可以分为整数（integer）和小数（float 或者 decimal）。

（1）时间：常见的完整时间如"2021 年 3 月 15 日 15:50:50 6573"[1]。它可以进一步拆分为年、月、日、时等部分，可以根据需要选择性地记录日期的部分，常见的时间格式如下。

- 日期时间：2021 年 3 月 15 日 15:50:50
- 日期：2021 年 3 月 15 日
- 时间：15:50:50

（2）布尔判断：即是/否、好/坏、高/低，计算机通常用 1/0 代表布尔判断两个值。比如出行"是否为地铁"，银行的数据库中经常有"是否为机构客户""新老客户标识"这样的数据，就是为了标记只有两个选项的数据。由于计算机记录数字比其他类型更高效，这种分类是非常普遍的。

（3）数字：比如 18.5、27、95 等。高中数学中，数字分为有理数和无理数（代表是圆周率 π），有理数分为整数和分数。存储较小的整数最简单，但是超长的整数、无理数和分数需要的存储位置就多得多。数据库无法存储无限的数字——圆周率 π，因此通常都设置存储长度（称为精度）的限制，超长字段还要设置特殊的存储方法（比如科学计数）。Tableau 中的数字分为两类。

- 数字（整数），对应 INT 函数（integer 的简称）。
- 数字（小数），对应 FLOAT 函数（浮点，代表小数）。

（4）字符串：广义的字符串包含所有数据类型，狭义的字符串就是除去上述特殊类型之后的剩余部分，比如"交通方式""产品名称""订单 ID"等。字符串和数字是最主要的数据类型。

这种分类方法，是大部分数据工具和软件工具的基本方法。不同工具略有差异，比如 Excel 的分类和 Tableau 的分类如图 3-10 所示。

在专门记录超大数据规模的数据库中，会有更多的数据类型，从而针对性地设置以提高数据库使用率、提高计算的性能。以 MySQL 为例，可以按照存储的长度（字节数），进一步划分更细致的分类，从而提高大数据的存储效率，如图 3-11 所示。

---

1 很多系统中使用"时间戳"（timestamp）记录时间，代表从格林尼治时间 1970 年 01 月 01 日 00 时 00 分 00 秒（北京时间 1970 年 01 月 01 日 08 时 00 分 00 秒）起至现在的总秒数。

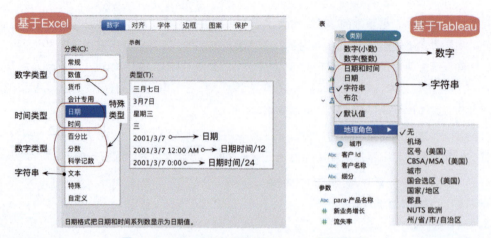

图 3-10　Excel 中的数据格式与 Tableau 的数据类型

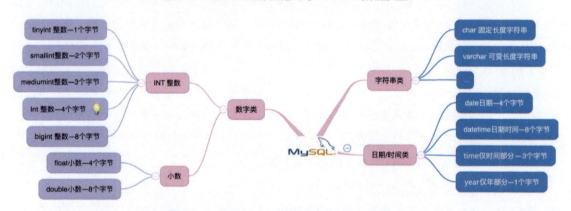

图 3-11　基于 MySQL 的主要布局类型（部分）[1]

在数据库环境下，字段的存储类型基本是预设的，虽然可以 Tableau 提供了数据类型转换函数（比如 INT、STR），但仅仅是服务于分析过程的临时转换，并没有改变底表的存储形态，也正因此类型转换可以反复更改、随时撤销。

与此相对应的是，逻辑上说的分类是完全主观的，最基本的分类方法是维度（Dimension）和度量（Measure），这是与问题结构相对应的分类，而和数据表中的存储类型无关。比如作为整数存储的"年龄"字段，既可以充当问题维度（比如"不同年龄的员工数"），又可以充当问题度量（比如"不同科室的平均年龄"）。笔者在这个问题上，也曾经误解多年。

如图 3-12 所示，字段的存储类型（字符串、日期、整数、小数等）是相对于数据表明细行而言

1　内容来自网络并使用思维导图整理，更多专业内容，请参考 MySQL 专业图书。

的，存储角度不可更改，而维度、度量的分类预设，则是辅助问题分析的逻辑分类，可以随时变化。

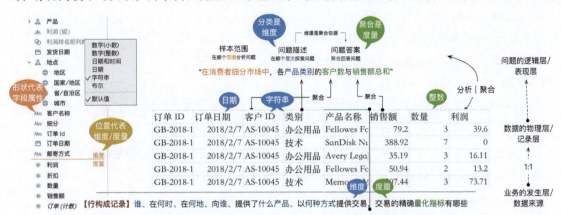

图 3-12　数据的第一字段分类与问题、数据表两个阶段的分类

3. 更高级的字段类型：[数组]、{集}、{字:典}

数据类型与真实世界的事物对应，随着数据量越来越大，科学家也在不断寻找更高效的数据记录和对应方法。更高级的字段类型可以适应更复杂的业务需求。

比如，早上在办公楼下买了 4 件商品：18.5 元的咖啡、20 元的咖啡、20.5 元的甜点、5 元的茶叶蛋（有一份咖啡是给同事的）。如果以商品交易为数据单位，就可以登记为如表 3-2 所示表格。

表 3-2　早上的购物清单

订单 ID	购 买 人	购买时间	产品名称	购买金额（元）
A01	喜乐君	2020/3/15 9:00	咖啡	18.5
A01	喜乐君	2020/3/15 9:00	咖啡	20
A01	喜乐君	2020/3/15 9:00	甜点	20.5
A01	喜乐君	2020/3/15 9:00	茶叶蛋	5

这种登记方法胜在简单清晰，但弱在性能——像订单 ID、购买人和购买时间都要重复记录很多次。那么有没有更好的存储策略？

需求是创新的动力。科学家在字符串、日期、数字的基本分类之外，又设计了一些更抽象的类型，从而满足特定场景的动态存储和计算要求。每一种类型对应的场景，就像下面的问答一样。

- 问：早上你手里带着的 4 件商品分别是什么？
- 答：[咖啡、咖啡、甜点、茶叶蛋]

（画外音：方括号代表数组，即一组数的组合，数据可重复）

- 又问：也就是虽然是 4 件但只有 3 种产品？
- 问答：是的，也就是 {咖啡、甜点、茶叶蛋}

（画外音：花括号代表集，即一组数的集合，重复会自动合并）

- 又问：那每一件商品的价格分别是多少？
- 答：{咖啡:18.5，咖啡:20，甜点:20.5，茶叶蛋:5}

（画外音：花括号还可以代表字典，字典中每一对数据都是"名称"和"值"的结合，用冒号分隔，也被称为"键值对"（key：value））

这就是在 Python 中最常见的数组（list）、集（set）和字典（dictionary）。和此前的字符串、日期、数字不同，它们都是可以容纳多个数据的，因此又称为"容器数据类型"。

于是，更多的交易就可以用如表 3-3 所示的格式登记。

表 3-3　多个订单的购物清单

订单 ID	购买人	购买时间	订单明细
A01	喜乐君	2020/3/15 9:00	{咖啡:18.5，咖啡:20，甜点:20.5，茶叶蛋:5}
A02	扫地僧	2020/3/15 9:35	{奶茶:9，甜点:15}
A03	Forrest	2020/3/15 9:40	{香烟:20，咖啡:15}

你看，技术的进步建立在更进一步的逻辑归纳基础上，从而更高效地完成以往的数据处理任务，既优化了存储和性能，也为更复杂的分析预留了空间。

当然，阐述这几个高级类型，是希望用更底层的逻辑理解看似有些复杂的功能，也帮助业务分析师在以后更好地理解 Tableau。

比如，Tableau 的"集"（set）就可以理解为存放多值变量的容器，"集动作"就是使用容器传递多个变量的交互过程，从而成为 Tableau 高级互动的巅峰之作。相比之下，参数只能传递单一变量。

再比如，Tableau 经典的"狭义 LOD 表达式"，则就是建立在"字典"数据类型基础上的，FIXED/INCLUDE/EXCLUDE LOD 表达式，都是在特定维度完成的聚合，结果构成了 {维度元素:聚合} 的字典，之后把这个字典的聚合部分显性地放到主视图中，而对应的维度则隐藏起来，从而完成两个详细级别的分析。因此，LOD 的语法都是字典的样子，如图 3-13 所示。

甚至 Tableau 底层的加减乘除，都无处不在使用这些高级的数据类型。在早年 Tableau 的原理解释中，Tableau 原型的发明和设计者就阐述了这样的原理，如图 3-14 所示。

正是在底层的这些高级数据类型的基础上，Tableau 才以优雅的语法让复杂的代码化语言变得异常简单，它变成了业务分析师和越来越复杂的计算机之间的"人机接口"。随着技术的发展，这些都将成为专业分析师的基本知识体系，如同 Excel 和 SQL 一样被普及。

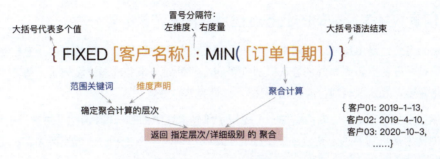

图 3-13　Tableau Desktop 中的 LOD 语法

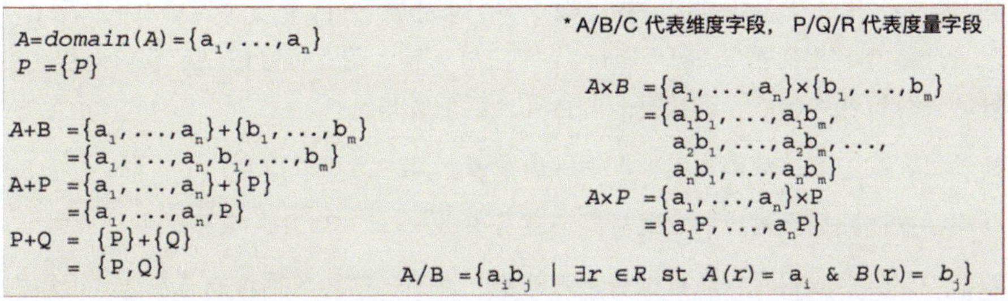

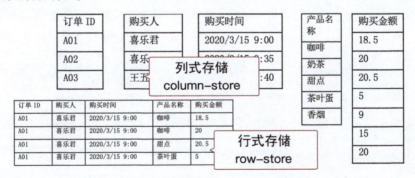

图 3-14　Tableau 所基于的科研论文摘要（table algebra）

有了这些高级的字段类型，还可以设计更高效的数据存储方式，比如把每个字段像集一样去重，记录在一个列中，然后设计一个"锁链"记录多个列之间的数据关系，这就是存储性能大幅提升的"列式存储"。典型的代表就是 SAP HANA 存储引擎和 Tableau Hyper 引擎，这也是二者能胜任超大规模企业高效使用的关键所在。图 3-15 展示了两种存储结构的示意样式。以 Excel 明细为代表的、基于行的存储方式称为"行式存储"；相比之下，列式存储有助于减少存储的冗余，并具备很多"行式存储"没有的优秀特征。

图 3-15　行式存储（主流）和列式存储

在充分理解了数据表的字段及其类型之后，接下来就是一个更加抽象的内容：数据表唯一性。

3.3.2 理解数据表反映的的业务过程及数据表记录的唯一性

数据表的完整性是由反映业务对象的字段列和反映业务过程的记录行构成的。字段是问题分析的基础，记录是理解业务完整性的基础。数据表明细行是业务事务的描述和记录，每笔交易都截然不同，因此需要有效识别明细行的"唯一性"。常见有两种方式：

IT 通常在业务字段之外，专门增加一个逻辑字段确保记录的唯一性，称为"主键"（PK, Primary Key）。主键常常是自增序列，或者程序生成的全球唯一编码（GUID），主键不可为空、不可重复，从而保证数据库增删改查的准确性。主键难以对应到业务理解。

在业务分析中，建议使用业务字段描述数据表记录的唯一性，比如"订单 ID*产品 ID"之于"交易明细表"，"产品 ID*批次号"之于"药品出库信息"等。用业务字段确定业务过程，有助于业务分析师更好地理解聚合的起点，和数据表的合并、匹配关系。

笔者的项目咨询，都从数据表出发理解业务场景。其中又可以包含几个步骤。

（1）一句话描述数据表对应的业务场景或业务事务——"5W2H"要素，并据此做字段分组

（2）以最少业务字段组合代表数据表记录的唯一性——称为数据表的"数据表行级别"。

1. 数据表明细（记录）对应的业务过程

每个业务场景都是"人财物时空行为"等的组合。既然每一个数据表都对应一个业务场景，每一行对应一个业务过程、一笔业务事务，因此都可以用下面的一句话来描述数据表对应的业务过程：

"谁（who）、在何时（when）、何地（where），向谁（whom），如何（how）提供了什么产品（what），并使用哪些指标（how much）量化这个行为。"

上述"5W2H"的字段归纳方法帮助笔者快速理解数据表背后的业务逻辑。其中的关键是维度部分——维度描述问题。与此同时，分析师完成了数据表字段的业务分组。具有详细级别关系的多个字段，比如"类别、子类别、产品名称"还可以构建分层结构，如图 3-16 所示。

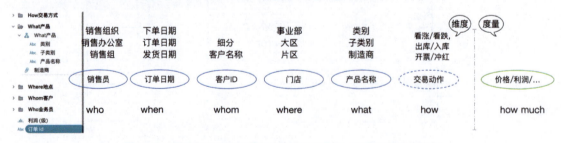

图 3-16 用一句话描述数据表背后的业务逻辑，并据此对字段分组

2. 数据表行级别的识别方法：唯一性字段或字段组合

为了理解问题聚合的起点，还需要理解数据表记录（或者称为行）的唯一性。

不同于 Excel 可以重复记录的特征，关系型数据库的基本要求是记录唯一，以确保在"增删改查"（CRUD：增加、检索、更新、删除的简称）时的准确性。那么如何确保数据记录的唯一性？

在设计数据表时，工程师设置"主键"（Primary Key，PK）字段，作为确认数据表记录唯一性的唯一标识，同时还可以作为多表关联的依据。简单的数据库可以采用业务字段作为主键，比如设置身份证号码是薪资表的唯一字段、发票号是发票信息表的唯一字段等，它们称之为"业务主键"；标准的数据库规范则要求必须使用逻辑字段作为主键（通常是可以自动递增的多位数字），它们称之为"逻辑主键"。

听上去很复杂。对业务分析而言，主键字段通常只有计数的意义，不能帮助业务分析师理解业务过程，不能理解聚合起点，更不能理解多个表之间的聚合度高低关系。因此，从问题分析的角度自上而下来看，本书推荐使用"**业务字段组合**"来表示数据表明细（记录）的唯一性。

因此，需要从"5W2H 描述"中寻找最小的、最合适的字段组合。虽然销售明细表中"销售员*订单日期（时间）""客户*订单日期（时间）""订单ID*产品名称"都多个组合都可以代表唯一性，考虑到销售明细表是以客户、产品为基本分析对象的，因此选择"订单ID*产品名称"更方便理解。这里的"订单ID"是人为设置的逻辑字段，用于代表客户小票上的多个业务字段的组合。如图 3-17 所示。

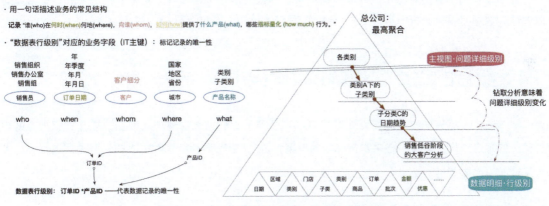

图 3-17　基于业务字段寻找唯一性字段或字段组合

考虑到不同厂家的产品甚至同一厂家的多个产品经常共用相同的产品名称，为了保证字段的唯一性，建议使用逻辑上的"产品 ID"字段代替"产品名称"。因此最终唯一字段组合是"订单 ID*产品 ID"。

本书把这种唯一性字段（或者组合）称为数据表记录的"行详细级别"，简称"行级别"。

3.3.3 理解多个数据表的"行级别"及其相互关系，是数据合并/匹配的基础

理解每个数据表的"行详细级别"（Row Level of Detail），不仅是分析聚合的基础（所有分析都来自数据表明细的聚合），而且是多表数据合并的基础。数据表的"行详细级别"是否一致，直接影响合并方法的选择。

比如，数据表"销售明细表"和"产品退货明细表"的详细级别一致；而数据表"销售明细表"和"KPI 目标"的详细级别明显不同。在数据准备过程中，会综合考虑详细级别是否一致、是否长期使用、视图查询性能等多个要素，做出最优的选择。如图 3-18 所示。

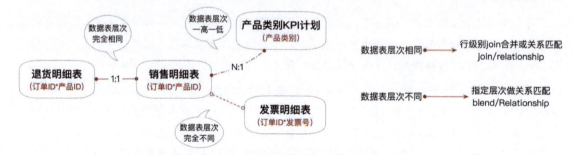

图 3-18　表的行详细级别，影响数据准备的方法（简图）

鉴于本书的重点是可视化，而非数据准备，本部分内容不再展开。更多数据准备和数据模型可以参考《数据可视化分析（第 2 版）：分析原理与 Tableau、SQL 实践》一书第 4 章。

3.4　聚合的终点：理解逻辑表与逻辑字段

前文所讲，分析即聚合，聚合即分析；分析就是从"数据表行级别"到"问题详细级别"的由多变少的聚合过程。聚合的结果常常称之为"聚合表"，它既具有所有数据表的一些通用属性，又具有一些明显的差异性。

3.4.1 理解"聚合表"的特殊性及其详细级别

分析是包含聚合的计算过程，它的起点是明细数据表，结果是聚合表，又可以称之为"原始表"和"结果表"，或者"明细表"和"聚合表"。不管何时称呼，分析的前后必然是数据表（table），这也是后续高级计算中计算可以反复嵌套的前提（数据库中称之为"闭合性"原则）。

既然聚合表也是数据表，那么它就具备所有数据表的普遍特征，包括构成要素、字段分类等，但也具有很多全新的特征，比如有完全独立的筛选区域、可以转换为可视化样式、增加了很多逻辑计算结果（逻辑字段）、无需遵循关系数据的特定范式（行列字段可以随时转换）等等。特别重要的是，明细表和聚合表具有完全不同的数据表详细级别，代表了不同的抽象程度。如图 3-19 所示，明细表的数据表详细级别为"订单 ID*产品 ID"，而聚合表的数据表详细级别为"类别"，即每一个类别对应一行。

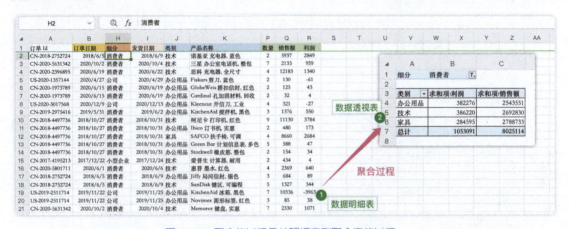

图 3-19 聚合的过程是从明细表到聚合表的过程。

严格地区分聚合前后两个数据表的详细级别，是后续通往高级分析、嵌套组合的基础。在可视化 BI 中，聚合表默认转换为可视化图表，即"以图示意"，因此聚合表对应的数据表详细级别常称之为"可视化详细级别"（Viz LOD）或"问题详细级别"。

同时，复杂问题和结构化分析中，一个可视化工作表可以包含多个不同的"问题详细级别"，比如客户购买力分析、复购分析等，此时问题就有了主次、先后之分，笔者通常把预先完成的问题对应详细级别称之为"引用详细级别"（Reference LOD）。这种分析方法不仅适用于高级计算，而且适用于数据合并与高级筛选，详见《数据可视化分析（第 2 版）：分析原理与 Tableau、SQL 实践》。

3.4.2 理解问题中包含的计算类型：行级别计算、聚合计算

在了解了聚合表相对于数据明细表的不同之后，接下来重点介绍聚合表中的逻辑字段——在数据明细表中不存在，根据问题的逻辑需要临时计算而来的逻辑字段。

这里试举一例，基于"销售明细表"完成如下问题分析：

"2020 年，不同类别、品牌的销售额(总和)、利润(总和)与利润率。"

从问题结构的角度看，上述问题的不同颜色分别对应问题的分析范围、问题描述和问题答案。

从字段角度看，数据底表中只有"订单日期"，并无"(在)2020年"；只有"类别—子类别—产品名称"字段，并无"品牌"；只有"利润"，并无"利润（总和）、利润率"。

从有限的数据表字段出发，完成无限的业务问题分析，就是数据准备和函数计算要解决的问题。如图 3-20 所示，假象一个虚拟"扩展表"，使用 YEAR、LEFT 等函数补充问题中需要、底表中没有的字段，辅助后续进一步的筛选、分组和聚合计算。

- **分析范围都是逻辑判断。**

筛选条件"(在)2020年"对应"订单日期（年）=2020"判断结果为"是/True"的明细行。可以想象在明细表后增加辅助列"订单年度"，图 3-20 中右侧所示。

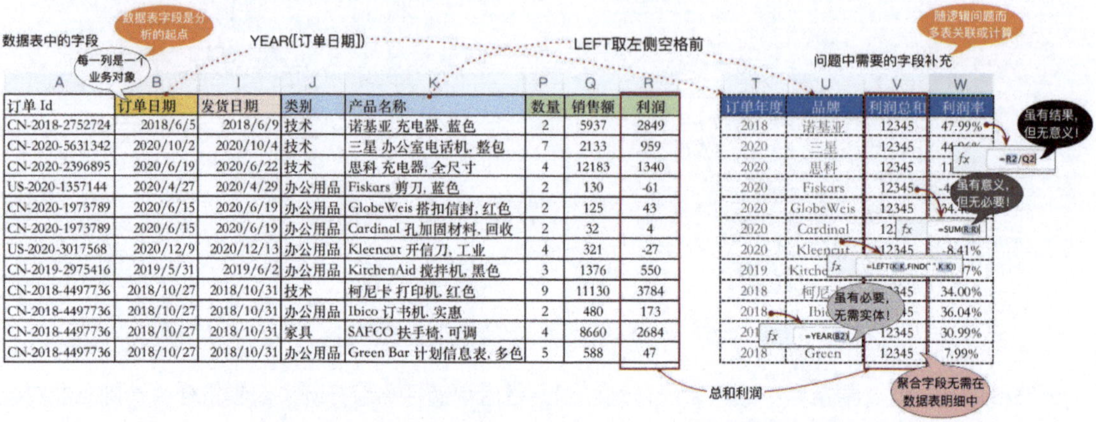

图 3-20　借助于计算，从数据表的已有字段，构建问题中的逻辑字段

- **类别和品牌是维度，构成问题的详细级别。**

在每一行的产品名称增加"品牌"字段，有数据合并和数据计算两种方式：（1）使用 Excel VLOOKUP 或 SQL join 方法从其他数据表查找"产品名称"对应的品牌；（2）从当前数据表"产品名称"等字段值中计算提取。本书淡化跨表之间的计算合并，这里介绍第二种方式。

在 Tableau 中可以使用 SPLIT 截取函数（SPLIT([产品名称],"",1)，以空格为分隔符，取第一位）；Excel 没有 SPLIT 函数，可以用 LEFT 和 FIND 函数替代（=LEFT(K:K,FIND(" ",K:K)），先从 K 列查找空格的位置，再截取其左侧部分）。

在各种分析工具中，上述都是最简单的函数计算，它们的共同点是都在数据表明细行上计算，明细记录对应业务过程，计算结果在业务过程中都有意义（不管是订单年度还是品牌）。

- **理解分组聚合过程，实现问题的抽象计算**

能否用类似逻辑，在数据表明细中增加 "销售额(总和)、利润(总和)与利润率"字段呢？

在 Excel 明细上，我们既可以轻松计算整列合计，也可以计算单元格的比值。看似可行，但又会似乎不对。务必注意，透视表中的"聚合计算"（以求和项为代表），和明细中"行级别计算"（以 YEAR 和 LEFT 为代表）务必分开。明细计算和聚合计算分别对应截然不同的数据详细级别。

在《数据可视化分析（第 2 版）：分析原理与 Tableau、SQL 实践》一书第 3 篇第 8 章，介绍了"基于行级别计算的聚合"（如 AVG(利润/销售额)）与"基于聚合的计算"（如 SUM[利润]/SUM[销售额]）的差异，并把这个知识点视为整个"计算大厦"的根基，如图 3-21 所示。

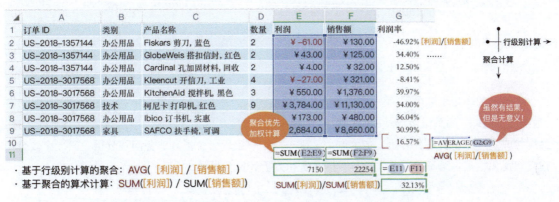

图 3-21　使用 Excel 理解两种计算的逻辑差异（本书有修改）

利润率是"单位销售收入的边际利润"，它是对业务问题的抽象（abstract），而非对销售过程的记录（record），因此称之为"分析字段"。业务问题的抽象字段时刻随着问题变化而变化，不像明细行的数据值是静态的。分析字段的共同特征是包含逻辑聚合方式，比如销售额（总和）、平均单价、人均销售额等，聚合依赖于问题的详细级别，而非数据表行级别。（暂不考虑数据中间表的情形）

相比之下，诸如订单日期、订单年度、产品名称、产品品牌等，它们要么本身就在数据表明细中存在，要么可以借助计算"增加辅助列"出现，它们都能映射具体的业务对象。所谓"数据是业务的反映"，即一笔业务事务一旦发生，对应的业务对象数据值也随之确认，并且不可更改。比如，去超市购买产品，一旦付款完成，交易事务即告终结，你购买的商品属性、交易价格、日期就完整的、不变的存储起来。即便要退货，也是一个新的业务事务，之前的事务也不会因此而改变。

因此，问题中的计算字段分为两类：相对于明细行的"行级别计算"字段、在问题上才有意义的"聚合计算"字段。前者在业务过程中有所指，后者在分析抽象上才有意义，笔者也把上述两种计算字段称之为"业务字段"和"分析字段"，即"第三字段分类"。如图 3-22 所示。

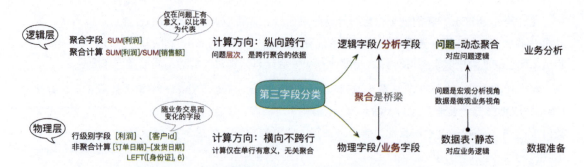

图 3-22　第三字段分类：业务字段与分析字段

3.4.3　字段的分类与多视角理解

在笔者的学习生涯中，"第三字段分类"的总结积累，是彻底通透数据准备、数据计算及其通往《数据分析通识》的关键步骤。它和"第一字段分类"（维度和度量）、"第二字段分类"（连续和离散）共同构成了"业务可视化分析"的大厦之基础——第一字段分类指导**业务问题**分析，第二字段分类指导**可视化**构建，第三字段分类指导**数据准备**和**分析计算**（见表 3-4）。

表 3-4　第一字段分类、第二字段分类及第三字段分类

第一字段分类（维度	第二字段分类	第三字段分类
问题：维度描述问题、度量（聚合）回答答案； 数据表：维度映射业务对象，度量量化业务过程	连续生成坐标轴，离散生成标题 Tableau 中绿色代表连续，蓝色代表离散，次序作为离散出现	业务字段是有具体业务对象所指的数据表字段或者行级别计算字段，分析字段对应问题中度量，包含聚合，仅在逻辑上有意义

这里，笔者从多个角度诠释如下，需要读者多加体会。

- 何为物理，何为逻辑？

业务字段是在数据库表中真实存在的字段，对应业务环境中具体的业务对象，一旦发生则不可更改，因此是"物理的"；而分析字段是为了逻辑理解而创建的，随着问题的变化而不断变化，它依赖于问题的详细级别而聚合，是主观的、随时变化的，因此是"逻辑的"。

- 何为数据准备，何为业务分析？

从分析结果看，所有的计算都是为了弥补问题中字段的不足，但是如果站在数据表角度看，又有明显的差异。行级别计算是在数据表明细中先行计算的，聚合计算是在之后根据问题定义而后续计算的，前者之目的在于弥补数据表中业务字段的不足，后者在于回答问题中包含的答案，比如利润总和、利润率都不能从数据表明细上理解。因此，笔者把行级别计算称之为"数据准备"，而"聚合计算"称之为业务分析。

广义的数据准备又可以包含两个大方向：通过多个数据表合并或匹配，或者通过行级别计算弥补当前数据表字段不足。前者的结果是物理数据宽表或者逻辑关系模型，后者结果是行级别函数。

- 哪些函数是行级别的数据准备，哪些是业务分析？

在 Tableau 的计算中，所有的字符串函数、日期函数、类型转化函数都是行级别计算，都在数据表明细上计算，它们的结果可以是维度、度量，示例如下。

- 发货间隔：[订单日期] – [发货日期]（单位为天，对应 DATEDIFF('day',[发货日期],[订单日期])
- 采购金额：[中标金额]/[价格单位]*[采购数量]

而所有的聚合函数、聚合的二次计算都是结合问题在视图查询阶段计算的。

- 利润率：SUM([利润]) / SUM([销售额])
- 平均单价：SUM([销售额]) / SUM([销售数量])

逻辑判断函数的计算位置，取决于逻辑判断部分是行级别计算还是聚合计算，实例如下。

- 交易的盈亏标签：IIF([利润]>0,'盈利的交易','亏损的交易')
- 基于视图详细级别的聚合判断：IIF(SUM([利润])>0,'盈利的视图维度','亏损的视图维度')
- 行级别计算胜在稳定、弱在性能，聚合计算则胜在灵活、弱在理解，需要考虑详细级别的彼此关系。如果在明细上计算和在问题聚合上计算结果相同，且都有业务意义，那么从性能角度考虑，推荐在聚合级别完成。比如 SUM([销售额] – [折扣额])和 SUM([销售额]) – SUM([折扣额])，分析即聚合、聚合即分析。

从广义的角度看，聚合函数又可以包含直接聚合函数（比如 SUM[利润]）、聚合的二次计算（比如 SUM[利润]/SUM[销售额]）、聚合的二次聚合（比如 WINDOW_SUM(SUM[利润])），以及预先聚合（比如 FIXED LOD），它们又可以借助于四则运算和逻辑运算组合为更高级计算。这些都是"结构化高级分析"的逻辑基础，计算的更多相关内容，参考《数据可视化分析（第 2 版）》第三篇。

3.4.4 常见聚合类型：合计、方差、百分位

问题答案必然是聚合的过程，常见的聚合方式有总和（SUM，度量默认的聚合方式，中文语境中可以省略）、平均值（AVG/AVERAGE）、重复计数（COUNT）、不重复计数（COUNTD=COUNT DISTINCT）、最大值（MAX）和最小值（MIN）等。

那聚合方式与字段有什么关系呢？聚合类型通常受字段的数据类型与分类方法的影响，表 3-5 展示了聚合类型与字段分类的常见对应关系。

表 3-5 聚合类型与字段分类的关系

聚合类型/聚合函数	举 例	数据类型	字段第一分类	第二字段分类
求和 SUM、平均值 AVG、最大值 MAX、最小值 MIN	销售额总和、平均单价、最高单价	数字	量化字段	连续字段
最大值 MAX、最小值 MIN	最大订单日期	日期	分类字段	连续字段
计数 COUNT、不重复计数 COUNTD	订单数、客户数	字符串	分类字段	离散字段

在传统的小数据分析中，上述的聚合方式就足够了，但是大数据分析不仅要考虑聚合之后的宏观结果，还要考虑数据的波动程度、极值等，因此延伸更多的聚合方式，从而多角度、多层次地刻画数据特征。这些聚合方式统称为"聚合函数"，即完成某一特定功能的预设计算。

深入的业务分析，通常需要更多的聚合函数及其相互计算来辅助完成。从业务的角度，常见的聚合可以按照功能分为几类。

1. 描述规模：总和、平均值、计数

在业务分析中，两个最重要的描述角度是：**规模有多大，质量有多好**。不同的业务场景和业务用户的角度通常有很大差异，比如区域经理关注销售额总和、毛利总额，而财务人员更关心毛利率、利润率、周转率。

业务分析中有时把前者称为"绝对值"[1]指标，后者称为"比值"指标。通常，"绝对值"都是大于 1 或者小于 –1 的"大数"，而"比值"是 ±1 之内的"小数"。

"绝对值"指标最常见的聚合函数是总和 SUM 与计数 COUNT/COUNTD[2]，分别对应连续的度量与离散的维度字段。比如。

- 销售额总和：SUM([销售额])、利润总和：SUM([利润])
- 客流量：COUNT([客户 ID])——重复计数
- 客户数：COUNTD([会员 ID])、订单数：COUNTD([订单 ID])

有很多度量字段的求和没有意义，比如年龄、单价、利润率等，在"维度建模"中常称之为"不可加性"（non-additive），此时要根据问题选择合适的聚合方式，或使用聚合后比值，比如：

- 平均年龄：AVG([年龄])
- 平均单价：SUM([销售额])/ SUM([数量])

---

1 "绝对值"是相对后者"比值"而言的，指"它本来的、未经计算加工的样子"，与 ABS 函数不同。
2 COUNT 是重复计数，COUNTD 是不重复计数，对应 SQL 的 COUNT(DISTINCT[字段])语法。

上述是使用最频繁的聚合方式和聚合函数。

在不同的工具中，写法也有不同，但是聚合的过程基本一致。图 3-23 中展示了在 Excel、SQL 和 Python 中使用 SUM 函数求和的语法。

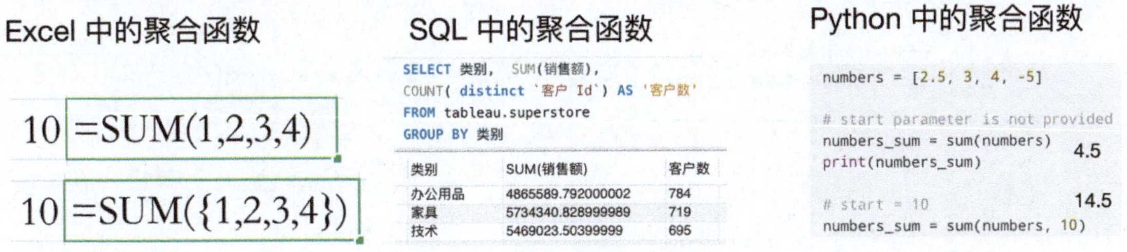

Excel 中的聚合函数

```
10 =SUM(1,2,3,4)
10 =SUM({1,2,3,4})
```

SQL 中的聚合函数

```
SELECT 类别, SUM(销售额),
COUNT( distinct `客户 Id`) AS '客户数'
FROM tableau.superstore
GROUP BY 类别
```

类别	SUM(销售额)	客户数
办公用品	4865589.792000002	784
家具	5734340.828999989	719
技术	5469023.50399999	695

Python 中的聚合函数

```
numbers = [2.5, 3, 4, -5]

# start parameter is not provided
numbers_sum = sum(numbers)        4.5
print(numbers_sum)

# start = 10                      14.5
numbers_sum = sum(numbers, 10)
```

图 3-23　不同工具中的聚合语法

在业务分析中，SUM、AVG、COUNT、COUNTD 函数是构建"绝对值"指标的主要聚合方式。不管工具是什么，明白了背后的"异中之同"，之后熟能生巧、巧能生智，才能理解"聚合的聚合"及其对应的高级业务场景。

2. 描述数据的波动程度：方差和标准差

总和、平均值及建立在聚合基础上的比值，通常用于描述宏观特征，相应地就会忽视个体差异及其波动性，而且容易受极大值、极小值等异常值的影响。这也是很多人感慨"工资被平均"的原因。因此，在宏观指标之外，分析还要关注样本中个体的波动性（离散程度）及关键个体指标（如最大值、中位数、众数、最小值等）。

统计学家发明了方差（variance），用于衡量数据的离散程度，即波动性。总体方差（σ^2）是总体数据中各样本数据和总体平均数（μ）之差的平方和的平均数，公式如下所示。[1]

$$\sigma^2 = \frac{\sum(x - \mu)^2}{N}$$

方差相当于以总体的平均数（μ）为基准，计算每个数据的偏移。因此一组完全相同的数据，方差就是 0，随着数据的增加，方差就会增大。如下所示。

- {5,5,5,5}　　σ^2=0/4=0　（无波动）
- {4,5,5,6}　　σ^2=2/4=0.5　（出现了波动）
- {3,4,6,7}　　σ^2=10/4=2.5　（波动进一步增加）

---

[1]　σ^2 为总体方差，x 为每个数据值，μ 为总体均值，N 为数据数量。

为什么要用"平方"计算呢？如果没有"平方"，那么 {4,5,5,6} 上下完全相反的波动就会被抵消。

我们大部分人在高中毕业之后就极少用到方差（包括笔者），这里用一组身高数据来进一步形象地说明。如图 3-24 所示，4 个人的厘米单位身高数据为 {190，170，165，160}，平均数为 170，方差为 131.25。如果样本身高全部减少 10 厘米，那么平均数变化，但是方差不变。

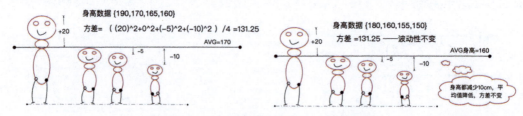

图 3-24　4 个人身高的离散程度——使用方差量化

可见，方差虽然建立在平均值基础上，但是又截然不同。方差越大，代表离散程度越高，但不代表总体的平均身高情况。

不过，方差使用"差异"的平方来计算，为了保持与样本数据单位的一致性，就有了它的平方根形式——标准差（standard deviation）。标准差作为"波动"的标尺，比方差更加直观。

$$\sigma = \sqrt{\sigma^2} = \sqrt{\frac{\sum(x-\mu)^2}{N}}$$

比如，上面的 4 个人身高的方差是 131.25，对应标准差是 11.45。如图 3-25 所示，有 3 个人的身高在平均值 1 个标准差范围之内（即 170±11.45），可以称为"1 个标准差"（±1 σ 西格玛）。

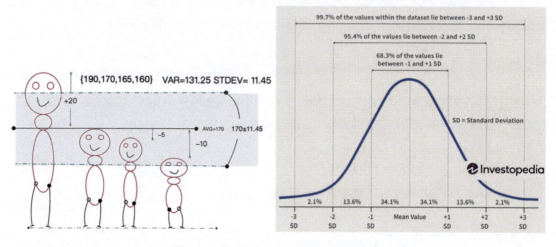

图 3-25　使用标准差有助于更好地衡量分布

要想熟练使用标准差还需要了解正态分布。在标准的正态分布中，1 西格玛的概率是 68.3%，3 西格玛是 99.7%。在很多企业中盛行的质量管理"六西格玛"方法，就是将质量缺陷控制在 3.4ppm（百万分之三点四）之内。在第 10 章，本书会介绍基于标准的质量控制图、六西格玛分布。

这里以超市数据为例。图 3-26 展示了"2020 年 12 月各地区交易的利润分析指标"。其中西南和华东区域交易的利润波动最大，通过它们的利润最小值和最大值也能部分佐证。

图 3-26 2020 年 12 月各地区交易的利润分析指标[1]

当然，这样的聚合只是反映总体，而无法反映每个地区中各个客户的相对位置和分布。如果强调客户总体的分布，而不关心具体客户的情况，就需要在个体中寻找有代表性的样本，作为宏观对比的基准，从而走向分布。我们经常使用的最小值、最大值、中位数，就是这样的代表，它们的背后，则是百分位函数。

3. 关注个体、走向分布：百分位函数及最大值、最小值、中位数

分析通常是"分析宏观特征、不关注个体差异"，因此总和、平均值、计数是使用最频繁的聚合方式。不过，"一条腿只能站立、两条腿才能远行"，业务探索分析的趋势是把宏观分析和微观分析紧密结合在一起，因此需要"关注个体"的分析指标，其中典型代表是百分位数（percentile，符号为 P），而百分位数的代表就是最小值、中位数和最大值，分别可以用 P0、P50 和 P100 代表。

关于"百分位数"的理解和计算，虽然没有统一，但不影响大家使用。

"百分位数没有标准统一的定义，但是当样本容量很大且概率分布是连续的时候，每种定义的结果都差不多。"[2] 百分位数有多种计算方法，比如最近序数方法（The Nearest Rank method）、在最近序数间线性插值的方法（The Linear Interpolation Between Closest Ranks method）、权重百分位数方法

---

1 此处的"群体方差"就是"总体方差"，属于软件的翻译 bug，已经申请修改。

2 内容参考来自"维基百科"（英文版 Percentile）"There is no standard definition of percentile, however all definitions yield similar results when the number of observations is very large and the probability distribution is continuous."

（The Weighted Percentile method）等。如图 3-27 所示，是使用多种方法为 10 个数字的序列 {1,2,3,3,3,4,4,5,5,7} 计算的百分位数。

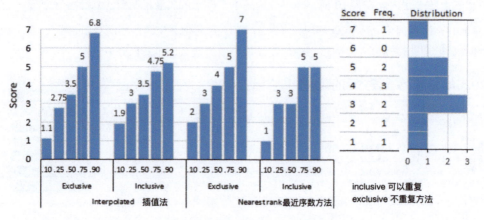

图 3-27　多种百分位数计算方法[1]

Excel 和 Tableau 都可以通过 PERCENTILE() 函数计算一组数据的百分位数，它们都使用了插值法，如图 3-28 所示。

图 3-28　使用 Excel 和 Tableau 计算一组数据的百分位

相对于此前的求和、求平均值，标准差和百分位数目前在业务分析中尚未普及。这里希望作为基础知识加以阐述，以便读者更好地理解本书第 10 章的分布分析。

1　图片来自"维基百科"（英文版 Percentile）。

3.5 从问题分析视角看数据分析的发展阶段

到这里,问题分析思路与方法可以说告一段落,在展开可视化分析之前,有必要从问题分析的角度,总结一下数据分析在过去几十年的显著变化。

笔者进入这个领域的时间尚短,"冒险"把数据分析总结为 3 个阶段:小数据时代的多角度明细展示、数据统计时代的聚合汇总、大数据时代的结构化分析。**大数据时代,关注样本的宏观特征,并关注特征背后的结构性要素,这将成为业务分析的基本场景。**

> *大数据分析,就是多维度、结构化的分析。*

1. 小数据时代的多角度明细展示

在计算机刚刚兴起的早期阶段,数据量非常小,软盘都是以 KB 为存储单位的,"明细即真实",姑且可以称为"小数据时代"。对领导而言,甚至无须聚合,只是切换不同的角度去查看这些明细数据,这也许就是 Excel Pivot Table 的名称起源,Pivot 是转置之意。

随着数据从几行、几十行到几千行,数据量越来越多,在切换角度查看数据前,就需要增加一个"聚合"的环节,于是 Pivot 开始身兼"聚合"和"转置"两个功能,如今这个看上去不够准确的名字几乎成了"聚合"的同义词,"转置"之义已经淡化,如图 3-29 所示。

图 3-29 Excel 中的"转置"如今身兼两重含义

2. 数据统计时代的聚合汇总

随着数据量不断增加,明细数据依然是真实的,但聚合才是关键,领导需要看到的是大量数据的宏观特征,比如利润率、销售额趋势;只关心宏观特征,不关心明细本身,是数据分析至关重要的转折点。为什么不关心明细?不是明细不重要,而是虽然数据在增加,但是数据量没有超过经验所及的范畴,领导看到聚合,就能推测业务中的问题。

这个阶段一项重要的技术是 SQL 结构化查询语言,它为人与数据库的交互提供了标准语言。IT 工程师就像是企业中数据帝国的全能守卫,不管疆域多么辽阔,都能使用 SQL 准确地查询到领导想要的每一份数据汇总,甚至明细。

只是，他们通常只提供查询，不提供解释，只担当"守门人"的角色。单就这个角色本身，已经让不懂技术的业务人员望而生畏了（见图3-30）。

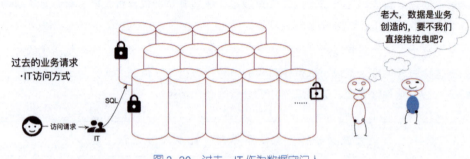

图3-30　过去，IT作为数据守门人

业务用户似乎忘记了一个事实：他们才是数据真正的创造者，他们让渡了"保管权"，却也忘记了"所有权"。

3. 大数据时代的结构化分析

随着互联网经济的快速发展，数据爆炸远远超过想象。随着在线业务越来越多，很多公司的数据量几乎每年都在翻倍。汇总分析变得异常困难，此时兴起了数据仓库、数据加速、数据中台等一系列的全新技术。数据爆炸的背后自有数据成长的自我逻辑，甚至**业务的快速成长都超过了经验的视野**，于是分析领域也出现了**本质变化**。之前的汇总分析依然重要，但远远不够了，领导的决策需要在汇总的同时，从更多的聚合视角分析问题，并查看其中的结构化构成，也就是以聚合的二次聚合为代表的结构化分析。

从问题的角度看，传统的分析通常是单一问题的分析，而随着业务场景的复杂性，业务分析需要深入到问题内部，进而查看在其他详细级别的结构化构成，这就是典型的高级分析。高级分析之高级，不在于图形的复杂性，而在于问题的复杂性，需要阐述每个问题的详细级别和多个问题之间的关系。

> "结构化分析，是业务分析通往决策的必由之路。"

不管是条形图、柱状图还是直方图，都可以借助计算实现结构化分析。业务部门通过结构化分析，可以发现问题背后的结构化构成，从而识别潜在风险；再借助敏捷交互技术，可以快速地建立假设做出验证，从而提高决策的效率和准确性。

鉴于这个话题有一定的思考难度，本书会在大家充分理解第2篇的内容后，在第3篇第14章专门介绍"结构化分析"。

目前,每次在客户面前展示这种结构化分析方法时,都会引来一阵惊呼,"这就是我们想要的",但是这种方法却尚未普及。目前,大部分公司的业务成长和数据分析被相互束缚,业务经理无法找到深入的结构化分析工具以实现深入的结构化思考,结构化思考的难以实现又反过来限制了业务思考的深度。笔者把可视化分析分为 3 个阶段,分别是:三图一表的结果展现、分布与相关性的特征分析、结构化分析的业务分析。如图 3-31 所示。

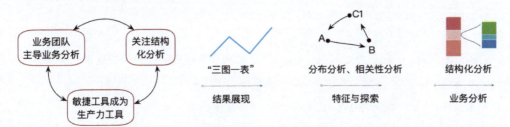

图 3-31　通常结构化分析的几个阶段

与业务高级分析相匹配的,是越来越多的企业开始以业务部门为主导进行数据分析转型,特别是新兴的互联网公司:数据即产品,产品即分析。于是,过去 IT 作为"守门人"角色的线性交付方式,开始让位于以业务为中心的循环分析过程,分析回归业务,IT 则主攻擅长的数据治理和数据准备。

本书的一个具有冒险性的写作目的是,借助原理性的分析和 Tableau 简洁的实现方法,帮助更多客户实现这样的分析过程,最终成为各行各业的分析常识和通用分析技能。

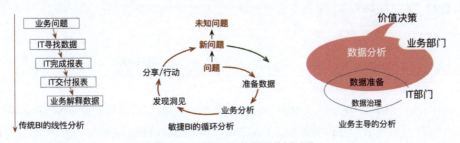

图 3-47　敏捷 BI 的循环分析过程

第 4 章

启程：可视化构建方法与扩展路径

问题赋予图形意义，图形帮助问题"可视化"。本章介绍图形的广义构成要素、问题分类与图形类型，以及<u>增强可视化图形业务意义</u>的方法。本章概括要点如下。

- 可视化图形由 3 个部分构成：坐标空间、可视化视觉模式和可视化意义描述。
- 业务分析应该从问题分析出发到图形选择，而非相反；有限的问题类型对应主要的图形样式。
- 业务分析应该从传统的"三图一表"（条形图、折线图、饼图、交叉表）向分布、相关性等高级图形演化，关注宏观特征，更关注背后的结构化要素。
- 可视化增强图形可以从坐标轴、标记、参考线、计算等多个角度展开。
- 在简单的可视化图形基础上，增加离散和连续度量到行列区域，并排字段生成分区，交叉字段构建矩阵。
- 从标记修饰角度看，可视化绘制分为 4 个图层：主视图构建是基础，增加颜色、大小、标签等数据元素是修饰，增加业务见解是关键，必要时增加背景信息。

4.1 从交叉表到图表：可视化的构成要素

在 Excel 中，"表哥""表姐"可以把透视表轻松转化为常见透视图：条形图（柱状图）、折线图和饼图，如图 4-1 所示。图形帮助"数据消费者"更快地获得数据背后的业务逻辑，比如消费者市场中，三大类别销售基本均衡、多年销售节节攀高、华东和中南区域是销售主力等。

思考一下，从透视表到透视图的过程中，什么发生了变化，而什么保持不变？

概括而言，从交叉表到可视化图表的转换过程中，不变的是问题，以及问题背后的聚合过程（"异中之同"）；变化的只是结果表的展现方式——图表为枯燥的数字披上了可视化的"外衣"。

第 4 章 启程：可视化构建方法与扩展路径 | 53

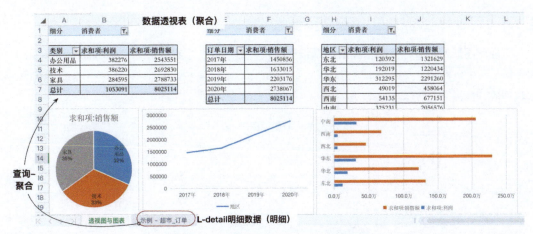

图 4-1 在 Excel 中从聚合到基本图形

从图形的角度看，可视化图形是把数据展示放在了一个**空间**中，再以"**点线面体**"的模式展示数据点之间的关系，从而帮助数据用户更好地捕捉和领会**数据点之间关系**及传达的**数据意义**。"看得见的图形"与"看不见的意义"相互依存。

以图 4-2 的折线图为例，把各个细分市场、各年度的销售额（12 个数据点）放在对应的**坐标系空间**（由销售额和订单日期构建）中，并以日期为路径把"点"连成"折线"（这个图形的**可视化视觉模式**），从而让数据用户可以一目了然地获得"各个细分市场销售均持续增长"的**业务意义**。图形的价值就在于表达意义，而意义要借助图形这一可视化的媒介，引导用户通往决策假设。

概括而言，所有的可视化图表都是由坐标空间、可视化视觉模式（点线面构成的图形类型）和业务意义描述（与业务相关的数据特征）构成的。

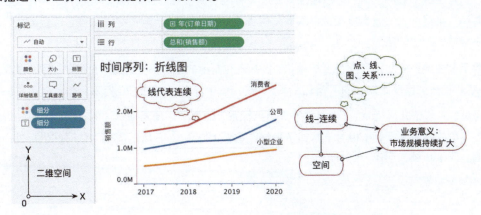

图 4-2 以折线图为例的基本可视化图形

4.1.1 可视化坐标空间：坐标系与坐标轴

可视化图形始于坐标空间，典型的二维空间又称为"笛卡儿坐标系"（Cartesian coordinate），它由 x 和 y 两个坐标轴"支撑"构成空间（coordinate plane），其中坐标轴都是以中心为原点向两端无限延伸的，如图 4-3 所示。

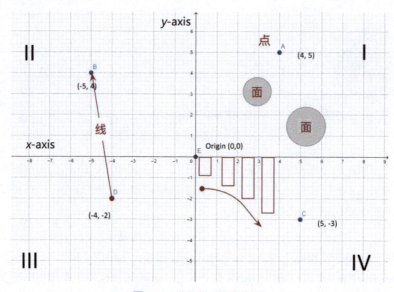

图 4-3　典型的二维坐标系[1]

可视化的关键是绘制坐标空间，之后借助点、直线、矩形等可视化元素表达见解。

在二维坐标系基础上，还可以增加第三条坐标轴构成"三维坐标系"。不过，在平面纸张、显示器屏幕等二维媒介，三维坐标系会导致数据失真，如图 4-4 所示。在可视化最佳实践中，应该避免使用三维空间和立体图形。

除了上述典型的水平和垂直坐标系，坐标系还有其他的变种形式，最常见的是饼图中隐藏的"极坐标系"。在一些高度定制化的可视化工具如 ECharts 中，有更细致的坐标系分类，如图 4-5 所示。

常见的"笛卡儿坐标系"（或者称为直角坐标系）的两个轴是无限延伸的，相比之下，地理坐标系对应有限的度量坐标轴（相对于本初子午线左右各 180 度），日历对应有限的时间坐标轴（通常横轴为周几、坐标轴为周数）。

1　右侧坐标系底图来自 projectglobalawakening 网站，本文有所改动（红色）。

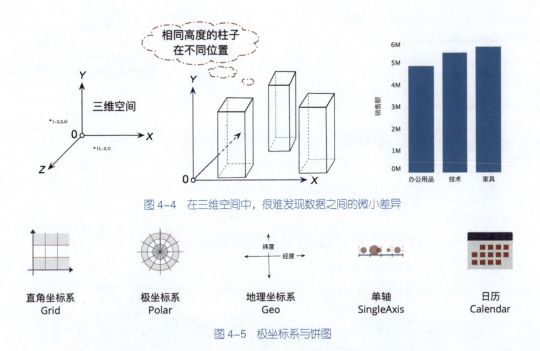

图 4-4　在三维空间中，很难发现数据之间的微小差异

图 4-5　极坐标系与饼图

有了坐标系，哪些字段能创建坐标轴，以及如何识别无限和有限的坐标轴呢？它的基础是字段的连续特征。

4.1.2　字段的连续、离散属性与坐标轴

本节将依次介绍"无限连续"（continuous，简称"连续"）、连续的特殊形式"次序"（ordinal）、"离散"（discrete）属性在可视化中的作用。

1. 何为"无限连续"字段（continuous field）

"无限连续"字段就是字段中的数值默认有先后次序——"默认"指排序不依赖于其他任何条件。典型的无限连续字段是数字，整数、小数、无理数都是无限连续的，而且都有默认的大小次序；另一种无限连续字段是日期时间，比如 2021 年，它在 2020 年之后，又在 2022 年之前；年月、年月日也是同理。

因此，最常见的坐标轴是数字轴和日期轴，如图 4-6 所示。

在 Tableau 中，通常使用折线代表趋势和连续性。如果使用柱状图，那么就会用并排紧挨的方式表达无限连续，并在"坐标轴"尽头增加留白，代表有可能进一步延伸，如图 4-7 所示。

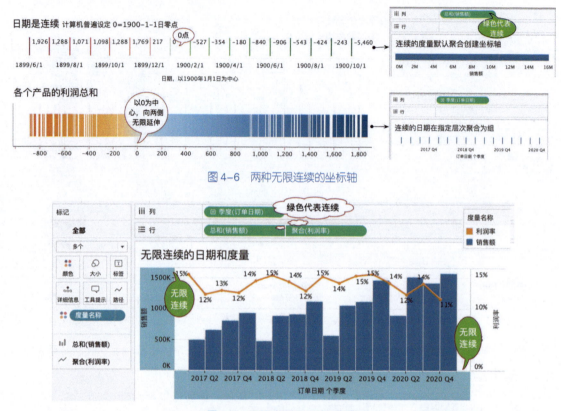

图 4-6 两种无限连续的坐标轴

图 4-7 无限连续的日期和度量

2. 次序字段（ordinal field）

一些字段中的数值虽然有默认次序，但是数量事先已经固定，比如客户等级的"钻石、金卡、银卡、新人卡"，时间的"春夏秋冬"，辈分次序的"孟仲叔季"，评分标准的"优秀、良好、及格、不及格"等。这一类数量有限、有默认次序的字段称为"次序字段"。对次序字段做排序没有意义。

"无限连续"和"有限次序"字段的根本差异，在于"无限连续"字段能进一步无限切分，比如，理论上交易金额可以是 100 元和 110 元之间的任意数值（销售额字段），2月1日和2月2日之间还可以有无数个时间点（时间字段）。

而"次序字段"中的数值则是有限的、确定的，也就没有必要通过坐标轴为可能的其他值预留空间，因此，在 Tableau 可视化分析中，"次序字段"默认以"离散"的方式显示为"列表"（header，或称为清单、标题）。如图 4-8 所示，这里的两个"次序字段"分别是字符串和数字的样式。

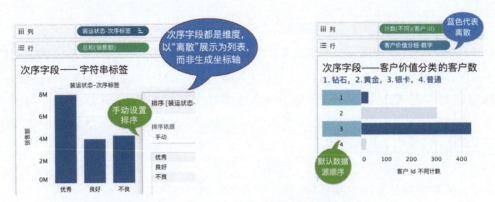

图 4-8 "次序字段"常像离散字段一样显示为标题

数据工程师经常使用数字作为次序字段，从而提高计算机存储和查询性能，比如 1 代表钻石、2 代表黄金、3 代表白银，这里的数字只有分类意义，四则运算则没有意义。因此，Tableau 中的次序字段被列入维度，因为维度代表分类。

在"次序字段"中，最常见、最特殊的是"日期部分"字段。如图 4-9 所示，"月份"字段代表从 1 月到 12 月的有限连续。可视化视图中，既可以用柱状图展示"有限月份"的对比（由于次序视为离散，因此柱状图之间有缝隙），又可以用折线图代表"有限月份"的波动。

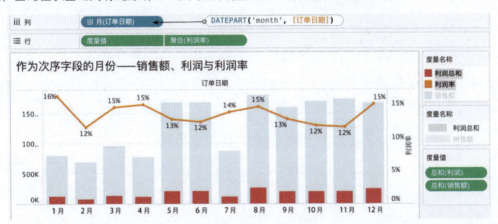

图 4-9 作为次序字段的月份——从完整日期中抽取的一部分 DATEPART

另外，"无限连续"主要是不依赖于人的客观字段（数字和时间）[1]，而"有限连续"通常是自定义字段，多是为简化问题描述而创建的。有限连续的典型是日期部分字段，这里有必要单独说明。

---

1 当然，所有的"客观"都是更大范围内的"主观"，日期是人类自定义了参考原点（耶稣诞辰或者 1900 年 1 月 1 日零点），阿拉伯数字也是人为的尺度。这里的主观、客观是对每个单位甚至每个分析师而言的。

3．日期字段：兼具无限连续与有限连续（次序）特征

使用日期字段时，一定要首先确认选择它的哪一部分，这决定了分析中日期的连续/离散属性。

比如说，每年 12 个 "月份" 默认是有先后次序的，但是 1 月之前没有 "0 月"，12 月之后没有 "13 月"，因此是 "有限连续" 的，即 "次序字段"；相比之下，"年月" 是无限连续的，2020 年 12 月之后还有 2021 年 1 月，之前则有 2020 年 11 月，两侧无限延伸，这是 "无限连续"，也是 Tableau 和本书中默认的 "连续" 字段。

如图 4-10 所示，使用离散 "季度" 和连续的 "季度"（实际是 "年季度"）日期字段作为横轴，展示了 "次序日期字段" 和 "连续日期字段" 在可视化过程中的明显差异。

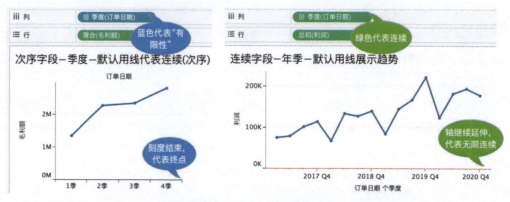

图 4-10　"次序日期字段" 和 "连续日期字段" 的可视化差异

这种分类方法也影响到了大部分工具的函数选择，可视化分析师应该清晰日期函数与字段属性之间的关联性，如表 4-1 所示。

表 4-1　SQL 和 Tableau 中的日期函数

工　　具	无限连续	有限连续/次序	备　　注
SQL	DATE() YEAR() YEARWEEK()	EXTRACT()　DATEPART() HOUR()　　DAY() WEEK()　　WEEKDAY() MONTH()　 QUARTER() YEAR()	无限连续都是完整日期，有限连续大多数取其中一部分
Tableau	DATE() DATETIME() DATETRUNC() YEAR()	DATEPART()——数字样式 DATENAME()——字符串样式 YEAR()　　QUARTER() MONTH()	

不管函数语法如何复杂，大多可以分为两个大类：（1）从年开始裁断到指定位置，结果为完整、标准的连续日期；（2）只取任意部分，结果为数字或字符串，为次序字段。Tableau 中对应 DATETRUNC()函数和 DATEPART()函数，如图 4-11 所示。

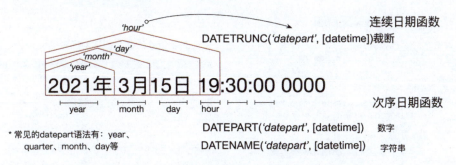

图 4-11　Tableau 中的两个最重要的日期函数——连续与次序

总结：日期字段可以是"无限连续"的，也可以是"有限连续"的——后者也称为"次序日期字段"。无限连续具有度量坐标轴的很多特征，而次序日期字段具有很多离散维度的特征。在后续很多分析中，默认的离散维度包含了次序字段。

在认识了"无限连续"和"有限连续"的基础上，就可以迈入可视化空间图形了。

4．字段的连续、离散属性，与三种可视化空间类型

除了上述的无限连续（如度量和完整日期）和有限连续（如月份、会员等级）的字段，其他的字段都可以认为是离散（discrete）的，比如性别、订单 id、地区、细分等。

至此，从字段的连续特征角度，字段可以分为 3 个大类：连续字段、次序字段和离散字段。如图 4-12 所示，可使用不同的线条样式代表不同分类。

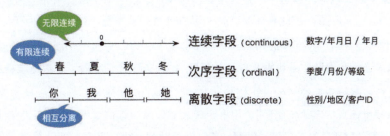

图 4-12　字段的连续和离散特征

如图 4-13 所示，离散和次序会生成标题（header），而连续的日期和度量则会创建坐标轴（axis）。在这里，标题是"header"的翻译，代表离散字段中不同数据生成的清单、列表。本书为了与 Tableau 保持一致，沿用了"标题"的用法。因此，就有了这样一句话：

离散生成标题（header），连续创建坐标轴（axis）。

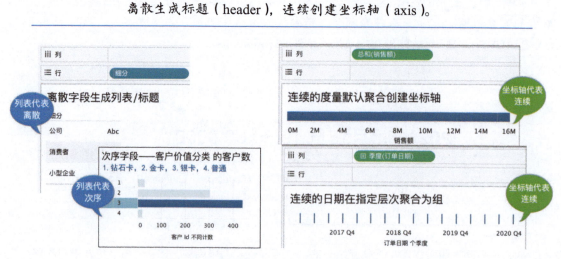

图 4-13　离散字段与连续字段在视图中的可视化

考虑到"次序字段"数量有限，三分类过于复杂，Tableau 把次序视同离散字段管理，除非特别说明，本书也采用这一分类方法。在 Tableau 中，分别用绿色和蓝色表示连续和离散字段。

在上述字段分类和可视化逻辑基础上，把连续和离散字段分别植入"笛卡儿坐标空间"的 X-Y 坐标轴上，就会生成 3 类可视化空间，这也是 Tableau 早年的原型系统中的分类方法。

- 离散字段*离散字段
- 离散字段*连续字段
- 连续字段*连续字段

考虑到连续字段又包括连续日期和连续度量两种情形，日期默认放在横轴（列字段），而经纬度可以视为特殊的自定义度量，因此具体而言，又可以分为多种类型，如图 4-14 所示。

至此，本书已经介绍了数据字段与可视化的主要关系，可以分为两个视角："维度和度量"是问题分析的基础，"连续和离散"是可视化图形的基础；"业务和分析字段"是数据准备和计算的基础。

Tableau 为分析师搭建了统一的分析框架和基础。如图 4-15 所示，Tableau 用字段位置代表"维度和度量"，用颜色代表"连续和离散"，用形状代表字段默认存储类型属性。同时使用"详细级别"（level of detail，简称 LOD）的概念区分计算，在数据表明细行级别有意义的计算字段是业务字段（典型如年度、品牌），在问题详细级别有意义的计算字段是分析字段（典型如利润率）。

第 4 章 启程：可视化构建方法与扩展路径 | 61

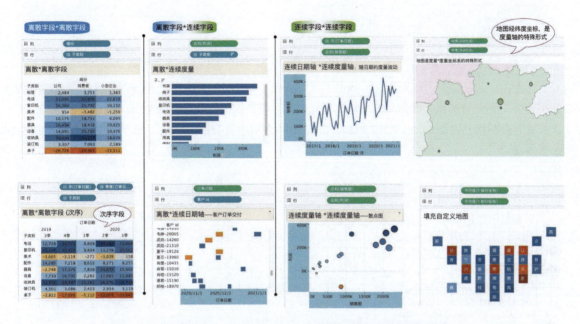

"第一字段分类"分析问题： 维度决定"层次"，度量默认聚合，聚合回答答案
"第二字段分类"绘制图形： 离散（蓝色）生成标题，连续（绿色）创建坐标轴

图 4-14 离散与连续字段的多种组合方式

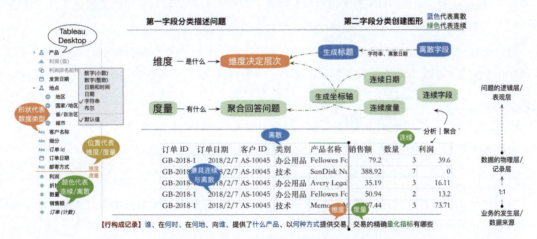

图 4-15 Tableau 字段的多种分类方法及其关系

笔者希望通过这本书，把字段的逻辑分类方法作为业务分析常识，普及给更多数据分析师。这也是笔者个人特别喜欢 Tableau 的原因之一，它通过字段的分类，为所有人打开了一扇进入分析领域的敏捷之门；这扇门在 Excel 甚至 SQL 的领地，是虚掩甚至隐藏起来的。

4.1.3 可视化视觉模式与图形类型

"坐标系"提供绘图的空间,接下来就是如何把数据表排列组合,通往数据背后的逻辑意义。

在坐标空间中,每个数据值都对应单个点,点连成线,线推成面(条形图是长度和宽度构成的面积),点、线、面构成了最常见的可视化视觉模式。早在 1786 年,William Playfair 在其出版的《商业与政治图解集》(The Commercial and Political Atlas)书中就开始使用点、线、面的方式表达数据,如图 4-16 所示。

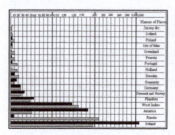  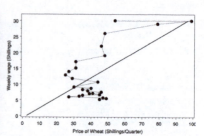

图 4-16 点、线、面的可视化视觉要素

早期的可视化图形都比较单调,1998 年出版的《探索性数据分析》(Exploratory Data Analysis)一书中,还在讲述如何使用钢笔而非铅笔加深颜色。如今,分析师可以使用计算机完成几乎想要的任何图形,甚至默认的配色方案已经超过了大部分人的需求。

要充分体现数据的意义,需要点、线、面,还有颜色、大小、形状等可视化视觉要素加以修饰。心理学中,把能够引起快速直觉反馈的要素称为"潜意识属性",主要包括如图 4-17 所示的内容。

图 4-17 可视化中常见的潜意识属性

可视化分析要合理利用这些要素,用于表达不同的字段数据。按照此前离散、次序、连续字段的分类,可以为字段和上述的可视化视觉要素之间建立匹配(mapping),如图 4-18 所示。

可视化图形,可以理解为点、线、面的展现方式与位置、大小、颜色等视觉"前意识属性"(pre-attentive attribution)的排列组合。每个数据点可以放在不同位置(位置永远是最优选),可以赋予不同大小,按照指定路径构成线条,每条线可以规定其长度、宽度、斜率等。这样的相互组合和叠加是无限的。

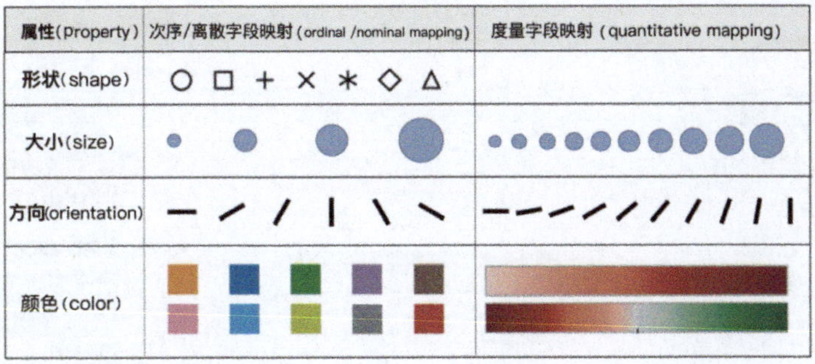

属性(property)	次序/离散字段映射 (ordinal /nominal mapping)	度量字段映射 (quantitative mapping)
形状(shape)	○ □ + × ✳ ◇ △	
大小(size)	● ● ● ●	● ● ● ● ● ● ●
方向(orientation)	─ ╱ ╱ │ ╲ ╲	─ ╱ ╱ ╱ │ │ │ │
颜色(color)	(色块)	(渐变色带)

图4-18 字段分类与可视化视觉要素之间的匹配关系[1]（The different retinal properties that can be used to encode fields of the data and examples of the default mappings that are generated when a given type of data field is encoded in each of the retinal properties.）

按照这样的组合方式，常见的可视化图形可以有如下分类，如图 4-19 所示。

- "点"图：气泡图、箱线图、散点图、符号地图、热图、热力图、文本表[2]等。
- "线"图：折线图、"棒棒糖图"、路径地图、雷达图、关系图等。
- "面"图：条形图、饼图、面积图、树形图、甘特图（线代表两个时间端）、填充地图、雷达图等。

可见，点线面的视觉模式与图形的类型是紧密结合的，可以把它们称为图形的模式；比如线代表波动、面积代表大小等。图形模式通往数据理解——图形的业务意义。

至此，本书介绍了两种选择可视化图形的逻辑，分别是：

- 从字段的连续/次序/离散的连续性属性出发，到可视化组合（见图 4-14）
- 从点线面的视觉要素出发，到可视化组合（见图 4-19）

当然，也可以说图形就是由点、线、面构成的，但是这种简单的归纳会让业务分析师失去目标。就像我们不喜欢柏拉图关于人的定义——"人是没有羽毛、两腿直立的动物"，感觉生物学的定义也索然无味——"人是灵长目、人科、人属、人种的物种"，而马克思的定义"人是一切社会关系的总和"才让我们回味无穷。因为高尚的定义，揭示了我们为人的高尚，又时刻提醒我们不忘高尚。

带有意义的图形，和点线面的图形也截然不同，所以，业务数据分析中图形的关键构成部分是"可视化的意义描述"。因此，虽然从字段的连续性、点线面的视觉要素出发有助于理解可视化，但本书真正的逻辑纲领，却是从业务意义出发、从问题的类型出发构建可视化，这个思路贯穿了本书的整个第 2 篇。

---

1 本视图与标题备注来自 Tableau 原型 Polaris 论文 *Polaris: A System for Query, Analysis, and Visualization of Multidimensional Databases*。
2 本书把"文本表"理解为特殊的点图，这里点的标记类型不是"圆点"，而是"文本"。

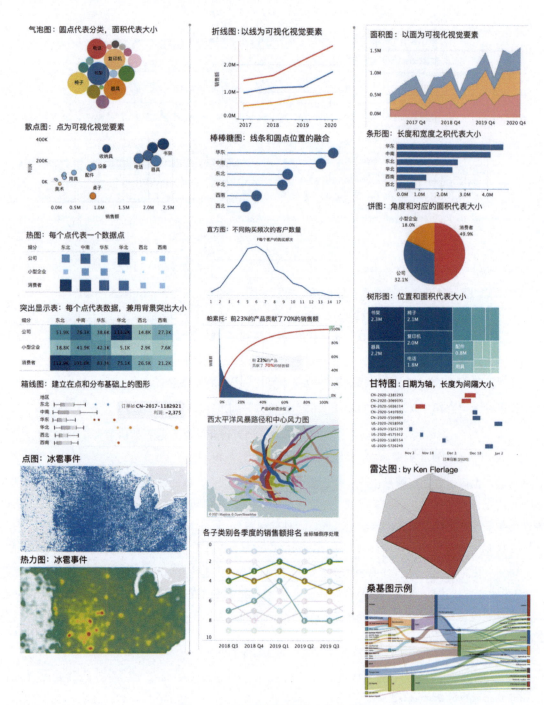

图 4-19 主要可视化图形的点线面分类

4.1.4 可视化的意义描述：不忘初心、牢记业务

图形的意义在于展示数据逻辑，本书把它作为可视化图形的重要构成，旨在时刻提醒分析者"不忘初心、牢记业务"。

除了上述的点、线、面的视觉模式和位置、颜色、大小、形状等"前注意属性"的结合（即可视化视觉模式），可视化还可以借助注释、说明、交互甚至计算等进一步增加可视化的丰富程度，增加业务描述和见解，辅助领导更快地获得业务线索和辅助假设验证。

比如，在图4-20中，折线图代表的趋势非常清晰地展示了"过去几年来，不同细分市场的销售额都持续增长"，这是值得赞扬的信号，这就是可视化的意义。

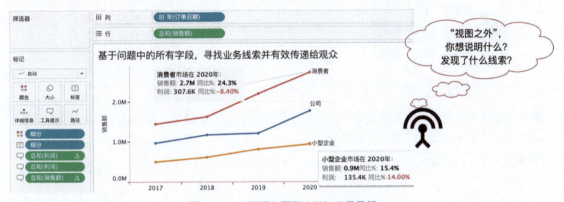

图4-20 在可视化图形中增加业务见解

但是，讲解者又借助"注释"增加了关于利润及其同比的数据说明，虽然"消费者市场"在2020年销售额同比增长了24.3%，但是利润却下滑了8.4%！如今，可视化的意义就变成了，高度重视规模增长背后出现的质量下降的警告。接下来，领导者就知道应该问什么问题了。

当然，借助多个字段的组合和计算表述数据背后的意义是相对容易的方式，必要时还可以借助仪表板和故事的组合展现，甚至用高级计算和高级可视化建立多个详细级别之间深层关联。如图4-21所示，通过在"时序柱状图"中增加"客户的获客年度"分类字段，可以清晰地发现销售增长是由老用户的复购推动的，同时有助于帮助领导关注新用户增长不足的结构化风险。这就是可视化图形背后的业务意义。

可见，业务分析万万不能把图形作为目标，它们只是载体，通往业务理解的载体；可视化分析所要表述的意义才是关键。前几日读到高瓴创始人张磊的《价值》一书，其中有下面一段。

"一个卖商品的企业家不能光想着'我的生意是卖商品',应该想'我的生意是创造幸福',而创造幸福的方式之一是卖商品。"

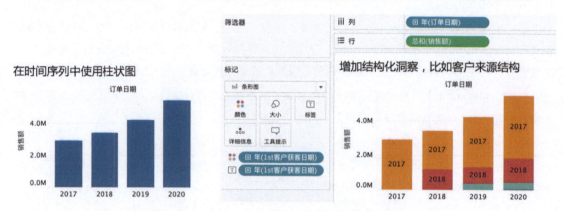

图 4-21　借助结构化分析在可视化图形中增加业务见解

同理,优秀的业务分析师不能只想着"做可视化图形",而应该想"我的价值是创造业务价值",而创造业务价值的方式之一是做可视化图形。这样,可视化图形就包含了分析师的想法。只有如此,BI 才是 business intelligence,而非仅仅是 business information。

4.2　7 种问题类型及其对应的可视化图形简述

至此,本书已经介绍了多种可视化图形的分类方法:基于字段的连续和离散特征的三种组合形式、点线面三种可视化要素。不过,这些方法有助于业务用户系统了解图形背后的原理,却难以指导具体的可视化分析过程。因为业务用户是从思考问题出发的,而非从数据特征出发的。

因此,笔者一直倡导"从问题到图形"的可视化选择和延伸方法,根据业务场景分为如图 4-22 所示的几个大类。

重要的不是点、线、面,也不是颜色、形状,而是组合之后的图形样式与视觉注意力的匹配程度——能清晰、高效地辅助决策,通往数据见解的,才是最佳图形。本节简要介绍主要的问题类型及其简要图形,之后在第 2 篇会分章节介绍每种问题类型。

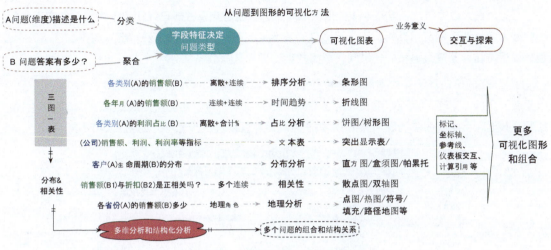

图 4-22　问题类型与主要的图形类型

4.2.1　传统三大图及其局限性

在 Excel 时代，最高频的图形是柱状图（条形图）、折线图和饼图，它们分别对应 3 种主要的问题类型：离散排序、时间序列和占比，如图 4-23 所示。

图 4-23　传统三大图

本书把它们和交叉表合称为"三图一表"。

除上述 3 种图形之外，大数据分析更侧重于分布、相关性等关联特征分析，同时要求借助于各种交互形式实现快速假设验证、辅助思考和判断。为什么大数据分析会转向这个方向？

以笔者经历过的零售分析而言，企业关心的不再是哪一位客户购买了 A 产品，而是购买 A 产品的所有客户同时连带购买了其他哪些产品，从而向这个样本特征的群体精准推送营销活动。在这个过程中，个体似乎只有"丰富样本"的意义，业务经理不需要关心她/他是谁，只需要关心大样本中的消费特征群体，并按图索骥地总结经验、改进策略、指导业务行动和决策。

可见，在大数据时代，虽然个体数据依然有意义，但是重要性却已经让位于大数据的宏观特征。这就是大数据背后的应用真相，现实而高效，冷酷而无情。每个人的消费特征、有限的注意力，都被分析后转化为营销策略和广告时间，成为数字化世界数据的一部分。

敏捷 BI 的价值在于努力消除思考和行动的鸿沟，当提出一个业务问题（如"2020 年，购买特定品牌产品的所有客户，连带消费其他各品牌产品的销售额与利润总和，以及其在总体销售中的占比"），数据和分析就同步涌现，凭借 BI 快速完成，并推动进一步思考，如图 4-24 所示。

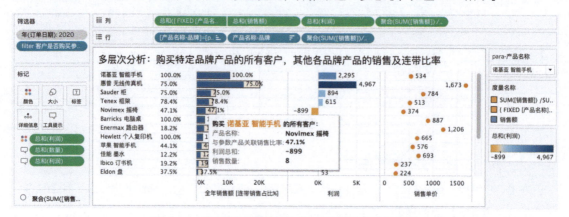

图 4-24　购买特定品牌产品的客户的其他连带购买分析

可见，多个产品相对于"诺基亚 智能手机"的销售连带率超过 50%（也就是它们 50%以上的销售额都是购买诺基亚智能手机的用户贡献的），其中"惠普无线传真机"连带率最高，且利润和单价都相对比较高[1]。通过分析产品销售之间的关联度，有助于更好地制定营销计划和定价策略，提高企业的销售能力。

虽然依然是条形图的模样，但是上述分析的关键已经不是图形本身，而是如何构建"购买了特定品牌产品的客户的所有交易"这样的分析样本，以及计算连带比率（两个样本范围的计算）。

总结：大数据分析的两个方向，其一是使用分布、相关性、地理分析、趋势预测等高级图形和功能，完成深入分析；其二是在传统图形基础上，引入筛选、参数、变量传递、高级交互等"分析样本控制技术"，从而实现基于某一特征的深入分析。

4.2.2　交叉表：侧重度量指标的高密度展现

相比可视化图形，文本表的数据密度更高，适合一次性展示多个度量值形，如图 4-25 所示。

---

[1] 使用的超市数据为软件自带虚拟数据；具体的业务决策还需要考虑定价、区域等其他变量。

图 4-25　经典交叉表样式：2020 年各区域的关键业绩指标（度量值）

事实上，每个可视化图形的背后都是交叉表。在如下场景下推荐使用交叉表：
- 在仪表板中展示最高聚合度的聚合值，帮助领导一目了然地了解全局关键指标。
- 在审计、质量监控等低聚合度场景分析中，使用交叉表展示筛选后的、明细级别的业务详情。

当然，很多成长期的中小型企业的数据文化还停留在数据的早期阶段，受限于领导的个人偏好、企业文化传统、分析工具限制等多重因素，也会在未来一段时间频繁使用交叉表样式，因此本书第 9 章会介绍一些增强文本表表达的方法。

4.2.3　分布分析的三大典型图形

分布分析的三大典型图形是直方图、箱线图和帕累托图，分别用于描述等距区间分布、不同类别的集中度和"帕累托效应"（头部集中）。

1. 直方图（histogram）

直方图是分布分析的首选图形，它通常以柱状图的方式，展示某个度量在不同区间段的分布状况。如图 4-26 所示，以 300 元为等距区间，展示了 0 ~ 300、300 ~ 600、600 ~ 900 等各区间段的订单数量。其中有 835 笔订单在 −300 元 ~ 0 元区间段，合计销售额约 81.6 万元，利润损失 12.9 万余元。

直方图侧重于每个区间段的概率分布，基于数据桶，可以完成数据表行详细级别的区间分析。如果要基于指定的详细级别，比如客户的购买频次、客户的累计贡献金额等，就需要借助高级计算，预先完成特定详细级别的聚合，再结合数据桶功能进行分析，如图 4-27 所示。

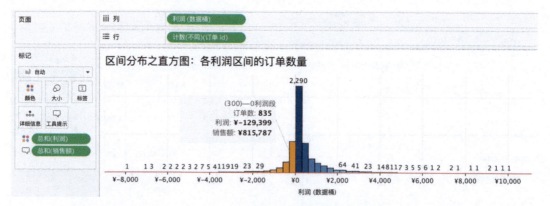

图 4-26 区间分布之直方图

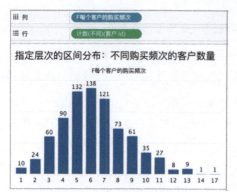
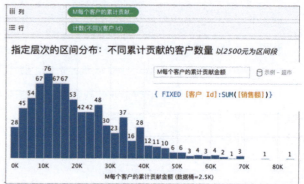

图 4-27 指定详细级别的区间分布直方图

本书把直接使用数据桶（bin）建立的、基于数据表行详细级别的直方图，称为"简单直方图"；而把借助 FIXED LOD 高级计算预先在指定详细级别完成聚合，再以聚合结果（特征）作为直方图分布依据的直方图，称为"高级直方图"。

2. 箱线图（box-whisker，又称盒须图）

箱线图借助**四分位聚合值**构建参考线和参考区间描述集中度（即离散度），同时发现异常值。

图 4-28 展示了 2020 年多只股票的每个交易日的收盘价波动情况。每个点代表一个交易日，参考线和参考区间描述波动。相比之下，如果只是查看点的位置，则难以精确地衡量波动；如果完全借助"标准差"精确量化离散度，则视角又过于单一。可见，箱线图是在更低聚合度的详细级别上，借助于参考线和参考区间实现了更高聚合详细级别的量化描述——衡量宏观的波动特征。

第 4 章 启程：可视化构建方法与扩展路径 | 71

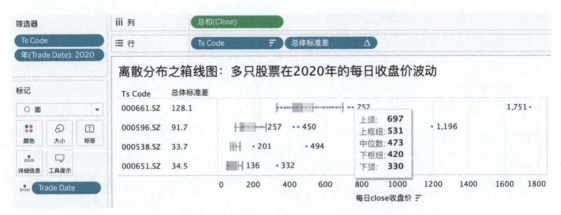

图 4-28 多只股票的全年每天收盘价波动箱线图

箱线图使用了 25%分位数［Q1，下枢纽（lower quartile）］、50%分位数（即中位数 Q2）和 75%分位数［Q3，上枢纽（upper quartile）］构建中间带有阴影的箱体，然后从 Q1 和 Q3 以 1.5 倍的"四分位距"（IQR=interquartile range）向两侧延伸作为合理波动边界，范围之内的两个临近值构成箱线图的下须（Q0）和上须（Q4）；超过这个范围的标记为异常值，如图 4-29 所示。

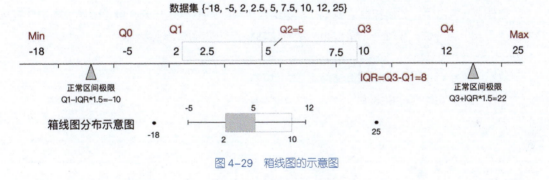

图 4-29 箱线图的示意图

这种绘制方法的好处在于既能关注四分位的相对范围，又能关注异常值，因此普遍适用于异常追踪的各种场合。笔者的多家客户都用以辅助审计、质量异常监控。

作为分布分析中最重要的两个图形，直方图和箱线图各有专长，前者侧重区间段的聚合分布，看不到个体的影子；后者侧重个体沿着度量轴的四分位分段分布，虽有个体，但依然侧重区间。如图 4-30 所示，可以把直方图和箱线图结合起来查看，不同数据桶区间中的所有落点的计数，就是直方图的柱状图高度。

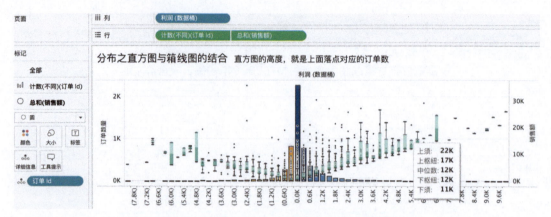

图 4-30　在直方图上增加箱线图点的四分位分布[1]

3. 帕累托图（pareto chart）

帕累托图是以意大利经济学家 V.Pareto（1848—1923）的名字而命名的，他统计发现意大利 20% 的人口拥有 80% 的财产，后被称为"帕累托法则"。在各个领域普遍存在"关键的少数和次要的多数"的现象，帕累托图旨在清晰地表达这个分布规律——可以称为"头部集中分布特征"。

在最佳业务实践中，帕累托曲线多与柱状图结合使用。如图 4-31 所示，横轴代表按照销售额降序的"产品 Id"百分位，纵轴是"销售额"绝对值轴和百分位轴的双轴组合。

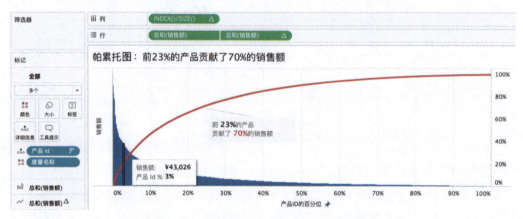

图 4-31　借助 Tableau 快速完成的帕累托图

帕累托图的关键，在于如何把离散的维度（产品 Id）转化为连续的百分位坐标系；如何把绝对的、连续的销售额总和坐标系转化为相对的累计百分比。第 10.4 节详细介绍。

1　本图用于阐述箱线图中的点和区间的落点关系，并非最佳可视化实践。

4.2.4 相关性：散点图与双轴折线图

相关性分析（correlation analysis）用于展示两个变量的关系，因此包含至少两个度量值。

最常见的相关性图形是散点图（scatter plot）。图 4-32 描述了各个子类别的利润总额与销售额的相关性。通常，横轴代表不会出现负值的销售额（从 0 开始向右延伸），纵轴代表有正有负的利润（从 0 开始向上下延伸）。借助于颜色和形状，我们可以一目了然地发现哪些子类别是"销售额、利润双高"冠军，哪些销售额很好但侵蚀了公司利润（最严重的桌子）。

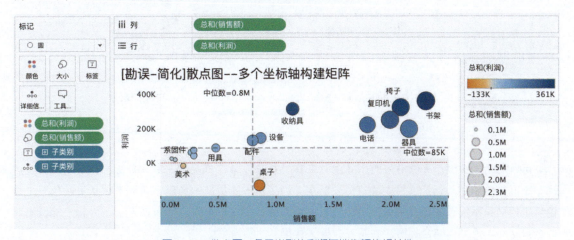

图 4-32　散点图：各子类别的利润与销售额的相关性

散点图乍一看没有条形图、折线图那样的"精确感"，但是在寻找多个变量的潜在关联性方面却作用显著，是业务探索的必备图形。

在管理者中，散点图的名气不如它的衍生品——波士顿矩阵。波士顿矩阵可以理解为散点图与参考线结合而构建的矩阵，颜色和参考线用于区分象限。

图 4-33 展示了"书架"子分类下各个产品品牌的总体成交单价与销售数量的散点图矩阵，每个圆圈都代表一个品牌，圆圈大小代表销售额（从而突出规模大的品牌）；之后借助"平均销售数量"和"品类总体均价参考线"划分四象限[1]。

1　所有的动态参考线都是 Tableau 表计算，逻辑如下：IF SUM([数量])> WINDOW_AVG(SUM([数量])) AND SUM([销售额])/SUM([数量]) >TOTAL(SUM([销售额])/SUM([数量]))　THEN '第一象限' ELSEIF ……

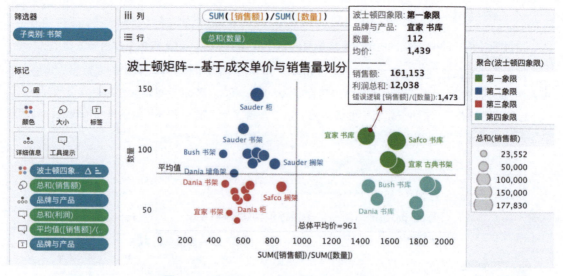

图 4-33 基于成交单价与数量的波士顿矩阵分析

可以清晰地看出，高价格带的产品主要来自"书库"，4 个产品居于第一象限，是公司的黄金产品；不过高价格带和低价格带中间有明显断层，为了进一步提高销售额，可以考虑从第四象限（高价格带但销量不佳）中选择部分产品通过营销折扣弥补中间价格带，以量换市场，为客户提供更好的选择空间。还可以结合折扣、利润等数据探索更多的营销可能。

波士顿矩阵通常描述一个长周期中的静态分布，产品价格取整个周期的平均值；如果结合箱线图，则可以描述特定品牌产品在不同日期的价格点波动，甚至可以寻找产品大类中的价格带盲区。这就是仪表板在组合分析方面的优点。

4.2.5 地理位置可视化

地理位置图形是关于以地点坐标为空间的特殊可视化形式，在其他方面与各类可视化图形方法一致。常见的图形有点图、热力图和符号地图（以点代表数据）、路径地图（为点设定路径前后相连，或者使用空间函数）、填充地图（以面积描述数据）等形式，其他则是多种图层或者与其他可视化图形（如饼图）的结合延伸。

如图 4-34 所示，点图和热力图可以理解为以经纬度坐标为空间的特殊分布，前者精确，后者宏观，如同望远镜镜头有近有远。

第 4 章 启程：可视化构建方法与扩展路径 | 75

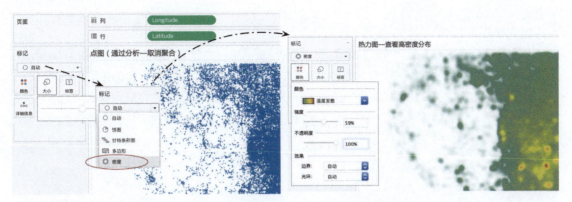

图 4-34 地理位置分析中的点图及其延伸形式热力图

而路径地图则是点按照指定路径的顺序连线。图 4-35 左侧展示了北京地铁的站点路径与流量信息（不完全截图）。图 4-35 右侧则展示了填充地图的特殊形式（将各地点的经纬度坐标手动映射为 X-Y 坐标系），以自定义图形的背景深浅来代表聚合。

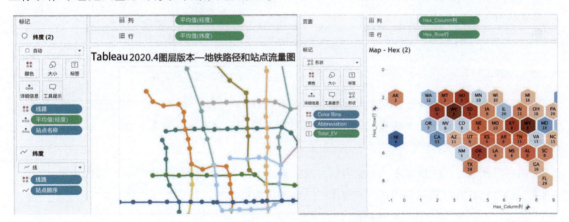

图 4-35 地理位置可视化的典型形式

至此，本节介绍了主要的问题类型及其对应的可视化图形。本书将在第 2 篇中分章节展开每种类型的图形样式和描述。基于这些基本图形，如何扩展可视化要素，进而丰富业务分析的意义呢？

4.3　从基本可视化到复杂图形的延伸方法综述

上述 7 种基本图形样式是大数据分析的起点，但问题的复杂性却随着业务和技术的进步有增无减，此时就需要一个体系化的增强基本可视化图形的方法。

4.3.1 从问题分析到图形增强分析的完整路径

基于业务的可视化主题分析，就像是把一颗种子浇灌培养为枝繁叶茂的大树。如图 4-36 所示，问题分析如同分析土地的土壤质量、养分，从而做出长远的判断；绘制可视化的主干如同大树的主干，必须排除干扰、抓住问题的本质；之后为了给可视化赋予业务意义，增强诠释空间，如同大树一样枝繁叶茂，还需要综合使用行列空间、标记、坐标轴、参考线、筛选工具等多种功能，完成进一步的增强分析。

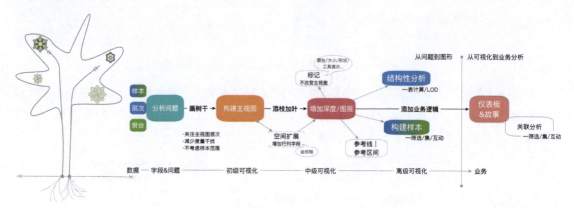

图 4-36 从问题分析到图形增强分析的完整路径

对设计 PPT 而言，单一的可视化图形就是终点；对业务探索分析而言，这只是假设验证的开始。"独木不成林"，业务分析最终要借助仪表板和故事等综合表述方式，按照业务的逻辑表达完整，才是业务分析的一个循环。

本书第 3 章旨在提供深入"分析问题"的完整方法；第 4.1 节和第 4.2 节，则帮助读者"构建主视图"的主干。本节先简要阐述"添枝加叶"的多种延伸方法，并在之后的章节逐步展开。

以第 6 章的条形图/排序问题为例，本书会依次介绍：

（1）这个图形是描述什么问题的？（描述数据排序的最佳图形）

（2）它最基本的形式和字段构成是什么？[最简单的条形图，由一个离散字段（描述问题）和一个聚合度量（创建坐标轴生成视图空间）构成。条形图长短代表度量聚合的大小，并据此建立排序]

（3）它有哪些延伸形式？

- 在行列中增加离散维度的延伸图形：矩阵条形图、并排条形图。
- 借助颜色、形状、大小等标记：堆叠条形图。
- 增加度量的延伸图形：并排条形图、双轴图、多轴条形图、重叠条形图。
- 基于坐标轴调整的延伸图形，比如将绝对值坐标轴转化为百分位坐标轴。

- 通过与参考线的结合,创建靶心图——绝对值与目标比较的最佳图形。
- 条形图与时间序列结合,创建甘特图及延伸形式蜡烛图(见第 7 章)。

(4)条形图与高级计算结合,完成结构化分析。

基于这样的体系框架,第 2 篇依次介绍排序、时间序列、占比、文本表、分布、相关性与地理空间可视化。本书主要阐述的样式如图 4-37 所示,部分图形同时代表多种问题类型。

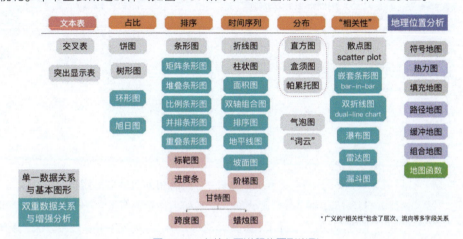

图 4-37 本书主要讲解的图形类型

每个单一的可视化图形,用于展现数据事实和观点;而多个可视化图形按照组合成为仪表板或者故事,互动让内容更丰富、假设验证更容易,最终实现完整的业务逻辑表达。

4.3.2 基于行列的空间扩展:分区与矩阵

在业务分析中,增加更多的维度和度量字段到已有的可视化图形中,有以下两种方式。

(1)将字段加入行列中,直接更改主视图框架。

(2)通过修改颜色、大小、形状等方式间接加入视图,或者增加工具提示、注释、说明作为视图的背景,这样不会更改视图框架本身。

本节介绍第(1)种方式,4.3.3 节介绍第(2)种方式。

1. 关键的范围概念:单元格、分区、表与矩阵

下面从最简单的交叉表开始,理解一下视图中聚合值的范围。

如图 4-38 所示,左侧两个离散字段(类别*细分)构成"交叉表"共计 9 个聚合值;当加入第 3 个离散字段(子类别)时,每个聚合值单元格就自动扩展多个单元格——这个过程是聚合的反向过

程"解聚"。解聚后的多个单元格（cell）对应一个相同的父类别，称为一个"分区"（pane），分区可以不断向上聚合，最高聚合对应的全部单元格就是"表"（table）。如果存在多个度量，由于多个度量单独聚合，因此度量对应的单元格、分区、表也是独立的。

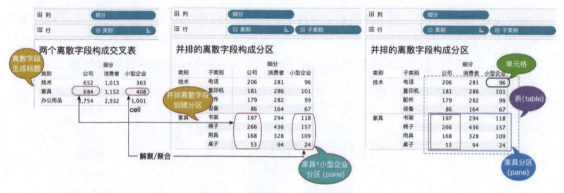

图 4-38　数据聚合表中的范围关系

也可以换一种理解方式，在图 4-38 所示的交叉表中，具有相同属性的一组聚合值，称为一个"分区"（简称"区"）。比如 {118,157,109,24} 分区代表"家具和小型企业分区"，分区的总和是当前视图详细级别（细分*类别*子类别）的聚合。同理，家具类别对应的 12 个聚合可以称为分区（家具分区），它是"家具*公司""家具*消费者""家具*小型企业"多个分区的集合。所有单元格数据构成的最大分区称为"表"（table）。因此，单元格、区、表也是交叉表中的范围概念，这在增加参考线、设置表计算时特别重要。

"家具下多个子类别与多个细分"构成的交叉分区，本书称为"子类别*细分矩阵"。

在数学中，矩阵（matrix）是一个按照长方阵列排列的复数或实数集合；与此类似，分析中可以把字段的交叉关系称为"矩阵"。如图 4-39 所示，类别和细分字段构成了"类别*细分"矩阵，从聚合对应的详细级别看，二者是完全相同的——突出显示表和条形图矩阵。

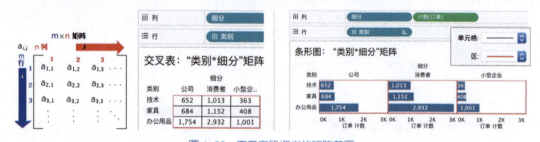

图 4-39　交叉字段构成的矩阵范围

接下来，笔者使用上述的关键概念"分区"与"矩阵"，解释行列中增加字段对视图的影响。

2. 并排构建分区，交叉构建矩阵

多个离散字段构成的交叉表矩阵是最简单的形式，业务数据分析中更多的则是离散和连续字段结合而成的可视化矩阵。这里使用"条形图矩阵"说明。

如图 4-40 所示，在"各类别销售额"条形图中拖入"订单日期"（默认取离散的年），左侧的单一条形图（5.7M）就被日期切分为多个聚合值{1.3M,1.4M,2.0M}，而同一个维度字段下的多个聚合值{2.0M,1.8M,1.7M}构成分区。

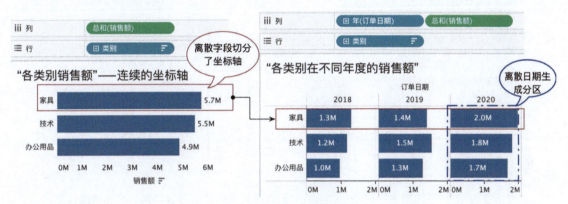

图 4-40　从简单条形图到条形图矩阵

在这里，"年（订单日期）和类别"交叉构建矩阵，只是矩阵中的值以条形图显示，因此可称为"条形图矩阵"。

注意，一个连续的坐标轴可以被离散字段切分，离散字段必须在连续字段之前。

如果视图中有两个度量聚合字段呢？

要在条形图中进一步增加连续的度量坐标轴，又可以分为添加到行和添加到列两种情形。并排的度量坐标轴通常不会更改原有的视图样式，而交叉的度量坐标轴则可以生成散点图空间，结合多个离散维度构成的分区，就是散点图矩阵了，如图 4-41 所示。

在这里，并排的度量聚合可以分别添加平均值或者合计，它们构成一个分区，而交叉的度量聚合则构成矩阵。当然，散点图中要增加其他字段，才更合适。

总结：在基本的空间中，在行列中进一步增加字段时，都满足以下规律。

> 离散字段生成标题（header），连续创建坐标轴（axis）；字段并排构建分区（pane），交叉范围称为矩阵（matrix）。

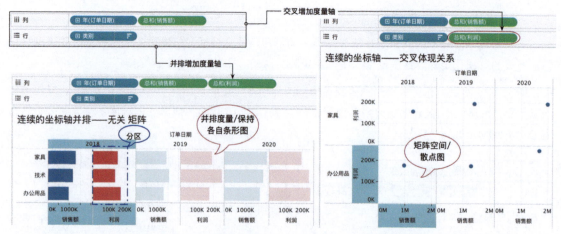

图 4-41 在条形图矩阵基础上进一步增加另一个度量坐标轴

在这里,"离散字段生成标题(header)"是字段属性到可视化的转化过程,而"分区(pane)"和"矩阵(matrix)"则是多个字段的可视化范围。要注意,范围都是基于离散字段的,聚合值只是这个范围中的数据点。

本书第 2 篇中,"日历矩阵""条形图矩阵""散点图矩阵"等更多复杂图形,都遵循这里的规律。

4.3.3　基于标记的增强分析:分层绘制方法

本节介绍如何在基本图形的基础上,通过颜色、大小、工具提示、注释等多种标记方法,增强可视化表达,赋予业务意义。

本节以折线图为例,为领导呈现一个"不同细分市场的业绩趋势分析"。

1. 创造主视图

图形源自空间,因此使用坐标轴创建视图空间是第一步。

用什么字段作为坐标轴呢?一定要选择问题中最关键的字段,只有它们才有资格放在最关键的位置:行字段和列字段中。这里要强调"多年的业绩趋势",趋势是"订单日期",业绩则以"销售额"为代表。图 4-42 左侧所示为关键字段创建视图空间。

可视化图形都是以点、线、面为载体的,各类可视化工具会预先设置更多的点、线、面延伸形式,Tableau Desktop 为分析师提供了丰富的设置选项,如图 4-42 右侧所示。

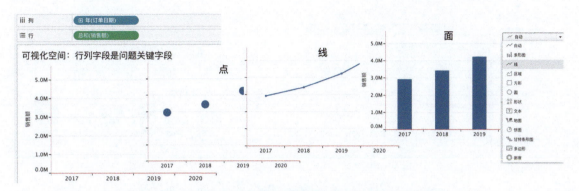

图 4-42　使用订单日期和销售额创建视图空间并选择图形类型

2. 通过位置、颜色、标签等补充问题要素

在行列字段构建的主视图空间之外，业务问题中涉及的其他字段都要加入视图中，根据不同的字段属性放在不同的标记位置。

如图 4-43 所示，在 Tableau Desktop 中双击"细分"字段会自动添加到"颜色"标记卡，原来总公司的多年销售趋势，就变成了"各细分市场、多年的销售额趋势"。

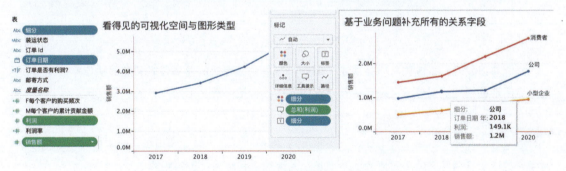

图 4-43　在主视图框架中增加问题中的"细分"字段

当然，并非每个工具都像 Tableau 一样"体贴人意"，不同的位置会出现截然不同的结果。如图 4-44 所示，"细分"和"订单日期"先后位置的不同，视图会发生相应的变化，视图所能有效传达的业务意义也已经大不相同。折线图对应"每个细分多年的销售额趋势"（强调趋势），柱状图则只能查看每年内的多个细分的高低（强调排序）。

最佳的可视化图形，是既能保持原有的"多年的销售额趋势"的主视图，又能在视觉上轻松对比不同细分市场的情况，如同把 3 个细分市场的多年趋势，前后重叠到一个相同的空间中，也就是图 4-45 中以颜色标记细分的可视化图形。

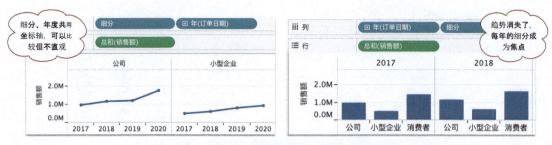

图 4-44　不同的字段位置会影响视图的业务解释

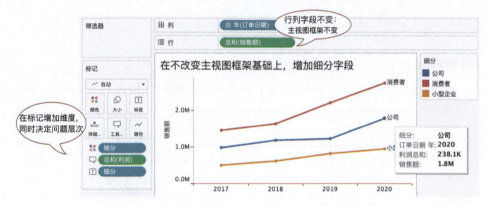

图 4-45　在主视图框架中增加细分字段，保持趋势的视觉焦点

借此可以发现，不应该是字段决定了图形，而是希望表达的业务逻辑和意义决定字段组合，进而决定图形的样式。业务意义是可视化永远的方向，也是可视化图形优劣的"裁判员"。

除了"细分"，还要再增加一个"利润"字段，为什么？

要给领导描述"不同细分市场的业绩趋势"，销售额只能代表业绩规模，却不能表达规模质量。通常，应该引导领导鼓励高质量的利润增长，而警惕以利润为代价的规模增长。

如图 4-46 所示，在不破坏当前视图的前提下增加新字段，优先推荐标记中的"颜色、大小、标签"等可见的表示方法。但是"利润"作为大小控制折线的粗细不够精确，失去了表达意义。如果把"利润"字段添加到视图的行/列字段中，它就和"销售额"同等显著，这样通常会让视图逐步失去焦点。不过，"好消息"是，此时，我们清晰地发现利润趋势与销售额增长相背离——消费者市场在 2020 年业绩增长，利润竟然不及往年！

如何表达这个问题呢？如果是汇报方式的展示，则需要循序渐进地表达，有引导有背景，然后从成绩走向风险。

第 4 章　启程：可视化构建方法与扩展路径 ｜ 83

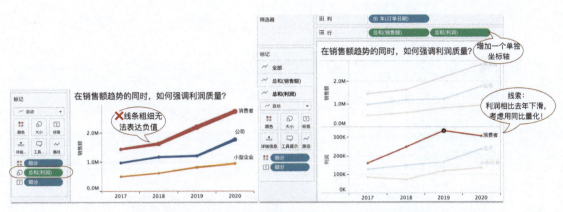

图 4-46　使用多种方式增加利润字段，并发现可以表达的线索

因此，可以先把"利润"置于"工具提示"的背景中，以"不改变之前的可视化视觉模式和图形类型"为基本前提，通过"年度同比增长"量化利润的下滑，与销售额的同比增长形成强烈对比，然后随着业务讲解逐步突出。

3．通过标题、注释、说明增加业务见解

刚才我们发现"消费者市场的利润同比下滑，与销售额增长趋势相背"，如何精确地表达这个问题？

首先，一定要谨慎地分析需求，真正的关注焦点是"利润总和"还是"利润的同比"，或是"利润的同比相对于销售额同比的背离"？在分析的世界，**"没有对比就没有分析"**，高超的对比直抵业务痛点。

如何精确地衡量"利润的同比"与"销售额同比"的偏离呢？这就需要最基本的"同比计算"。在主视图中增加维度字段，会改变视图对应的问题详细级别；增加度量不会改变问题详细级别，只是为问题的答案增加了更多的度量角度。多个度量的最佳位置就是"工具提示"。在 Tableau Desktop 中，把"利润"字段拖曳到标记中的"工具提示"，鼠标右击，在快捷菜单中选择"快速表计算→年度同比增长"命令快速添加同比，之后点击"工具提示"编辑显示格式。结果如图 4-47 所示。

借助鼠标悬停可以发现，小型企业利润和销售额同比分别为 14.0%、15.4%，公司为 42.3%、45.7%，基本一致；而**消费者为-8.4%、24.3%**，明显拖后腿，因此应该更显著地突出消费者细分的变化。

为了进一步突出问题，可以在数据点上右击，在快捷菜单中选择"注释"命令，类似于在视图中增加了一个便笺纸，标记上分析者想要传递给领导的善意提醒。

除了"注释"，还有善加利用"标题"和"备注"区域，特别是借助标题表达见解。

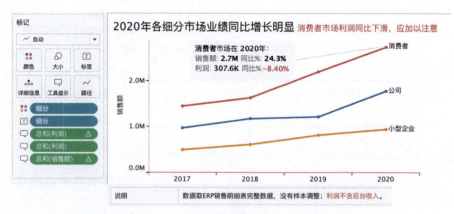

图 4-47　在折线图中增加利润额与利润的同比

4. 通过工具提示或仪表板交互提供更多背景信息

如果在汇报时说到这里，就该轮到"消费者"市场的负责人着急提问了。

"我今年的营销策略都还挺稳健啊，平均折扣同比有明显变化吗？产品件均同比有变化吗？销售数量有变化吗？"

优秀的分析师要提前想好这个场景，然后提前把问题的答案隐藏在视图之后，简单的数字可以直接通过工具提示展示，用来证实或者证伪对方的假设。

于是，可以在工具提示中增加更多的指标（数量、平均折扣、单价），如图 4-48 所示，经过提前验证，这些指标没有出现同比大幅下滑，因此只需要展示，没有必要做同比。

图 4-48　通过工具提示增加更多的可能相关的数据

如果必要，分析师甚至可以把其他的图形以"画中画"的方式放到悬停的"工具提示"中，不过,太大的视图会无法显示,或者过于复杂的图形会让图形失去焦点,此时,就要探索在视图之外,验证不同问题图形之间的关联。

这就是仪表板和交互,一个广阔的施展想象力和创造力的海洋。

要追踪利润下滑的原因,可以从产品、客户和业务经理(负责区域)几个角度展开。

如图 4-49 所示,以"细分的多年销售额与利润同比"为出发点,寻找利润同比差异(-28.2K)的来源。用筛选器就可以增加很多验证方式,从而快速验证。

问:"消费者市场的利润下滑主要是哪个产品板块导致的?"

答:复印机。

问:"复印机在哪些省份的下滑最严重?"

答:吉林、山东、湖北等省份。

基于这样的假设探索,你会发现,不同省份的下滑都各有差异,复印机产品在湖北省的下降,是由于大客户亏损销售导致的,而在山东省和吉林省,利润下滑可能来自客户购买力同比下降。

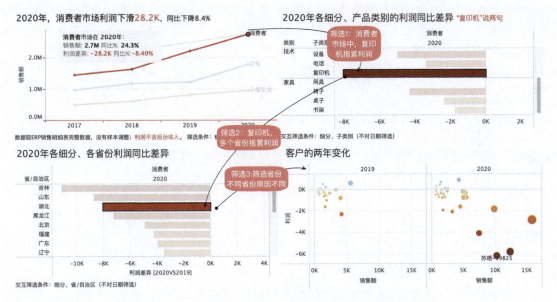

图 4-49　基于消费者细分、复印机子分类的交互筛选

5. 分层绘制的方法总结

沿着上述的方法会发现,绘制可视化图形其实也自有其规矩,就像画油画一样一层叠一层,最终才有惟妙惟肖的上等之作。

以图 4-49 中的折线图为例，可以分为几层，分别代表"行列字段和图形样式"（主视图）、"颜色、大小、标签""标题、注释、说明"，以及"工具提示"。其中，前面两层侧重于图形表达，后面两层侧重于业务意义；前者具体，后者抽象，如图 4-50 所示。

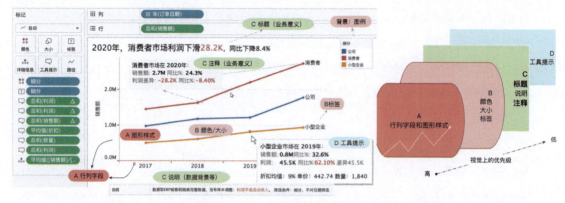

图 4-50　可视化图形的绘制图层[1]

在笔者看来，基于标记的扩展方式，是 Tableau 中最有魅力的地方，它既保证了主视图框架不受破坏，又提高了可视化的信息密度，还能随着讲解的视角逐步深入。在本书后续的多个章节中，淋漓尽致地体现了这个分层绘制的思路，特别如下。

- 重叠条形图：多个绝对值度量字段的包含关系（特别是"度量名称"作为大小的使用）（见第 6.2.4 节）。
- 高级交叉表：基于坐标轴和标记的"文本自定义"（见第 9.3.4 节）。

4.3.4　基于坐标轴的扩展：双轴、同步与多轴的合并处理

通常，构建主视图框架都是从视图详细级别和最主要的度量开始的，随着问题深入，通常还需要增加其他的度量字段。只有足够关键的字段才会显性地置于行列坐标中构建坐标系。这里介绍两种主要的情形。

1. 具有依赖关系的两个度量的合并

如图 4-51 所示，具有包含关系的两个绝对值坐标轴，可以通过双轴、同步合并（比如销售额与利润）。具有依赖关系的绝对值和比值坐标轴，可以通过双轴合并但不同步（比如销售额与利润率）。

---

[1] 本书的"层次"特指问题的详细级别和维度构成的视图详细级别；因此这里使用"图层"。

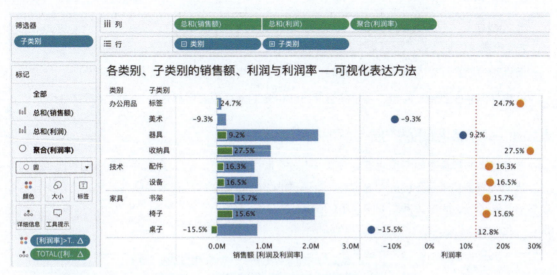

图 4-51　使用双轴合并两个坐标轴（见第 6 章）

2. 具有依赖关系的多个度量

双轴仅限于两个坐标轴的合并，如果是多个具有包含关系的度量值，则要借助"度量值"公共坐标轴，将它们置于同一个坐标系空间。如图 4-52 所示，堆叠体现累计关系，重叠体现包含关系。

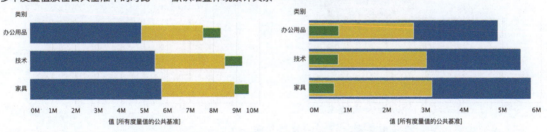

图 4-52　使用"度量值"公共基准轴合并多个度量坐标轴（见第 6 章）

3. 坐标轴设置和更改

在分析中，必要时还可以对坐标轴做进一步的设置，包括形式上的设置（比如粗细、颜色、刻度等），以及影响视图的实质性设置（比如零点、倒序、计算等）。

针对度量坐标轴，在本书第 6.4 节，将结合条形图介绍以下内容。

- 默认零点：除非必要，谨慎更改。
- 坐标轴"倒序"：有些数据越大越差。

- 绝对值刻度与百分位刻度。
- "等距坐标轴"到"不等距坐标轴"。

而针对日期坐标轴，则还涉及日期轴从绝对日期到相对日期的转化（见第 7.5 节）。

度量坐标轴的双轴、同步、多轴的合并方法，日期轴从绝对到相对的转化，会贯穿各个章节。

4.3.5　基于参考线的扩展：增加视图聚合的二次聚合

参考线是非常重要的可视化表达方式，不过之所以称为"参考"，是因为它只有在对比中才有意义。典型代表是基于条形图的"靶心图"——重要的不是参考线所代表的销售目标，而是条形图的销售额与参考线之间的关系。如图 4-53 所示，借助标记的"颜色"表示"是否达成销售额"，颜色是可视化的焦点。

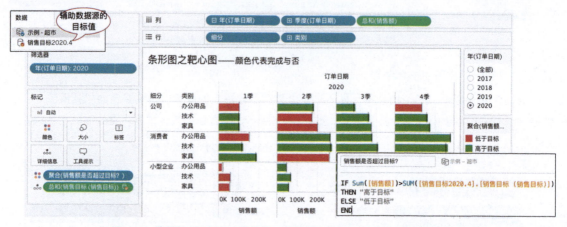

图 4-53　使用参考线描述销售目标，而用颜色代表达成关系（见第 6 章）

靶心图是最简单的建立在参考线上的可视化图形。在分布分析中，将借助于参考线、参考区间、分布区间构建更加复杂的分布关系，它们的背后是基于聚合的二次聚合。

如图 4-54 所示，在视图聚合的基础上，使用计算和参考线绘制了平均值、标准差范围，从而构建了"质量控制图"。

本书之后的多个章节，都会借助参考线构建各种可视化的延伸样式。

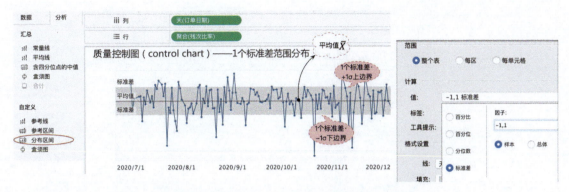

图 4-54　质量控制图：1 个标准差区间（见第 10 章）

还有很多高级图形，都是至少使用了一种增强分析技术（标记、坐标轴、参考线），如下。

- "克利夫兰点图"：坐标轴双轴、标记样式的结合（见第 6.5.2 节）。
- 蜡烛图：坐标轴双轴、同步和标记样式的结合（见第 7.4.2 节）。
- 排序图：双轴、同步、标记样式的结合（见第 7.6.3 节）。
- 在趋势中增加对比关系：双折线增加阴影区（见第 7.8 节）。
- 环形图：在饼图中增加更高详细级别的聚合值（见第 8.6 节）。
- 高级交叉表：基于坐标轴和标记的"文本自定义"（见第 9.3.4 节）。
- 帕累托图：柱状图和累计折线图的双轴合并（见第 10.4 节）。

除了上述的坐标轴、标记、参考线等扩展方式，样本控制也会对视图产生影响（不过不会更改视图的框架和结构），高级问题还需要借助高级计算，这些内容将重点在第 3 篇阐述。

笔者本人既非"数据艺术家"（如同 Tableau Visionary Wendy），也非 Public 上的"炫酷派分析师"（它们使用各种高级图形为 Tableau 的宣传推广做出了巨大贡献）。因此，**本书所指的高级图形之"高级"，完全不在于图形本身的复杂性，而在于问题本身的复杂性，在于多个角度之间合理的相关性探索与关联。**

希望读者在之后的阅读中体会这种差别，并在高级的业务分析方面更上一层楼。

如果要对本章做一个总结，笔者希望是一句话：

> "可视化图形只是业务分析的开始，而远远不是结束；不要为 PPT 而忙碌，要为业务而探索。"

第 2 篇

问题的 7 种基本类型与可视化方法

第 5 章

从问题到图形的可视化逻辑

在任何领域，只有理解了背后的逻辑，才能做到融会贯通和举一反三。小到如何理解字段，大到如何理解问题，甚至如何把数据和决策贯通起来，概莫能外。

在第 1 篇介绍的问题分析与可视化构建方法的基础上，本章简要阐述从问题分析到可视化图形的逻辑过程，第 6~12 章分别介绍每种问题类型及其对应的最佳图形。

5.1 从问题到图形的启蒙与进化

遨游在 Excel 的时代，笔者还没有意识到问题和图形的关系，习惯性的方式是基于数据透视表（pivot table）尝试多种内置图形，然后选择"看上去比较合适"的那个。

直到使用了 Tableau，意识到这种"试错法"效率太低，应该有更好的选择逻辑。但是路在哪里？

5.1.1 《用图表说话》中的三步走方法

在尝试很多方案后，唯一打动笔者的是《用图表说话：麦肯锡商务沟通完全工具箱》[1]（以下简称《用图表说话》）的逻辑体系，作为一本 Office 时代的入门图表书，它简单有效，帮助用户基于 Excel、PowerPoint 等传统"小数据"工具创建图形。

在这本书中，作者基恩·泽拉兹尼提出了"信息—相对关系—图表形式"的三步走方法，简要概括如下。

（1）"由你所想要表达的主要信息来决定图表的形式""突出最重要的数据，并且以之确定你的信息"。

---

1 [美] 基恩·泽拉兹尼，《用图表说话：麦肯锡商务沟通完全工具箱》，清华大学出版社，2013 年 10 月第 1 版。这本书是建立在 Office 软件基础上的，但是思考方法值得借鉴。

（2）从 5 种基本类型确定问题的相对关系，即"成分相对关系、项目相对关系、时间序列相对关系、频率分布相对关系和相关性相对关系"。通俗而言，即（部分与总体）占比、（部分与部分）排序、时间序列、分布和相关性。

（3）不管信息和相对关系是什么，都会将问题引至 5 种基本图形中的一种：饼图、条形图、柱状图、折线图和散点图[1]。

关键是，如何从信息中确定问题的相对关系呢？图 5-1 所示为书中介绍的使用信息中的关键词来判断的方法，这些关键词通常为副词、状语等，用于修饰问题中的主要字段。

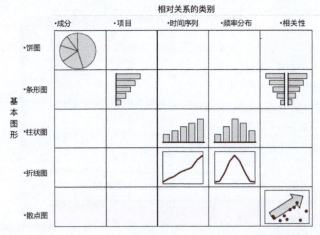

图 5-1 《用图表说话》中的基本图形与相对关系（参考图书插图后绘制）

在笔者看来，这种基于修饰词的判断方法虽然快捷，但并不准确，同一个问题，不同的人表述方法多有差异，不同语言环境下的表述方式更是千差万别，这就给识别和提取关键词增加了难度。当然，这也与 Excel 及类似工具没有像 Tableau 一样清晰的字段分类有关。

因此，本书借鉴了基恩·泽拉兹尼的三步走方法，但是没有采用它选择图形类型的方法。

5.1.2 "问题的字段解析方法"与基本问题类型

Tableau 奠定了笔者对大数据的理解，它建立在字段分类基础上的问题分析，显然更加清晰、高效（当然门槛也略高一点）。"第一字段分类"用于解析问题，"第二字段分类"用于创建可视化图形，笔者还在准备引入"第三字段分类"[2]用于解析数据准备、数据模型与计算，它们构建了可视化分析

---

1 这里柱状图和折线图既代表随时间的趋势变化，也代表直方图的频率分布。
2 "第三字段分类"即物理字段和逻辑字段的分类方法，在第 3.4 节有所阐述。

的基础。这就是第 1 篇中第 3 章、第 4 章的关键内容,也是全书的基础。

借鉴《用图表说话》一书中的问题分类方法,这里列举各种问题类型中包含的字段逻辑关系,如表 5-1 所示。

表 5-1　主要问题类型的范例与字段分解(括号内为中文语法中经常省略的部分)

类别	范例	第一字段分类特征	第二字段分类特征	常见聚合
成分/占比	各个类别销售额(总和占总体销售额总和)的百分比	离散字段+百分比聚合	连续生成极坐标轴(饼图)	总和/平均值/计数
项目/排序	各个子类别的销售额(总和)排序	离散字段+聚合度量	连续度量生成坐标轴	
时间序列	各年度的销售额(总和)趋势	连续日期+聚合度量	包含日期字段,通常连续连续日期和度量生成坐标轴	
文本/交叉表	公司的销售额、利润和客户数量(聚合)	多个聚合度量,通常没有维度(最高聚合度)	无坐标轴	
分布	不同购买数量的交易数(直方图) 各类别的客户贡献分布(箱线图)	基于连续的离散区间+度量聚合(直方图) 离散字段+聚合(箱线图)	无日期字段,连续度量生成坐标轴(直方图) 离散做分类,度量做聚合(箱线图)	
相关性	不同子类别的销售额(总和)与客户(计数)	一个离散字段+两个度量聚合(构建空间)	无日期字段,连续度量生成坐标轴,交叉构成矩阵	
地理空间分析	冰雹地点的数据分布	一个地理字段(如省),或者一组经纬度字段	连续的经纬度坐标轴构建空间	

因为大数据分析中"文本和交叉表"用作关键指标和明细使用的普遍性,以及地理空间分析的独特性,所以本书把它们列入基本图形类型,构成了本书的 7 种基本问题类型。

其中条形图、折线图、饼图和交叉表合称"三图一表",代表传统的基本图形样式;而分布和相关性作为大数据可视化的典型代表;地理空间分析则可以视为分布分析的特殊形态。

本书把这种方法称为"**问题的字段解析方法**",笔者希望在《用图表说话》的基础上,把这种方法推演到大数据分析的环境中。

借助于"字段解析方法",可以更好地分析问题,使我们了解更多的图形样式,特别是建立在分布、相关性基础上的大数据分析。最重要的是,基于字段的解析而构建的"**层次分析方法**",帮助分析师从单一详细级别的简单问题分析,走向包含多个详细级别的、结构化的高级问题分析。

本书最终的落脚点是结构化分析,它是图形和问题的延伸,是业务探索分析的皇冠,是高级分析的灵魂。这是《用图表说话》中没有的,甚至用 Excel 及其衍生工具是难以实现的。

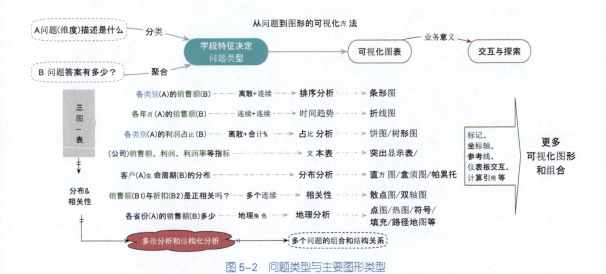

图 5-2 问题类型与主要图形类型

在第 6～12 章，本书会依次讲述 7 类基本图形、复杂图形和高级图形的应用，帮助读者脱离小数据的分析环境，建立问题分析的宏观视野。为了帮助读者进一步了解"从问题到图形的 Tableau 方法"，5.2 节会介绍市面上笔者所见的几种主流可视化框架。

5.2 可视化图形分类方法与可视化过程

除了《用图表说话》的图形分类方法，还有一些分类方法值得借鉴。

5.2.1 FT 可视化词典

由 Financial Times Visual Journalism Team 出品的"FT 可视化词典"（Visual Vocabulary）旨在帮助设计师和新闻记者高效选择图形，如图 5-3 所示[1]（完整页面）。

这个分类方法比《用图表说话》更加细致，增加了"离差（deviation）""规模（magnitude）""流向（flow）"3 个分类。从广义的角度看，前两个新分类的大部分可以纳入其他几个大分类中。流向除了基于地理位置的路径流向，其他的样式略有难度，通常超过了业务分析师的范围，需要专业分析师或者 IT 成员借助各种高级工具来实现。因此，本书也没有单列一类，为了保持整体的简洁，而是把部分重要的分类列入第 11 章"相关性分析"，略显别扭。

---

1 相关的分类图片来自 GitHub 页面。

图 5-3　FT 可视化词典

相对而言，这是一个较为实用的可视化分类方法，在 Tableau Public 中，Andy Kriebel 用 Tableau 重现了图 5-3 中的分类方法与视图"Visual Vocabulary"，推荐读者搜索参考（搜索关键词：Andy Kriebel Visual Vocabulary）。

5.2.2 *Data Points* 中的数据可视化过程

在 *Data Points: Visualization That Means Something*（《数据之美：一本书学会可视化设计》）一书中，作者 Nathan Yau 总结说，在探索数据可视化时，总体应考虑以下 4 个问题。

（1）拥有什么数据？

（2）关于数据你想了解什么？

（3）应该使用哪种可视化方法？

（4）你看见了什么，有意义吗？

这 4 个问题之间有先后关系，并组合成为如图 5-4 所示的迭代过程，其中包含的依然是"问题先于可视化""5 种可视化方法"的内容。

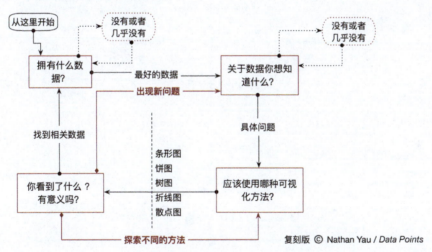

图 5-4　迭代的数据探索过程（复刻版）

在早期的业务探索中，这个思路也为笔者提供了某些思考的灵感，它更加强调可视化是一个迭代的循环过程。

在客户服务的过程中，笔者经常提醒分析师的是，秉承"每一次修改都可以是上一次的优化和完善"，借助敏捷 BI 工具，用半年时间重建业务思路，然后就能突破工具的限制，走向更深入的探索性分析。在这个过程中，循环迭代是必不可少的过程。

5.2.3 Abela 的"图形推荐"逻辑

学习可视化的初级分析师大多见过很多"炫酷"的可视化分类图形,有的"过于复杂",有的"过于简单"。站在业务分析师的角度,如何选择可视化图形应该与业务问题、业务探索相结合。

图 5-5 所示为笔者在早期学习时遇到的一个可视化选择路径图——"Chart Suggestion—A Thought Starter"[1]。它起初吸引了笔者的注意力,但是几年下来,笔者却难以把它应用到自己的学习和实践体系中,它的逻辑一再使笔者迷失。Stephen Few 在其文章中,也批评了这个简单体系背后的"混乱"。

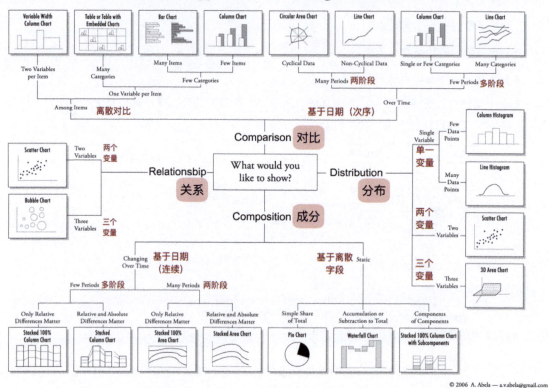

图 5-5　Abela 的可视化图形选择方法(图中中文标签为笔者添加,包含意译成分)

---

1 源自 Dr. Andrew Abela 的图书 *Advanced Presentation by Design* 和 Stephen Few 的博客文章 *Visual Business Intelligence*。

不过，这个看似复杂的逻辑图中，其中蕴含着本书中基于"字段属性"的可视化图形选择方法。只是本书中采用了 Tableau 的"维度/度量""连续/离散"的二分类方法，把问题分析与可视化分析分开阐述，体系看似庞大，逻辑却更加清晰。

因此，Abela 的可视化图形选择，可以视为此前的简单选择逻辑的延伸，也是本书的"业务分析方法"的前奏。

5.2.4　面向 IT 的 Echarts 与面向业务的 Tableau BI

Echarts 是流行的基于 JavaScript 的开源可视化图形库，它提供了很多可视化图形，如图 5-6 所示。

图 5-6　Echarts 中内置的主要可视化图形（来自 Echarts）

不过，Echarts 完全是面向 IT 用户的，代码化的实现方法显然超过了业务用户的能力边界。而且，IT 用户由于远离业务场景，无须对问题解释负责，所以他们使用"枚举"的方法选择图形。

相比之下，Tableau 中的可视化图形库看似单薄，其实采用了完全不同的逻辑——**基于字段和视觉空间要素的组合**。

图 5-7 所示为 Tableau 通过字段建立问题分析与可视化框架，之后与多种标记类型（可视化视觉要素）建立各种组合，从而构成可视化视图。其中最常见的内置于右侧"智能推荐"中。

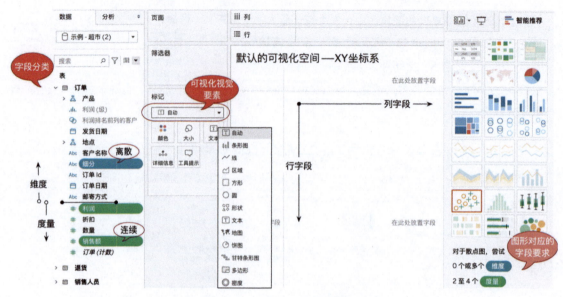

图 5-7 Tableau 中的可视化图形构建逻辑

因此，可以用一个等式来描述 Tableau 的可视化选择逻辑，这个逻辑为自定义可视化提供了无限空间，同时又适合业务用户。

$$字段分类 + 可视化视觉要素 = 可视化视图$$

接下来，本书以 Tableau 的逻辑为基础，分章节介绍不同问题的可视化方法。

第 6 章

没有对比就没有分析：排序与对比

排序是最常用的分析需求之一，对应的条形图（或者柱状图）也因此成为使用最广泛的可视化图形之一。本章介绍排序问题类型对应的主要图形，以及其相关的可视化常识，包括：

（1）条形图的构成要素与矩阵条形图。

（2）多个度量坐标轴的处理方式——双轴、多度量轴。

（3）不同度量类型的可视化表述方式。

（4）度量坐标轴的综合设置——对数、倒数、零点、刻度等。

（5）以条形图为底色的延伸图形：靶心图、进度条、甘特图。

6.1　基本条形图与多个离散维度条形图

排序通常隐藏在各种业务问题中，比如"不同产品的销售额""各地区的客户数量"等，有时候明显、有时候隐晦。分析师需要敏锐地捕捉领导的意图，或者基于业务场景做出恰当的推测。

通常，只要问题的主干是由"离散字段"和"聚合度量"构成的，默认就是条形图——基于聚合度量对离散字段的排序。

最简单的条形图由离散字段对应的标题、连续的聚合字段生成的坐标轴及以长度代表大小的条形面积组成。通常以聚合为依据进行排序，如图 6-1 所示。

如果问题中包含多个离散字段，或者多个聚合度量呢？这就涉及此前的一句总结：

> 字段并排构成分区，交叉构成矩阵。

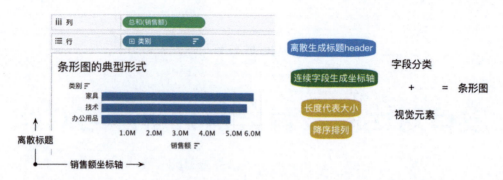

图6-1 典型条形图的基本样式

6.1.1 并排条形图（side-by-side bar）：离散字段并排构成分区

例如，要绘制"各类别、各细分的销售额"，一种方法是把离散的"类别"和"细分"并排放在视图中，结果如图6-2左侧所示。每个类别同时对应了细分字段的3个数据值，最小的单位称为"单元格"，而多个单元格构成的上一级就称为"分区"，随着维度字段的增加，"分区"可以持续嵌套，最终构成整个数据视图。

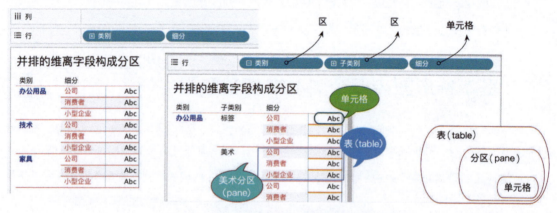

图6-2 并排离散维度构成分区（简称"区"）

而要在上述"单元格"—"分区"的结构中完成排序，就需要为所有维度字段创建共同的坐标系——或者称为"对比的公共基准"。因此需要把连续字段添加到维度字段所在"行"相对的位置"列"，如图6-3左侧所示。

而如果把连续聚合字段添加到"单元格"字段"细分"之后，虽然还是同一个轴，但是不在一个空间中，就失去了可比性，如图6-3右侧所示。这就是离散与连续组合的基本逻辑。

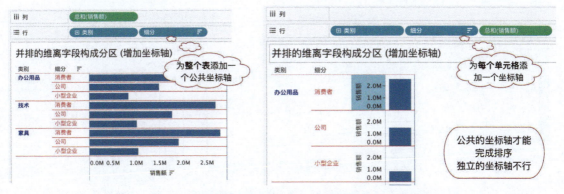

图 6-3 为数据表增加连续坐标轴

多个离散维度构成分区，分区中有一种特殊形式——构成分区的前后多个字段相互没有交集，比如"类别、子类别、产品名称""国家、省份、城市"，这种字段结构称为"分层结构"，通常用于逐步归因的探索分析。在 Tableau Desktop 中，通过拖曳多个字段构成"分层结构"，有助于在视图中快速折叠和钻取，如图 6-4 所示。

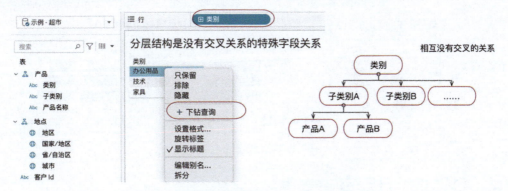

图 6-4 分层结构是一种特殊的多个离散维度的关系

6.1.2 条形图矩阵：离散字段交叉构成矩阵

多个离散字段交叉构成"矩阵"，如果要在各个细分内部比较各类别的销售额，就可以把细分和类别字段交叉排列构成矩阵，如图 6-5 右侧所示。

"离散字段生成标题"指的是单一字段的展现样式；而"多个离散字段交叉生成矩阵"指的是多个字段的空间组合，再与坐标轴结合，称为"条形图矩阵"（bar chart in matrix）。

在条形图矩阵中，连续的聚合字段生成坐标轴，哪个维度字段和它相邻，哪个字段与它相对呢？这取决于问题的字段关系。

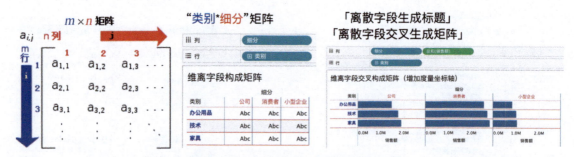

图 6-5 离散字段交叉构建矩阵

比如,"各个细分市场,不同类别的销售额总和",要对比的是"不同类别的销售额总和",因此"类别"和"销售额"字段相对,从而为多个类别创建公共的坐标轴基准。而"各个细分市场"没有对比关系,因此细分字段与坐标轴可以相邻——细分作为"区"字段,每个细分市场都可以作为独立的分析范围,如图 6-6 所示。

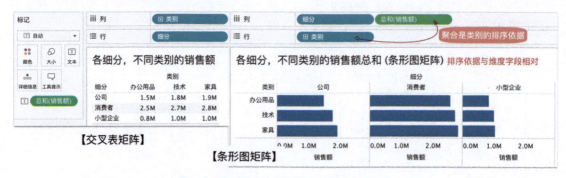

图 6-6 作为排序依据的聚合与离散字段相对

6.1.3 矩阵实例:日历矩阵条形图

基于上述的常识介绍,这里介绍一个在日历矩阵中做条形图对比的案例。某日,一位制造业客户咨询,想要在"日历"中看到车间"早、中、晚"3 个班组的产量情况。

日历是典型的矩阵图形,它是由"第几周"和"星期几"两个离散字段构成的——Tableau 中可以在日期字段上选择或者使用 DATEPART() 函数完成,如图 6-7 所示。

接下来,如何把班组字段和产量字段加入这个矩阵?这就需要分析客户需求。

(1)"每个工作日,各周的产量"是没有意义的,而分析"每周,每个工作日的产量"才是有意义的,因此"产量"字段应该与"周数"相邻(周构建分区)、与"工作日"相对,如图 6-8 左侧所示。

第 6 章　没有对比就没有分析：排序与对比 | 105

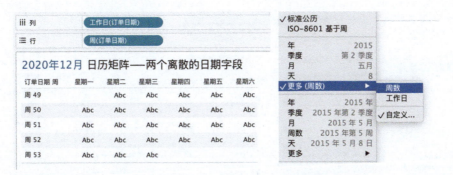

图 6-7　使用两个离散日期交叉创建矩阵

（2）增加"班组"字段，相当于把每天的条形图一分为三，从"每天的产量对比"变成"每天、每个班组的产量对比"，因此"班组"字段放在"工作日"之后，如图 6-8 右侧所示。

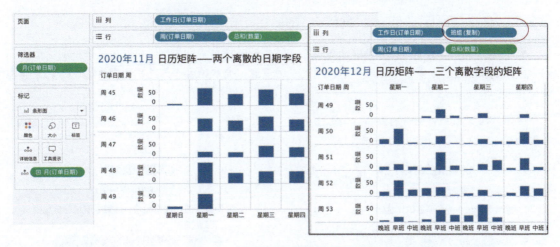

图 6-8　在日历矩阵中增加产量和班组

（3）进行必要的视图改进：增加月份筛选器；按照"早、中、晚"设置"班组"的默认排序；通过颜色增强班组的可识别性；隐藏坐标轴改为标签显示；必要时增加其他字段到"工具提示"甚至"画中画"。完成"日历矩阵条形图"，如图 6-9 所示。

按照类似的逻辑，结合后面的折线图和饼图，甚至可以在日期矩阵中创建折线图、饼图等多种样式。而要增加各周、各个工作日的总产量，相当于在视图中同时呈现两个聚合度级别的结构化分析。这就需要结合高级计算，读者可以结合高级计算思考实现方法。第 11.2 节也介绍了使用 INDEX() 表计算函数把矩阵中的堆叠条形图"松散化"的高级方法。

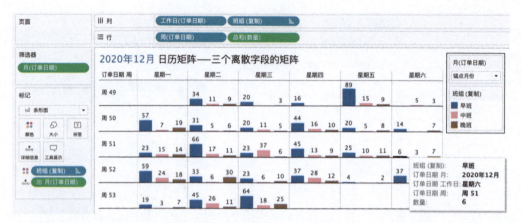

图 6-9　增加必要的修饰，完成可视化[1]

6.1.4　堆叠条形图：你喜欢喝什么咖啡

离散维度除了生成标题和矩阵，还可以作为分析的关键背景使用——也就是重要性弱于行列上的字段，但又胜过"隐藏于"工具提示之中的参考信息。离散维度作为结构化要素出现，它是通往结构化分析的桥梁。

比如，在"各个类别的销售额"条形图中，希望让领导进一步看到不同细分市场的情况，但又不想破坏视图本身，如图 6-10 所示。

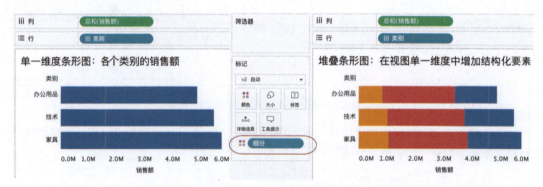

图 6-10　堆叠条形图：在视图单一维度中增加结构化要素

这种图形称为"堆叠条形图"（stacked bar chart）。它的最大优势在于明确地区分了两个可视化详细级别：主视图焦点突出（行列字段构成）、结构化要素明显（通过标记颜色传递）。堆叠条形图既保持了原有条形图的样式，又增加了视图的丰富程度，因此是大数据业务分析中至关重要的条形

1　数据采用 Tableau 默认的"超市数据"，"班组"字段基于"类别"复制而来。

图样式，甚至可以视为最简单的"结构化分析"案例。

在此基础上，堆叠条形图还有进一步的改进空间，比如，如何增加各类别的合计销售额标签、如何把结构化占比转化为主视图焦点等。

由于堆叠条形图已经改变了数据聚合的详细级别（这里是"类别*细分"），因此默认标签只会显示"每个类别*细分"的销售额总和，更高聚合的标签需要引用更高详细级别的聚合（"类别"）。表计算是实现更高聚合的最简单方法，而参考线都是表计算的"化身"，因此通过在单元格中添加参考线就可以显示类别合计，如图 6-11 左侧所示。

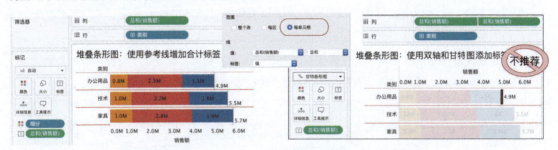

图 6-11　在"类别*细分"详细级别增加更高聚合的标签

由于表计算属于典型的高级计算，对应 SQL 中的"窗口函数"，初学者容易陷入"图形合并"之中，图 6-11 右侧使用了"双轴图"（详见 6.2 节介绍）增加"每个类别的聚合"。本书不推荐这种方法，它增加了视图的复杂性和性能负担，而且限制了合并其他重要字段的可能性——这也是很多初学者的误区。

在业务环境中，堆叠条形图是展示两个详细级别聚合的重要方法，甚至被普遍用于形象化的可视化表达。作为一个不喝茶、不喝咖啡的非典型分析师，笔者一直无法分辨各种类型的咖啡，直到发现了图 6-12 所示的"堆叠条形图"。

图 6-12　使用堆叠条形图描述咖啡的构成（颜色代表原料，中文为译时添加）

在这里，颜色代表原料，不同的组合就是不同的咖啡类型。即使不喝咖啡的人，也可以轻松理解每种咖啡的构成——结构化要素。可惜，笔者还没有在任何一家咖啡店见到这样形象的表述，咖啡店默认所有人都了解咖啡。

6.1.5　比例条形图：把堆叠条形图转化为占比分析

在图 6-12 中，其实隐含着另一个问题。即假设咖啡的杯子都一致，堆叠条形图使用不同原料的比例来分辨整体的类型，比如美式咖啡中水的占比超过 50%，这是基于总体的比例分析。

类似的道理，如果业务领导很清楚各个类别的销售情况，而希望重点关注"各个细分在不同类别的占比的对比"呢？

此时问题就发生了实质变化，关注焦点从此前的"类别的排序"变成了"细分在各类别的占比"，作为对比的坐标轴随之就要改变。如图 6-13 所示，通过表计算把绝对值坐标轴转化为"百分比坐标轴"，并设置计算依据为"细分"（相对应的"类别"代表范围，因此每个类别中的合计都是 100%）。这是从基于视图的聚合，走向"聚合的二次聚合"的最简单的应用，也是通往高级分析的基本技能。

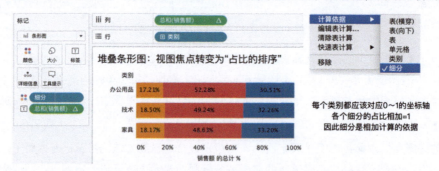

图 6-13　使用表计算把绝对值坐标轴转化为百分比坐标轴[1]

这样，代表绝对值大小的长度就消失了，视图焦点从"绝对值排序"变成"占比分析"。虽然依然是条形图的样式，但是问题类型已经改变。

基于坐标轴刻度、尺度等的综合设置，是可视化分析中的关键内容。本书在 6.4 节进行深入介绍。

6.2　包含多个度量坐标轴的条形图

6.1 节介绍的是多个离散字段的组合变化，如果在条形图中有多个度量聚合呢？

1　Tableau 表计算对应 SQL 窗口函数，属于高级计算的一部分，初学者需要时间。

首先，不管图形中有多少个度量聚合，一定有最关键的一个可以称为"主视图焦点"，其他的度量聚合都是它的附属；想要一次性表达太多内容，可以使用最基本的交叉表，但是会降低视图的可视化。

其次，多个度量聚合之间，必然存在某种关系（比如包含关系、相关关系等），这种无形的关系会影响字段的布局，甚至最佳图形的选择。关于多个度量相关性的更多内容会在第 11 章介绍。

6.2.1 字段重要性递减的多种布局方式

在为领导展示"各类别、子类别的销售额（总和）"时，销售额字段只能代表每个类别的规模，却无法体现规模背后的质量，因此，优秀的分析师会在主视图焦点的基础上，增加必要的字段，提高视图的可用性。

例如，在"各类别、子类别的销售额"条形图中增加"利润"或者"利润率"字段，用于在规模指标之外增加效益指标，默认创建单独的坐标轴，如图 6-14 左侧所示。

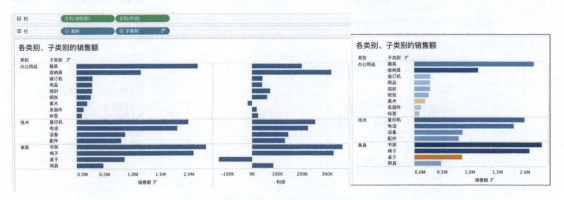

图 6-14　在销售额条形图中进一步增加其他度量

两个度量字段并排构成相互独立的条形图。这种条形图的优点是提高了精确性，缺点是会分散视觉注意力。如果想要保持"主视图焦点"不变，那么可以把其他字段放在"标记"之中——颜色、大小、标签等。这里把利润字段放在颜色中，有助于保持"销售额"的注意力焦点，同时又可以显性地把"利润"作为关键背景数据，如图 6-14 右侧所示，视图清晰地反映了"桌子"和"美术"是两个利润为负的子类别。

要在已有的可视化图形中增加另一个重要的数据要素，增加颜色是最优先的选择。颜色作为至关重要的可视化视觉要素，也会受字段属性的影响——离散字段代表分类，因此颜色是相互不同的色块；而连续字段则会添加渐变色，代表多个值之间的相对位置。这也是堆叠条形图与图 6-14 中渐变颜色的区别。

我们还可以把"利润"字段放在"工具提示"中,仅作为提示出现。按照字段的重要性来看,以下 3 种方式逐步减弱:

作为独立的坐标轴→作为颜色→作为工具提示

6.2.2 考虑字段关系的双轴布局方式

上述的布局方式主要考虑了辅助字段的重要性,而没有过多考虑新度量与"主视图焦点"的度量的构成关系,加上这个要素,就会有更多的视图可能。

假设领导关注销售额,但更关注利润,考虑到利润其实是销售额扣除成本、费用等后的剩余,二者存在"包含关系",因此可以把"利润"与"销售额"放在同一个空间尺度中,再结合二者比值"利润率"字段精确衡量二者的关系。如图 6-15 所示,这里借助双轴、同步轴把销售额、利润两个坐标空间重合在一起——这也是"双轴图"的代表。

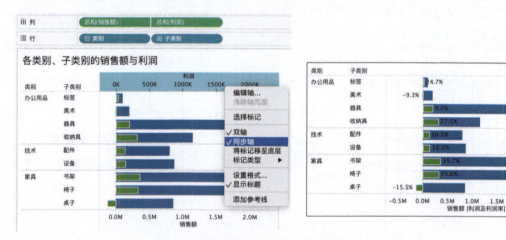

图 6-15　使用双轴展示同等重要而具有依赖关系的字段

这种方法普遍适用于销售与利润分析、投资与回报分析、资产与速动资产分析等具有包含关系的主题。

为了保持视觉焦点,图 6-15 仅仅把"利润率"作为标签使用。如果领导希望进一步以"利润率"为依据做出优秀/良好的分类,就需要把"利润率"作为单独的字段展示出来,并通过计算辅助分类。

如图 6-16 所示,右侧使用圆点代表利润率。通过利润率对子类别分类,还需要一个基准,比如指定 12%,或者采用样本的总体利润率。这里把"总体利润率"(使用了 TOTAL() 合计函数,并设置依据为表向下或类别、子类别)作为参考线加入视图,并借助每个子类别的利润率是否高于总体利润率为指标分类([利润率]>TOTAL([利润率]))。

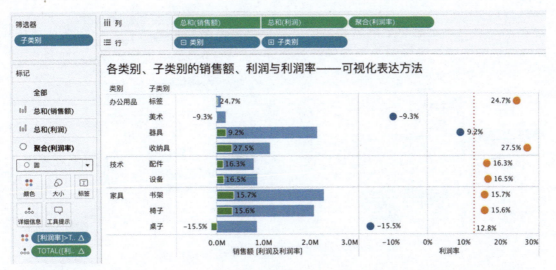

图 6-16　使用圆点代表利润率

注意，"总体利润率"是视图中所有类别、子类别的利润率，是高于当前问题详细级别的聚合度更高详细级别的聚合，这就需要使用窗口函数/表计算函数。在 Tableau 中，最简单的方式是使用 TOTAL() 函数（它是 WINDOW_SUM() 窗口求和函数的简化形式，但是也有特殊性）。Tableau 高级用户也可以使用 FIXED() 函数，但是要注意将视图维度筛选器同步调整到上下文，从而确保 FIXED 计算仅对视图中的样本有效——当然这种方式并不推荐，因为它增加了计算的性能负担。

有了参考线，就有了高下。接下来就是如何用可视化表达"是否高于平均利润率"（（[利润率]>TOTAL([利润率])）），这是一个布尔判断，把这个计算添加到标记的"颜色"卡中，视图中的圆点就一分为二，颜色直观而有效。

当然，也可以在颜色基础上叠加使用形状，进一步提高可视化图形的易读性。如图 6-17 所示，Tableau 内置了一些常见的形状模板，有助于企业建立统一的可视化标识系统。

以笔者经验，双轴的布局方式主要有两种，总结如下。

- 两个具有依赖关系、包含关系的绝对值字段（比如销售额、利润），使用双轴且同步，二者均可用条形图（面积）表示，默认重叠而非堆叠。
- 两个具有依赖关系且没有包含关系的字段，通常为绝对值与比值字段（比如销售额、利润率），使用双轴且不同步；同时绝对值用条形图（面积）表示，比值用圆点（位置）表示。

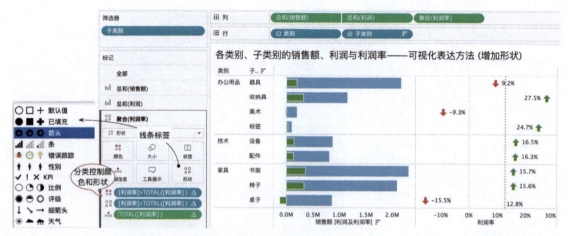

图 6-17　使用颜色和形状表达数据分类

6.2.3　并排条形图：多个绝对值度量字段的对比

上述的双轴只能是两个坐标轴面对面排列，如果是像新型冠状病毒肺炎中的"感染、确诊、死亡"人数，以及销售中的"销售额、毛利额、利润"多个度量[1]呢？

首先，多个绝对值字段在业务上具有逻辑上的依赖关系，特别是包含关系。因此，建立在绝对值基础上的比值也是有意义的。

其次，每一个字段似乎都同等重要，不同字段代表了特定的看待业务的角度。因此，视图需要把它们视为一个整体，而非割裂为多个视图。

此时，我们需要为多个字段建立一个共同的对比基准，即"公共坐标轴"。可以假想为一个不依赖任何度量的坐标轴，姑且称为"度量值坐标轴"。

如图 6-18 左侧所示，在视图度量坐标轴基础上，拖曳第二个度量字段叠加到第一个坐标轴之上，Tableau 就会把两个坐标轴合并为一个公共的"度量值坐标轴"——每个度量的度量值都可以找到对应的位置。

Tableau 自动生成两个辅助字段："度量值"构建公共坐标轴、"度量名称"区分不同的度量字段。这种条形图称为"并排条形图"（side-by-side bar chart），可以看到具有包含关系的多个度量的相对关系。

1　本书使用的超市数据没有"毛利额"，这里使用"SUM([销售额])*0.55"创建。

第 6 章 没有对比就没有分析：排序与对比 | 113

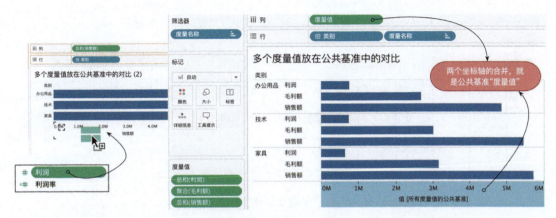

图 6-18 合并两个坐标轴创建公共基准坐标轴"度量值"，并可以加入其他度量字段

当然，"并排条形图"最主要的用途是表达离散字段的对比关系，本章 6.1.1 节已经介绍。用于表达多个度量的相对关系时，并排条形图侧重于每个类别的差异，而非包含关系；如果要表达包含关系，除了使用相同的坐标轴，还需要可视化它们的包含关系。

6.2.4　重叠条形图：多个绝对值度量字段的包含关系

"并排条形图"无法直观表达"包含关系"，因此缺少必要的层次性。那有没有办法改进呢？也许重叠嵌套在一起，是更符合视觉习惯的方式。

为了体现包含关系，需要移除视图中的"度量名称"分类，但还需要多个不同的度量值，颜色是最佳的分类方法，因此从视图中把"度量名称"（给不同度量分类的虚拟维度字段）拖曳到标记的"颜色"卡中。为了分辨多个度量，同时把"度量名称"复制拖曳到标记的"大小"卡中，线条就有了粗细，面积就有了更明显的变化。

这里的关键步骤是颜色的堆叠（stacked）和重叠（overlapped）。Tableau 默认的方式是堆叠，即下一个颜色总是从上一个颜色的终点开始增长，从而体现累计关系，如图 6-19 左侧所示。这里要体现包含关系，就需要关闭"堆叠"。将菜单中"分析→堆叠标记"命令临时设置为"关"，即为"重叠"，如图 6-19 右侧所示。

最终如图 6-20 所示，将多个"度量值"以重叠，而非堆叠的方式放在公共基准坐标轴中，根据需要调整字段的默认顺序和颜色，确保最小的利润最先显示（度量名称的次序会影响条形图的宽度和先后关系）。

> 堆叠（stacked）体现累计关系，重叠（overlapped）体现包含关系。

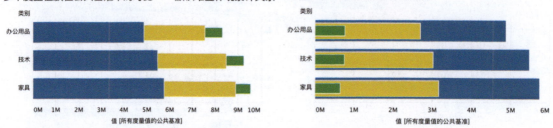

图 6-19　堆叠体现累计关系，重叠体现包含关系

这种图形可称为"重叠条形图"或者"嵌套条形图"（bar-in-bar chart）。

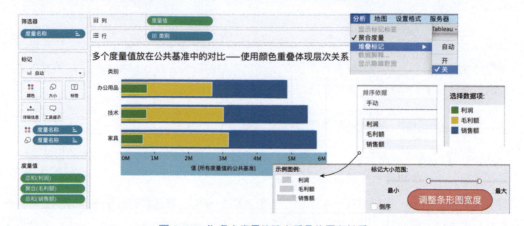

图 6-20　为多个度量值建立重叠的层次关系

6.3　字段类型和属性对可视化的影响

至此，本书介绍了条形图的基本样式，以及多维度、多度量的延伸方式。这里总结一下字段类型和属性对可视化的影响，包括颜色、标记的选择等。这里的规律适用于本书所有章节。

6.3.1　字段类型和属性对颜色的影响

理论上，每个字段都可以用颜色来区分，可以通过"默认属性"预先调整，也可以在绘制视图时随时调整。

如图 6-21 所示，在 Tableau 中，选中字段后右击，在弹出的快捷菜单中选择"默认属性→颜色"命令，可以调整色系。连续的字段会对应"连续调色板"，渐变色代表连续变化。而离散字段会对应

"分类调色板",高对比的颜色代表分类。

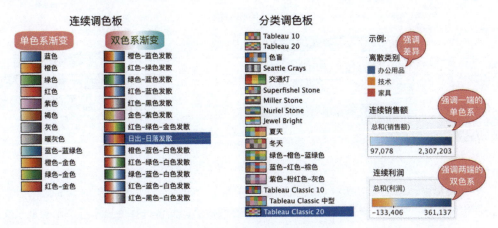

图 6-21　Tableau 中的颜色色系

幸运的是,分析工具通常内置了足够多的配色方案,无须分析师自定义具体的颜色值。在 Tableau 中,与连续字段搭配的"颜色调色板"又可以分为单色系渐变和双色系渐变。

- 单色系渐变:适用于销售额、数量等从 0 单向增加的度量字段。
- 双色系渐变:适用于利润从 0 向两侧双向延伸的度量字段,从而突出两侧极值。

通常,分类字段使用高对比色突出差异——不管是多个类别,还是一分为二的布尔判断;而连续字段(度量)用渐变色突出,这个是可视化中颜色的基本准则,如图 6-22 所示。

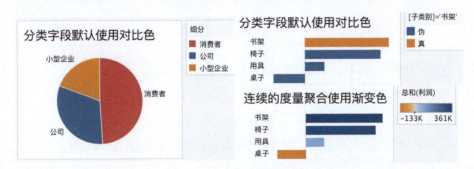

图 6-22　Tableau 中分类颜色与连续颜色示例

除此之外,颜色的选择更多取决于分析师的审美和艺术感觉,并无严格的对错界限。

比如,图 6-23 使用"重叠条形图"展示了"各类别的销售额、毛利额和利润"的两种色彩方式,左侧"度量名称"的分类颜色有助于提高辨识度,但也容易导致视觉上的混乱;右侧以"度量值"作为颜色,视觉上更加柔和,不过分类不够明显。

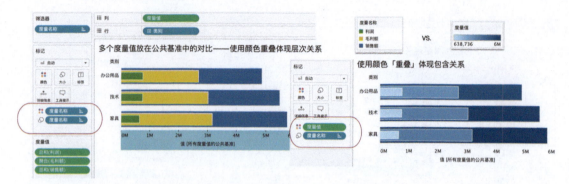

图 6-23　使用渐变颜色有助于降低视觉混乱

在一些情形中，颜色可以拯救混乱。如图 6-24 所示，饼图存在过多分类时，离散的分类颜色会让占比混乱不堪，而基于度量聚合的连续颜色、白色描边，配合选择性显示标签则有助于突出极值——同时避免把不重要的小分类归类为由"其他"造成的排序失控和数据误导。

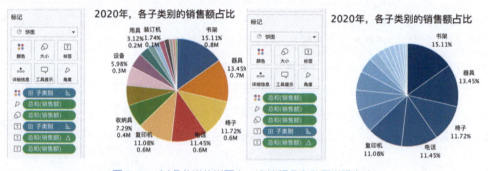

图 6-24　过多分类的饼图中，连续颜色有助于增强专注

6.3.2　"绝对值"与比值：字段属性对标记选择的影响

度量还有一个特别重要的分类：绝对值与比值[1]，代表的是"利润"与"利润率"。这里基于图 6-25 所示的"各类别、子类别的销售额、利润与利润率"说明字段属性对可视化的影响。

销售额、利润等字段的共同点是，二者都是可以计算求和聚合的，随着日期变化，它们都不断增加。因此，默认的条形图面积既代表静态的绝对值结果，又代表一个不断变化、累计的过程。

而销售额和利润字段的差异在于，销售额一定是大于 0 的，是单向增加的；利润值的数据可正可负，因此子类别的利润总和可正可负，这也是笔者推荐使用双色系渐变标记利润的原因。

1　这里与数学中的"绝对值"ABS 函数不同，"绝对值"是相对后者"比值"而言的，指"它本来的、未经计算加工的样子"，这里指 100、3000 等的数值，而非 0.2、0.4 之类的比例。

利润率是典型的自定义逻辑字段，它是多个聚合的比值计算（SUM[利润]/SUM[销售额]），在一定的范围内波动（-1～1），具有利润的两侧延伸特点（两侧均有极端值），但没有累计变化的过程（因此不适合用条形图代表的面积展示），它仅代表当前的比值状态（因此推荐使用圆点或者其他表示位置的符号）。类似的还有折扣率、周转率等字段。

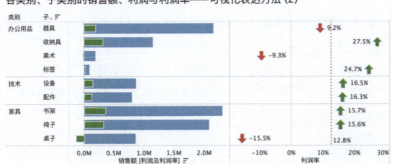

图 6-25　字段属性对可视化的影响

总结：最佳的可视化方式是用圆点或符号代表比值，而用"长度"或者"面积"代表绝对值结果和过程，符号还能进一步结合判断条件。

6.4　坐标轴的调整与组合

可视化空间的关键是坐标轴。坐标轴（axis）由标尺（scale）和刻度（tick）组成。对水平坐标轴而言，可以为线性比例尺设置线条类型、粗细、颜色，这些都是形式上的，只影响美丑，不影响数据；而基于刻度的调整（包括是否包含零、倒序/对数比例尺），则是实质性的调整，它们影响数据的表达，如图 6-26 所示。

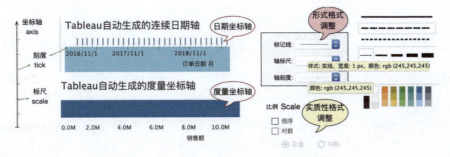

图 6-26　坐标轴的构成与 Tableau 默认示例

随着技术的进步，很多软件不需要刻意调整坐标轴，默认配置已足够好用，可以让分析师专注于业务与数据本身，而非形式化的环节。

在业务分析中，根据字段的业务特征，也需要灵活地调整坐标轴。同时要避免有误导性的设置。

6.4.1 默认零点：除非必要，谨慎更改

在多数分析工具中，度量坐标轴默认从 0 开始，Tableau 也不例外，不管聚合的数据有多大，或者字段是绝对值还是比值。

如果贸然把坐标轴设置为"不包含 0"，那么就明显地干预了数据结果——原来的"销售额总和"缺乏了从 0 开始的累计过程，仅看尾部的数值，容易人为放大差距——斜率；比值字段也同理，虽然它代表当前的状态，但依然会放大差异，引起误解，如图 6-27 所示。

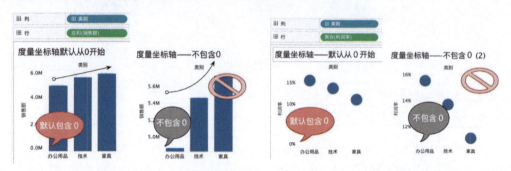

图 6-27　人为调整坐标轴的默认起点，会导致数据误解

因此，除非"另有企图"，否则不要改变度量坐标轴的起点。同理，如果你发现有人的可视化视图中存在这样的问题，就可以问一下他/她如此设计的"合理目的"（企图）是什么。

数据是客观、中立的，而"聪明的人"会以数据为掩护说谎，更改坐标轴是最常见、最直接的方法。

6.4.2 坐标轴"倒序"：有些数据越大越差

业务属性和可视化习惯会影响坐标轴的设置。

比如销售额、利润、投资回报率越大越好，而折扣、资产负债率越低越好。我们一般习惯以上/右为大，以左/下为小。因此，必要时可以调整坐标轴的方向，如图 6-28 所示。

举例而言，对销售企业，高折扣伴随的过度让利有损于企业利益。因此，当分析师描述"各子类别的合计折扣率"时，默认向右延伸的条形图虽然可行，但并非最佳选项。（特别注意，合计折扣率应该是每个子类别的全部折扣额相对于全部销售额的比值，不能用折扣率计算平均）

第 6 章 没有对比就没有分析：排序与对比

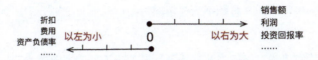

图 6-28　坐标轴的设置应该与可视化的习惯相一致

考虑到"左小右大、下低上高"的普遍习惯，可以把折扣坐标轴改为"倒序"，如图 6-29 左侧所示，这样数据从 0 值向左侧延伸——折扣越小代表损失越少，代表最好的情形。

如何进一步突出高折扣和零折扣子类别呢？

条形图长度无法显示 0，因此可以使用标签突出。有了标签，刻度就没有必要了，可以完全隐藏坐标轴。同时，借助颜色，可以进一步突出高折扣的子类别，如图 6-29 右侧所示。

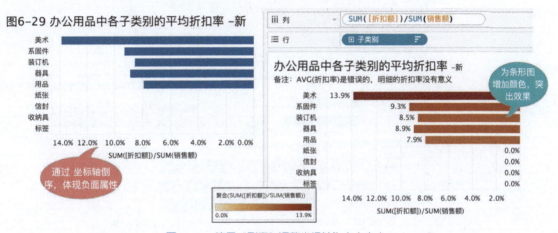

图 6-29　使用"倒序"调整坐标轴为左大右小

当然，如果对坐标轴做了调整，建议在标题或者说明中增加必要的提示。

6.4.3　绝对值刻度与百分位刻度

在业务分析中，经常计算占比。借助占比衡量数据的质量，取代绝对值数据本身，而其背后的实质，是绝对度量向相对度量的转化，这种转化有多种形式。

- 引用更高的比较基准（聚合的二次聚合，使用表计算），把绝对值度量转化为占比。
- 绝对值度量之间相互比较，转化为次序的计算（表计算的"排序"）。
- 同时使用累计计算、占比计算，绝对值度量转化为百分位（帕累托图坐标轴）。

可见，度量的二次转化，在时间序列、占比分析、分布分析等场合应用广泛，它的背后，几乎无一例外都是表计算；表计算的实质则是聚合的二次聚合或者计算（见第 3.5.2 节）。

比如，在总公司的销售额和"各类别的销售额"条形图中，把细分添加到颜色可以查看细分构成，如图 6-30 所示。

条形图默认关注绝对值的对比排序，如果领导更加关注各类别中细分的构成比例，就可以把绝对值坐标轴转化为百分比坐标轴。Tableau 中可以使用"快速表计算→合计百分比"命令轻松完成。

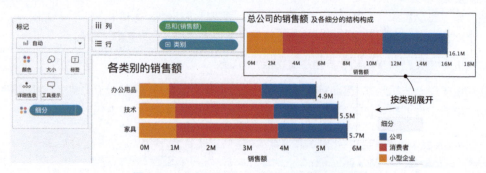

图 6-30　堆叠条形图：查看细分的销售额构成

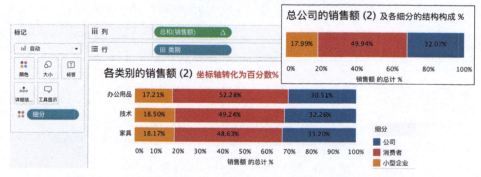

图 6-31　通过"合计百分比"计算，实现坐标轴更改，从而切换问题类型

这样，虽然保持了"堆叠条形图"的样式，但是问题类型却从"排序分析"转向了"占比分析"，这将是第 8 章的主题。

同时，"占比分析"间接引用了一个更高详细级别的聚合值（双击表计算字段之后，其中的 TOTAL 函数），因此"占比%的堆叠条形图"也是结构化分析中引用更高聚合度详细级别聚合的典型案例。

6.4.4　从"等距坐标轴"到"不等距坐标轴"

通常，坐标轴的标尺（scale）默认都是等距的，也就是从 0 到 1 和从 100 到 101 的间隔完全相同。等距有助于保持数据的真实性，却也容易掩盖最密集的数据部分，这在分布分析时最明显。

比如，要分析"多个地区中的客户 ID 贡献分布，并识别低价值客户"，如图 6-32 所示，默认的等距坐标轴强调总体分布，少数大客户占据更多的视觉空间。通过对坐标轴的标尺单位做"对数"（logarithmic）处理，可以把坐标轴靠近 0 值的部分扩展开，让它们成为可视化的主要视觉区域。

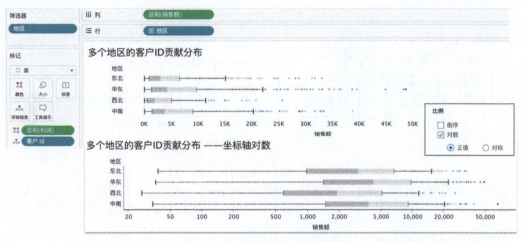

图 6-32　等距坐标轴与对数坐标轴

我们大部分人对"对数"的概念远低于对"幂"的了解，虽然它们互为正反关系[1]。按照对数逻辑，从 10 到 100，和从 100 到 1000 的间距是一样的，如图 6-33 所示。

$$[r^0, r^1, r^2, r^3, r^4] \rightarrow [0, 1, 2, 3, 4]$$

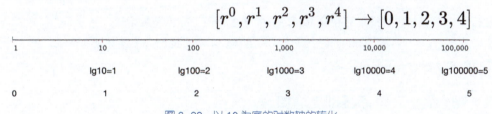

图 6-33　以 10 为底的对数轴的转化

这种高级操作，通常见于分布分析且数据轴范围非常大时，一般要添加必要的说明，以免误导。

6.4.5　棒棒糖图：虚拟双轴

还有一种对坐标轴的隐形处理，其典型代表是"棒棒糖图"（lollipop chart）。

如图 6-34 所示，"棒棒糖图"可以视为条形图的视觉优化。条形图看似是用长度代表大小，更准确的说法是"长度和宽度相乘的面积"代表大小，这也是为什么本书把它列入"面"的范畴。"面积"有助于理解累计的变化，但会无形中增加视觉负担。此时，何不把条形图改为"小蛮腰"释放

---

[1] 引用百科：如果 a 的 x 次幂等于 N（$a>0$，且 $a\neq 1$），那么数 x 叫作以 a 为底 N 的对数（logarithm），记作 $x=\log_a N$。

面积带来的视觉压力,然后用"头顶一朵花"的位置代表长度呢?也许,这就是设计这个图形的设计师的心理过程吧。

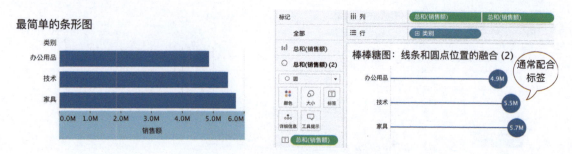

图 6-34　基于最简单的条形图的视觉改进

这个过程的实现,就是以同一个度量字段的双轴实现的,用圆点显示度量聚合取代双轴坐标轴,既优化了空间,又保持了视觉重点。在数据量比较大时,棒棒糖图增加了视图留白,有助于平衡视觉效果。

6.5　以条形图为底色的进阶图形

在第 4 章中,本书介绍了可视化增强分析的基本路径:标记、坐标轴、参考线、样本筛选等,沿着这样的思路,一些常见图形就逐步沉淀成为经典。本章介绍靶心图及其延伸形式,第 7 章介绍条形图与时间结合的甘特图及其延伸形式。

6.5.1　靶心图:在排序基础上增加对比关系

靶心图(bullet graph)又被称为标靶图,是做业绩达成分析的经典图形,用于展示销售额的规模,以及其与销售目标的对比关系。

按照此前的可视化逻辑,可将靶心图理解为双层结构:"条形图排序"为主视图焦点,"销售额与销售目标(参考线)的对比关系"作为显性的辅助分析要素。

在 Tableau 自带的"超市仪表板"中,有一个称为"性能(达成)"的工作簿,我们稍加优化。离散的订单日期和细分、类别交叉构成矩阵,矩阵中的可视化样式是条形图,在条形图的基础上增加颜色和参考线,如图 6-35 所示。

靶心图中的颜色并非必备要素,必备的是条形图之后的参考线——颜色是建立在条形图与参考线的对比关系基础上的辅助要素。因此,这个图形可以理解为以下两个部分。

- 各细分市场，不同类别的季度销售额（条形图）。
- 上述销售额的销售目标达成与否（参考线与颜色）。

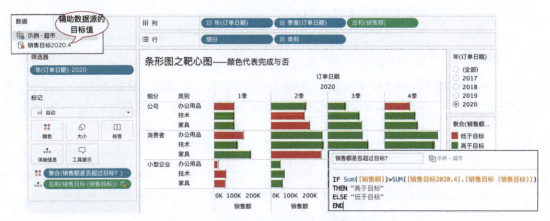

图 6-35　衡量销售额及其达成进度的靶心图

对领导而言，首先关心的是销售额的完成规模，其次关心各自的达成比率，前者描述规模，后者描述质量（绩效进度）；靶心图完美地把这两个业务分析需求巧妙地糅合在一起。

除了最基本的"达成/未达成"二分类，能否进一步区分更多达成关系呢？比如按照达成 60%、80%和 100%一分为四。

标准的分类可以使用参考区间，如图 6-36 所示，以"销售目标"为基准，在每个单元格中，增加 60%和 80%两条参考线并"向下填充"。

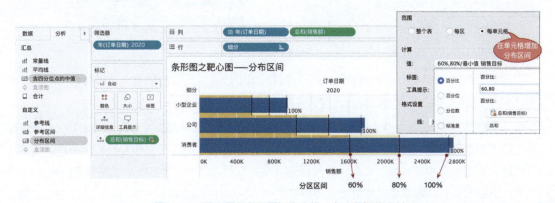

图 6-36　靶心图是条形图与参考线、参考区间的合并

这样，条形图销售额与销售目标的达成关系，就从之前的"是/否"扩展为以下 4 种情况。

- 不及格：销售额没有超过 60%参考线。

- 及格但不良好：销售额介于 60% 和 80% 参考线之间。
- 良好但未达标：销售额介于 80% 与销售目标参考线之间。
- 达标：销售额超过了销售目标参考线。

当然，分析师也可以自定义参考区间，或者使用自定义计算字段做进一步的分类。这就需要结合第 10 章的分布分析和 Tableau 计算来完成。

另外，业务分析中，销售数据和销售目标通常是两个独立的数据源，因此需要在逻辑上合并数据表，对应 Tableau 中的数据混合或者数据关系，相关内容可以参考《数据可视化分析》第 4 章。

6.5.2 "进度条"：展示单一对比关系的条形图变种

在 6.5.1 节的靶心图中，主要用于同时展示多个类别的达成情况，并用颜色做分类。靶心图的一个特别重要的应用场景就是描述业绩进度，可以称为"进度条"，这里阐述它的各种延伸形式。

1. 多种进度条形图与克利夫兰点图（Cleveland dot plot）

关于进度，重要的是展示进度比例，而非目标值，所以直观展示进度标签非常重要，目标只需要用参考线或者背景代替。图 6-37 所示为最主要的表达进度的图形方式。

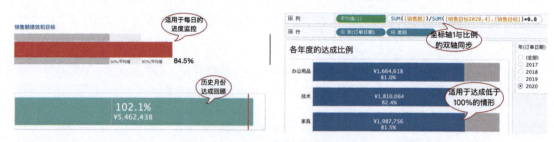

图 6-37　适用于单一数据比较的进度条

图 6-37 左侧两个是靶心图的简单形式，当前月份的进度监控可以增加百分比参考区间（见第 10 章 10.5.1 节）。多个历史月份的回顾则只需要用颜色强调是否达成即可。

图 6-37 右侧通过双轴为多个进度条设置统一对齐的背景，这种改造有可视化方面的优点——适合分类的绝对值没有可比性的情形，比如集团一元、二元、三元事业部业绩目标非常悬殊，相互没有可比性。不过，这种方式也有缺点，当月底有分类达成超过 100% 时，视觉不如参考线清晰[1]。相比之下，这个图形更适合表达"部分占总体的比例"。

---

[1] 注意图 6-37，由于超市数据 2020 年各类别达成超过 100%，这里为了绘图，将最后的比例乘 80%。这就是进度超过 100% 的代价。

在上述二者的基础上，进度条形图还可以进一步简化。既然绝对值过于悬殊没有可比性，那么代表绝对值的条形都可以忽略，仅强调达成即可。此时，可以用一个醒目的圆点代表进度比例，用一个细线作为背景，这就是极简主义的克利夫兰点图，如图 6-38 所示。

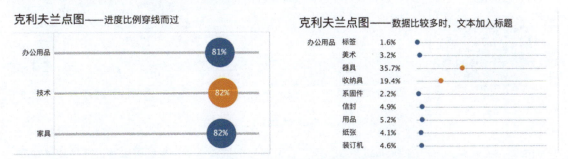

图 6-38　克利夫兰点图：表达进度的极简图形（基于双轴创建）

这种效果极简而有效，推荐业务分析师广为使用。其中，在类别较少时，进度比例可以直接置于点中，反之则单独作为标题即可。

单论形式，克利夫兰点图与棒棒糖图类似，前者强调进度比例，后者强调绝对值达成。

2. 仪表盘：单一进度条的拟物化

仪表盘（gauger chart）是一种拟物化的图形，因为像汽车的速度仪表盘而得名。虽然"仪表盘"看上去像是利用了极坐标的"饼图"，但是它的本质是"基于度量对比关系"，既非"排序"，也非"占比"。

不过，仪表盘可以视为是最简单的单一靶心图的"扭曲"——条形图及刻度转化为弧度，指针代表度量大小，特定的刻度等级代表多个"常量参考线"，如图 6-39 所示。

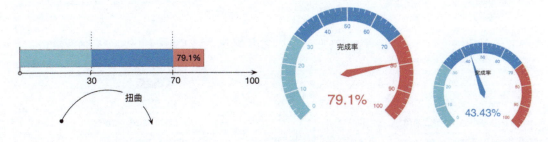

图 6-39　仪表盘用于展示进度情况

虽然很多管理报表或报告都是用这种图形，但是业务分析应该秉承"内容大于形式"的基本原则，不要过度追求拟物化的形式，而使图形更复杂。相对于"条形图"，这种形式通常不具备普遍应用性。其他类似的仪表盘变种如图 6-40 所示。

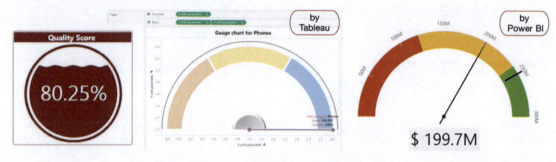

图 6-40　其他的拟物化仪表盘形式

因此，面向业务用户的 Tableau 默认没有"仪表盘"的推荐样式，虽然可以通过高级计算完成，但是显然不适合业务用户。相比之下，Power BI 等其他工具，反而在这个方面支持得比较好。

Jeffrey Shaffer（Tableau Zen Master）在 Tableau Public 中分享了主题为 *Bar Hopping: Theme and Variations on a Bar Chart* 的作品，展示了基于条形图的多种优化形式，其中包含了多种进度的条形图样式，如图 6-41 所示。

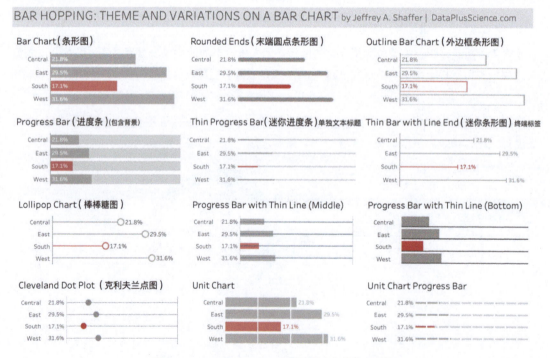

图 6-41　Jeffrey Shaffer 的条形图（本书略有调整）

6.5.3 结构化分析实例：条形图的"高级化"

讲到这里，已经基本覆盖了大部分排序类图形样式的条形图；但有限的是图形样式，无限的是业务场景。在简单的条形图中，通过增加另一个详细级别的聚合值，条形图就可以演化为结构化分析的高级示例。

举一个"简单又高级"的例子："各**地区**的**销售额总和**与**客户购买力**排名"。"简单"在于它的问题类型，只需要对两个聚合度量做条形图排序，但"高级"的是如何在地区的视图中引用"客户购买力"的聚合。这就是结构化分析中"引入更低聚合度详细级别的结构化分析"。在本书第 14 章，会专门介绍结构化分析的多种示例，这是其中的典型。

如图 6-42 右侧所示，在问题详细级别（地区）引用更低详细级别（地区*客户）的聚合，但是不引用这个聚合依赖的维度（不要在视图中看到客户的维度字段）。Tableau 创造性地应用了"引用其他详细级别聚合的狭义 LOD 表达式"优雅地解决了这个问题。

图 6-42　在当前视图，引用更低聚合详细级别的聚合完成二次聚合

在图 6-42 中，第 1 个条形图代表"各地区的销售额总和"（市场规模），第 2 个条形图代表"每个客户在该地区的累计消费的平均值"（即每位客户钱包金额的均值），第 3 个条形图代表"每个客户在该地区的最大交易金额的平均值"（即每位客户最高单笔交易的均值）。

"这就是大数据分析的典型特征：查看这个详细级别的客户特征，但不关心每个客户个体是谁、买了什么。"结构化分析不是一种问题类型，而是一种业务分析思路。更多相关内容，详见第 14 章。

至此，本书介绍了条形图的典型实例，条形图的"主视图焦点"是排序关系，又可以通过双轴、参考线、颜色、计算等多种方式增加对比、包含、构成、占比等多种辅助要素。

这里把最主要的形式汇总，如图 6-43 和图 6-44 所示。

128 | 业务可视化分析：从问题到图形的 Tableau 方法

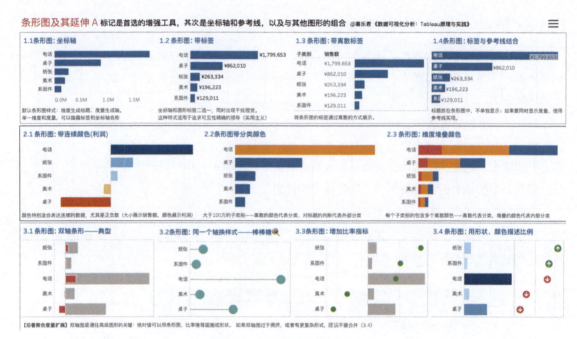

图 6-43 典型的条形图示例（上）

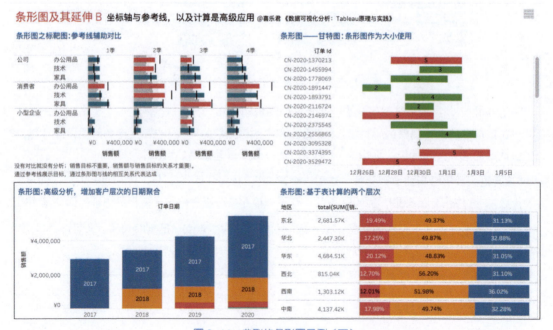

图 6-44 典型的条形图示例（下）

| 第 7 章 |

连续性分析：时间序列及其转化

时间序列类型的问题仅次于"排序"。它的独特性就在于加入了时间[1]的要素，时间是具有连续性、层次性的特殊字段，因此赋予图形与众不同的特征。时间序列的典型代表是折线图，其次还有时间柱状图、甘特图等多种表达形式。本章重点介绍以下内容：

（1）时间序列问题的多种图形样式。

（2）多个度量轴在时间序列问题中的组合。

（3）甘特图、阶梯图、坡面图等中高级图形。

（4）时间序列图形中时间坐标轴的相对化处理。

（5）时间序列图形中度量坐标轴的相对化处理。

7.1 时间序列的构成

典型的时间序列存在于时间坐标轴和度量坐标轴构成的空间中，其特殊之处是日期字段既决定了视图详细级别，又构建了坐标轴。图 7-1 左侧所示的空间中的 4 个点构成连线，连线可以代表随着时间的变化，"点"无法代表这种模式。

最简单的折线图可以称为"迷你图"（sparkline），它是隐藏了坐标轴、标签的简化图形。

时间序列类型的问题，通常要把问题放到更大的场景中评估最终表现形式，进一步理解和揣摩领导的意图，结合业务数据中发现的敏感点和异常，最后做出综合性的调整。

---

1 这里的"时间"是广义的概念，包含了（年月日）日期、（时分秒）时间、日期时间多种样式。

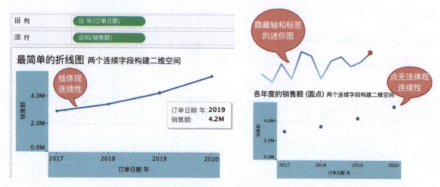

图 7-1　连续日期构建的默认折线

7.2　折线图的多种延伸形式

在第 4 章 4.3.3 节中，以"不同细分市场随着时间的业绩趋势分析"为例，介绍了可视化分析的分层绘制方法，特别强调如何为图形赋予业务意义。

除了以颜色分类的多重折线图，折线图还有很多延伸形式。如图 7-2 所示。

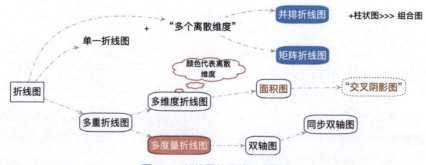

图 7-2　折线图的多种延伸形式

折线图的变化，部分来自时间的连续与离散属性，下面依次介绍时间字段的属性和常见的时间序列图形。

7.2.1　时间的层次结构与连续/离散属性

"日期/日期时间"字段是非常特殊的字段，它们是字符串和数字的结合，兼具无限连续与有限连续特征（每个时间都可以无限延伸至前后时间点，任意的部分又都是有限连续的），日期部分自带层次性（年、月、日、时的包含关系），这是理解时间序列相关图形的关键。

如图 7-3 所示，任何日期和时间都是由多个部分（datepart）构成的。其中，日期部分都是有限连续、离散的（比如年、月），而多个部分构成的日期又可以是无限连续的（比如年月、年月日）。

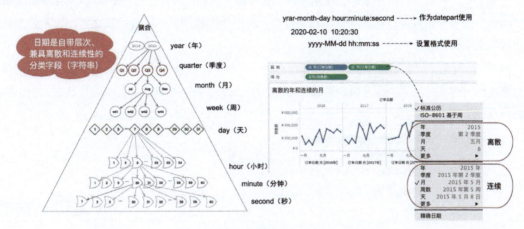

图 7-3　日期的层次性与连续/离散属性

在不同的工具中，日期函数各有差异，但是核心分为两类：取日期的某个部分（DATAPART()函数）、截取或者多个部分构成连续日期（DATATRUNC()、DATE()或者 TIME()等函数）。

比如，如果要分析一年四季的销售额变化，那么应该只选择日期中的季度或者月份；而如果要查看长时间的波峰波谷，就要用"年月/年月日"这样的完整日期。如图 7-4 所示，在有限连续的离散日期比较少时，使用柱状图更加直观。

图 7-4　连续日期的波动与离散日期的柱状图

关于连续和离散的更多内容，可以回顾第 4.1.2 节的内容。本章图形都是建立在时间字段基础上的。

7.2.2 并排折线图和矩阵折线图

在最简单的时间序列折线图中,增加离散分类字段(比如订单日期年、类别),单一的折线图就被"解聚"为多个折线图。在多个分区和矩阵中,时间序列强调每条折线的独立性,而不强调彼此的对比和连续关系。

图 7-5 中展示了"各年度中,各月的销售金额","年(订单日期)"把折线图分为 4 个分区,每个分区内的折线相对独立。分区内的横轴"月(订单日期)"可以是离散的,也可以是连续的,形成"并排折线图"。

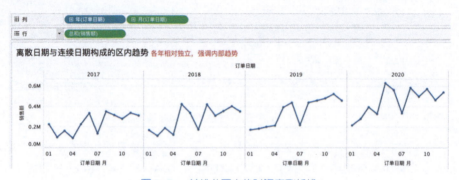

图 7-5　并排分区中的时间序列折线

而在纵轴中增加一个离散字段,则可以进一步构建空间矩阵,就形成了"矩阵折线图"。图 7-6 中展示了"各细分在各年度中各月份的销售额趋势",由于每个矩阵中的趋势相对独立,为了增强每条线的末端效果,可以借助双轴图增加末端圆点。

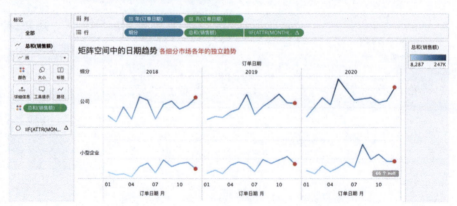

图 7-6　折线图矩阵,结合双轴图增加了末端圆点(隐藏度量轴)[1]

1　这里的末端圆点,使用了表计算返回最后月份的销售额。

这种建立在维度字段基础上的并排图形和矩阵图形，是很多复杂图形的基础。离散字段构建的分区，确保了数据内部的独立性，不适合相互之间的比较。

如果要比较离散维度的趋势呢？

7.2.3　多维度折线图、堆叠面积图、百分比堆叠面积图

将折线图拆分为多条折线，并把视觉焦点保持在多条线的趋势对比上，最佳的方法是使用颜色。标记的颜色保持了视图空间不被破坏，从而确保了坐标系的一致性。

图 7-7 中展示了"各年度中，各细分、月度的销售趋势"，为了提高各细分波动的可比性，我们用颜色代替细分矩阵，这样可以确保坐标系的统一性。很明显，"消费者"细分市场的销售额从年初到年底波动上涨，年底略有回落；相比之下，"小型企业"市场增速不大，业绩贡献也落后于其他细分市场/品类。

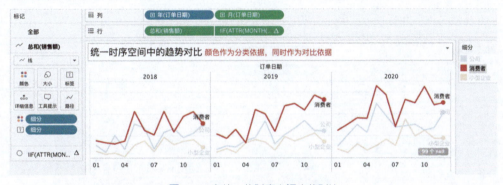

图 7-7　在统一的时序空间中的对比

上述分区中的折线图沿袭了各年度之间的独立性（对应离散的"年（订单日期）"字段），体现各年之间的非连续性。如果要展示多年的累计趋势，那又该如何呢？

如图 7-8 所示，就需要把"时间"字段转化为连续日期格式"年月"，而不能用离散的"年"与"月"结合。

在图 7-8 中，通过在标记的"颜色"卡中增加离散维度（"细分"），更改问题和视图的详细级别，从而扩展为多条折线。

每个图形都有它的视觉焦点，相应也有视觉盲区。

在图 7-8 所示的多维度折线图中，我们可以轻松地查看每个细分的连续各年的月度变化，并轻松比较单月的高低差异，但是"解聚"之后，单一折线图的"各月汇总"就消失了，无法查看累计的趋势变化。

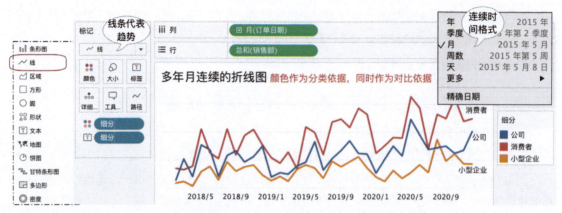

图 7-8 使用"年月"连续日期字段构建多年连续性

此时,可以通过更改视图的可视化视觉要素(在标记中更改可视化视觉要素的命令为"线→区域"),实现视觉焦点的转化,如图 7-9 所示。

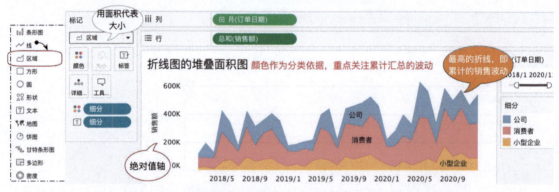

图 7-9 把标记类型(视觉模式)更改为"区域",关注宏观趋势

这里的"区域"可以理解为"面积",多个颜色对应堆叠的面积图。面积图更能一目了然地了解累计金额(注意二者坐标轴的差异)。

在"折线的堆叠图形"中,有一个特别的类型:多个颜色对应的占比是 100%。与条形图的度量轴转化为百分比的方法类似,这里的折线图也可以转化为百分比,这样就不仅是视觉焦点的变化,而且是问题类型的调整,"占比"占据了重要的位置。

如图 7-10 所示,把纵轴"销售额总和"通过"快速表计算→合计百分比"命令转化为比例轴,并设置"细分"为计算依据(占比是多个细分的相互计算),之前累计汇总的波动消失了,取而代之的是各月内部的结构性比例。

第 7 章 连续性分析：时间序列及其转化 | 135

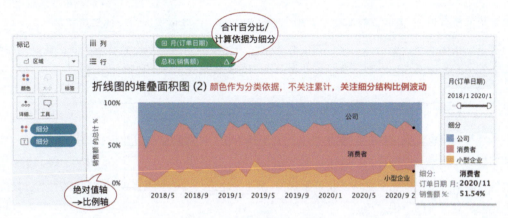

图 7-10　堆叠维度的占比波动

在很多高级分析中，这种图形具有极佳的视觉效果，不关心绝对值，只关心相对占比与趋势变化的情形。

Alexander Mou（Tableau Zen Master）在其 Tableau Public 中分享了一个"美国各州多年来总统候选人党派变化"的视图，就使用了这个功能，如图 7-11 所示。这种方式避免了各州投票人数、各党得票数等绝对值的影响，而把每个州视为平等的单元，侧重内部两党的占比变化。

图 7-11　美国各州多年来总统候选人党派变化[1]（略有调整）

在这个视图中，融合了"地理位置分析""时间序列""占比分析"多种问题类型，其中各州空间位置提供了可视化的矩阵框架，矩阵中包含时序折线（隐藏坐标轴），各党的投票人数占比取代投

1　Alexander Mou 的 Tableau Public 主页。

票数量（占比分析）。最后，借助交互突出，视觉重点是"两党候选人占比的年度趋势"。

可见，相同的字段组合，不同的可视化焦点，所对应的问题类型也会有所不同，复杂图形中会包含主次分明的多个问题类型，这正是业务分析中要在技术之外多加修炼的领域。

7.2.4　案例：包含时序的柱状图与结构化分析

虽然折线永远是表达趋势的最佳形式，但并非是唯一的选择。在分析中，还要综合评估分析的背景和目的，更换其他的样式。其中，最常见的当属"柱状图"。

柱状图对应的可视化视觉样式是"面积"，因此会比折线图吸引更多的可视化注意力，这也是很多人觉得它更好用的原因之一。

第一，柱状图适合少数的数据点时间序列。

很多主题分析以时序分析为起点，往往从宏观的年或者季度开始，而且还要以时序分析作为交互筛选器使用，此时柱状图比折线图更易于表达和控制，如图 7-12 所示。

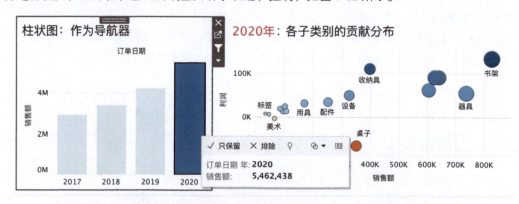

图 7-12　柱状图描述趋势，同时作为筛选导航交互使用

第二，柱状图特别适合用于包含结构化分析的场景。

结构化分析是业务分析中的皇冠，高级的业务分析师应该在"简单的宏观数据展示"之外，通过深入的结构化洞察发现业务中的深层次风险或者机会点。

柱状图通过"面积"描述数据，通过引用其他层次的维度分割面积，可以在保持宏观趋势的前提下，查看结构化要素。图 7-13 中展示了"销售额增长背后的客户矩阵结构"，可以发现，2017 年度的新客户一直贡献了大部分销售业绩，说明公司业绩高度依赖早期大客户。

当然，在了解更多信息之前，分析师只能描述事实，而不能急于增加观点。对汽车主机配件厂、会员制大客户批发零售等特殊行业，这样的结构是正常的；而对小商品零售业而言，这样的结构既是风险，也是机会——如此高度忠诚的客户是企业的宝藏。

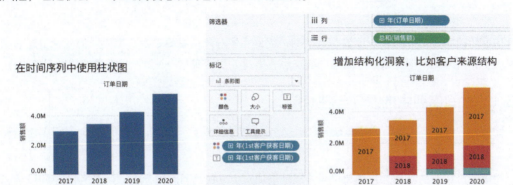

图 7-13　使用柱状图展示时间序列的销售额变化，以便加入更深入的结构化要素

第三，使用柱状图要注意数据是否缺失。

使用离散日期轴要注意，可能存在日期值缺失，即在特定日期没有任何的数据值对应，而连续的坐标轴通常不会。

如图 7-14 所示，使用离散日期和连续日期展示了"电话子类别在 2017 年、各月的折扣额变化"，由于电话在 2017 年 4 月没有折扣，离散的坐标轴默认就缺失了四月，而连续的坐标轴不会。在 Tableau 2020.3 之后的版本中，可以为日期字段设置"显示缺失值"，避免离散日期默认跳过缺失日期的问题。

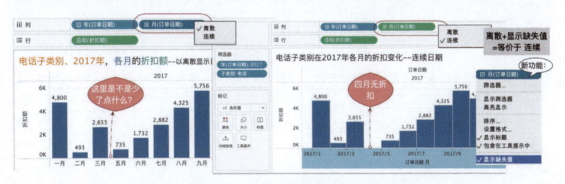

图 7-14　离散日期轴默认不会保留缺失日期，连续轴则保留

在时序分析中，"连续"属性并非必然需求。很多业务场景下的时间字段天然是不完全连续的，比如股票交易、周末停工的生产线、HR 的员工入职信息等，贸然使用连续轴查看动态变化，可能会产生反作用。7.4 节会介绍离散时序中的股票波动变化。

7.3 包含多个度量的时间序列

前面所述均是建立在单一度量基础上的,因此视图的焦点主要是由日期字段的变化引起的。除了维度变化带来的问题复杂性,度量的增加也会引起视图的变化——虽然视图详细级别保持不变。

7.3.1 时间序列中的双轴与柱状图

比如,"2020 年、各月的销售额与利润趋势",样本聚焦到"2020 年度",同时展示销售额和利润两个度量。

在单一折线图的基础上,最简单的方式是增加一个单独的利润坐标轴,如图 7-15 中间所示。这种方式简单、有效,但是占据了过多的可视化空间,内容也不够紧凑。

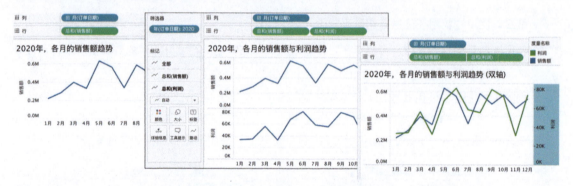

图 7-15 在单一折线图的基础上增加度量坐标轴

只要视图中存在多个度量,就要考虑多个度量之间的关系(是否存在相关性,存在怎样的相关性),然后选择合适的布局方式(独立、重叠、并行、交叉等)。

在业务中,利润可以视为销售额的一部分,是销售额中扣除成本、费用等的剩余,而且二者的比例(利润率)通常在一定范围内稳定地波动,因此可以把两条折线并行置于相同的空间中,描述依赖关系,如图 7-15 右侧所示。

相比两个独立分区的折线图,双轴折线图虽然更加紧凑,但是可视化的视觉焦点就会从单一折线的曲线,无形中向双折线的波动关系转移,因此,时序分析中默认的双轴折线图也被列入"相关分析"的重要组成部分。

这里有必要对比一下时序折线图和时序柱状图的差异。

在第 6 章的排序分析中,曾经展示了"各类别、子类别的销售额和利润"的包含关系条形图(见图 6-15),条形图(柱状图与此同理)可以清晰地表达度量字段的包含关系。相比之下,折线图则强调趋势的相关性，对包含关系就无能为力了，此时的横轴必须是具有连续性的时间，如图 7-16 所示。

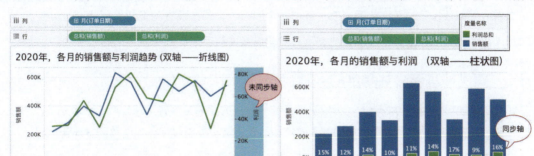

图 7-16 相同的字段，不同的图形通往不同的问题类型

相同的字段组合，不同的可视化视觉模式，通往不同的分析场景。

在双轴的分析中，务必要清楚是否要设置"同步轴"，设置与否会通往完全不同的分析方向。那如何做出选择呢？下面详细介绍。

7.3.2 双轴的改变：柱状图与折线图的结合

在大部分企业，销售额和利润都具有正相关性——利润率通常都在一定的范围内稳定波动，作为分析中的关键比值指标，突出二者比率的波动更有业务价值。

于是，业务分析中可以把销售额和利润率作为视觉焦点（通过双轴合并节约空间），而把利润作为背景要素植入图形（此处加入工具提示中），如图 7-17 左侧所示。

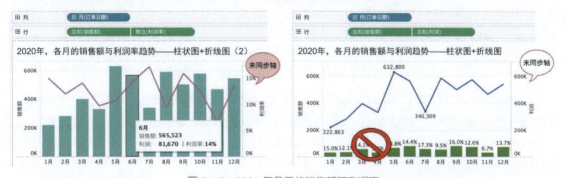

图 7-17 2020 年各月的销售额与利润率

为什么用柱状图代表"销售额"，而用折线图代表"利润率"？这是由字段属性决定的（参见第 6 章 6.3 节）。销售额等绝对值字段具有累计属性，与柱状图的面积相对应；而利润率等比值字段没有累计属性，作为属性或者状态字段出现，适合用点来描述。考虑到横轴是时间，点连成线代表趋势。

相比之下，图 7-17 右侧的图形就充满了误导性：用折线图代表销售额波动，而用柱状图代表利润，二者的比值放在了利润柱状图上面。看似齐全的组合，却与视觉的直觉相违背。

排序问题与时间序列结合是非常典型的可视化场景，后面还会介绍其他的结合形式。

7.3.3 案例：基于公共基准的多轴合并

如果在销售额、利润的基础上，希望进一步扩展更多的度量坐标轴，双轴就无法容纳了。为每个坐标轴创建一个矩阵显然无法提高视图的有效性和数据密度，那能否把多个度量轴合并在一起呢？

这就是在排序中讲解的多个度量的公共基准——"度量值"。

如图 7-18 所示，在 Tableau 中，把一个度量字段拖曳到另一个度量坐标轴上，就可以创建公共基准"度量值"坐标系，默认分类字段"度量名称"会添加颜色，从而易于分辨。

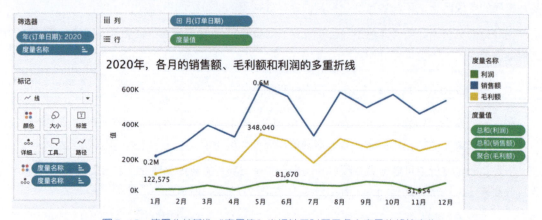

图 7-18 使用公共基准"度量值"坐标轴同时展示多个度量的趋势变化

由于是公共基准，这里无须再设置"同步轴"。不过，如果度量差异过大（特别是比值字段，如折扣率、利润率），单位小的度量就容易被淹没在大幅度的坐标空间中。

此时，不妨把"度量值"公共基准和另一个度量字段合并为双轴，如图 7-19 所示，"利润率"作为单独坐标轴和多个绝对值合并而成的"度量值"坐标轴双轴。如果多个度量具有累计关系（如这里的成本、折扣额和毛利额），那么还可以选择标记的"区域"，以面积代表大小，累计面积代表特定值。

在时序分析中，充分利用双轴和"度量值"坐标轴的组合功能，是有效表达数据的重要方法。

至此，图 7-2 中包含的折线图样式介绍完毕，接下来讲解时序分析与其他类型图形或形式的结合，以及时间轴、度量轴的转化调整。

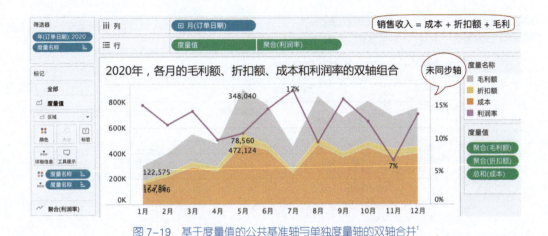

图 7-19 基于度量值的公共基准轴与单独度量轴的双轴合并[1]

7.4 时间序列与条形图的结合：甘特图及其变种

除了时序分析基本图形，笔者最喜欢的图形是甘特图。按照甘特图条形延伸的方向不同，本书把甘特图分为"标准甘特图"（沿着连续时间字段延伸）与"蜡烛图"（沿着连续度量字段延伸）两大类，前者常用于项目管理，后者多用于股票分析。

7.4.1 标准甘特图：沿着连续日期延伸

标准甘特图（gantt chart）多用于项目管理，监控每个项目的阶段和时间进度。在时间序列空间中，用长度描述项目的时间周期，用颜色代表阶段分类。

图 7-20 中展示了"2020 年 12 月，客户订单交付的进度预警"，从订单日期到送货日期超过 5 天标记为延迟交付。

在这里，每一次订单的交付可以视为一个独立项目，所有项目放在"订单日期"的时间序列空间中，条形图的长度代表从下单到交付的周期（使用 DATEDIFF() 函数计算两个日期的间隔），红色代表延迟交付的订单（交付周期>5 天）。

注意，日期计算是行级别计算，即"交付周期"计算是在数据明细级别（每个商品的级别）的计算（本书称为行级别计算），而一个订单可能包含多个商品，因此想要确保"订单"的交付时间正确，甘特图中就需要以"交付周期"字段的平均值为大小，否则就会出现错误。

---

[1] Tableau 自带的超市数据没有毛利和成本字段，这里根据需要自定义调整。

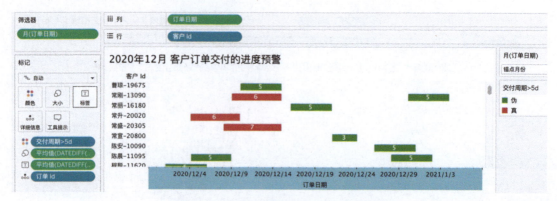

图 7-20 标准甘特图描述订单的交付进度

[交付周期]=DATEDIFF('day',[订单日期],[送货日期])

总结：标准甘特图由连续的日期字段（横轴）和离散的分类维度（纵轴）构成，适合分析不同分类要素沿着时间的延伸及对比。Jeffrey Shaffer（Tableau Zen Master）曾分享了一个视图 *The Aging President of the United States of America*，就是甘特图的典型代表，如图 7-21 所示。

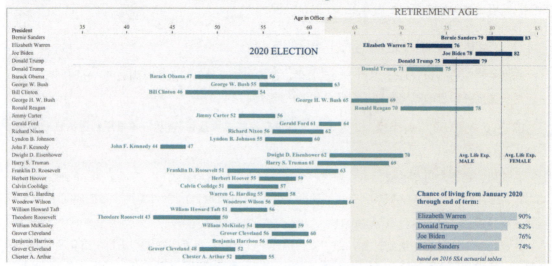

图 7-21 美国历任总统的任期（部分，拜登获胜之前的作品）

7.4.2　股票蜡烛图：两个甘特图的重叠

蜡烛图（candlestick chart）又被称为日本线、K 线、阴阳线，源自日本德川幕府时代大米的价格波动，后来被引入股市。从技术上看，可以看作是两个甘特图的重叠。

不妨把每只股票视为一个大的项目，每天的波动指标视为项目的一次独立事件，分别用开盘价（open）、收盘价（close）、最高价（high）、最低价（low）记录一次独立事件的 4 个特征。

一只股票在多天的波动，可以用折线图绘制，甚至可以用"度量值"把开盘价、收盘价、最高价、最低价放在一个空间中查看趋势，如图 7-22 所示。但是这个图形波动差异小，而且相关性高度相关，并不是需要关注的焦点。

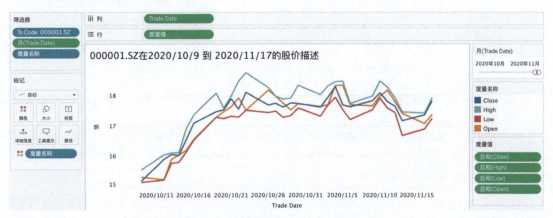

图 7-22　用度量值衡量多个指标的每日波动

那如何来刻画股票每日的上涨/下跌及其幅度，最高/最低的交易差异呢？有起点、有长度的甘特图就发挥优势了。

如图 7-23 所示，这里取某只股票 2020 年 9 月交易日的数据，离散日期构成了视图最关键的行列空间。这个被称为"蜡烛图"的视图由两个甘特图和一个分布区间（或者说两条参考线）构成，同时颜色辅助表示股票上涨/下跌的分类状态[1]。

这里的蜡烛图与 7.4.1 节的标准甘特图相比，关键差异是甘特图的延伸方式，标准甘特图中每个离散订单沿着连续的日期延伸，而蜡烛图则是每个离散日期沿着连续的度量轴延伸。

甘特图的起点是由"行"中的度量字段控制的，长度通过标记"大小"控制。甘特 A 从开盘价（open）开始，大小是"开盘价和收盘价的差异"；甘特 B 从最低价（low）开始，大小是"最高价和最低价的差异"，它必然是沿着连续的坐标轴（绿色字段）延伸的，这是理解甘特图的关键。

1　采用中国大陆股市通行的"红涨绿跌"分类方法。

为了避免两个甘特图的重叠，"甘特 B"（即外侧的最高价到最低价）的大小调整为最细的竖线，两侧的数值再通过参考线绘制。

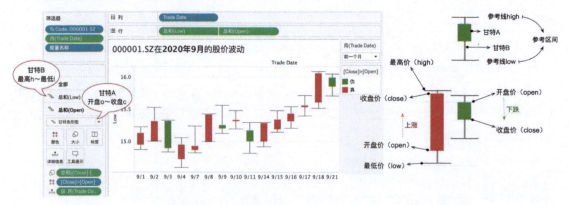

图 7-23　股票蜡烛图——使用双轴重叠每天的两对股价波动（日期保留部分）

7.4.3　跨度图："伪装的甘特图样式"

在蜡烛图中，通过两次甘特图重叠和参考线同时展现两组度量的前后变化，在股票分析之外的业务分析中，更多场合则是强调一组度量值，比如公司每年期初与期末的资金余额变化、学生两个学期的成绩波动。对初、中级用户，本节内容仅做参考。

在 Tableau Make-over-Monday 中，有一期主题为关于"工会与非工会工人的多年薪酬差异"的分析（2019W49）[1]。分析者可以使用折线图强调薪酬的多年波动，也可以尝试把视图焦点放在"工会与非工会的对比"上，而时间只是辅助要素。

一名参赛者 Christopher Marland 绘制了如图 7-24 所示的图形。它用类似甘特图的两个顶点代表工会与非工会工人的薪酬，中间连成线代表跨度关系。

这种图形被称为跨度图（span chart），表达两个值的差异。

可以把"跨度图"视为"甘特图"的简化形式——它像标准甘特图一样只有一个甘特过程，又像蜡烛图一样沿着度量展开。如果对应的数据结构是两个度量字段（就像股票的开盘价和收盘价），就可以使用"甘特条形图"。

但是，这里的数据对应另一种情形，工会与非工会作为分类维度（union）出现，而对应的度量都在一个度量值（wage）中。此时，可以通过高级计算把维度和度量转化为两个独立的度量，从而生成标准甘特图，如图 7-25 所示。不过，这种方式只能使用参考线作为顶点，如何才能以圆点作为

1　本文也可以参考作者的博客文章 *How to Make a Span Chart in Tableau by Christopher Marland*。

顶点呢？

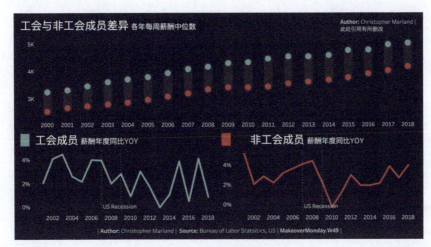

图 7-24　跨度图：工会与非工会成员的薪酬差异[1]（作者：Christopher Marland，此处引用有中文化和简化处理）

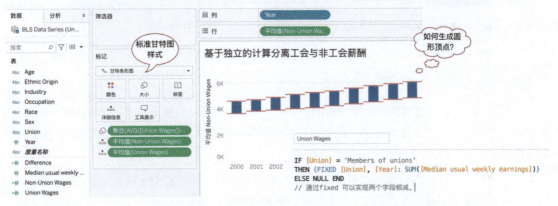

图 7-25　分离独立度量之后生成标准甘特图样式（高级用户参考）

要为两个点生成形状，就要直接使用维度字段做分类。图 7-26 使用 Union（工会）字段构建圆点，同时创建第二个相同坐标轴构建连线连接彼此，然后通过双轴组合并同步坐标轴，就是图 7-24 中跨度图的效果了。

跨度图的关键是构建顶点和连接，方法和数据源结构息息相关。它采用"甘特图"的样式，视角焦点相似，都是强调两侧的数据点及其对比，只是它没有采用 Tableau 中构建甘特图的方法，因此本书称为"伪装的甘特图样式"。

1　见 Christopher Marland 的 Tableau Public 页面。

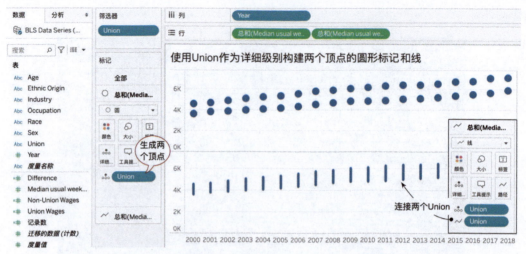

图 7-26　跨度图的分解版：使用维度字段生成顶点和连线

另外需要说明的是，虽然甘特图使用了条形图的外观，但是它通常与时间字段结合，焦点是时序分析，因此放在本章。这里的跨度图就自由得多，它可以脱离时间字段，回归条形图对应的对比排序。

7.4.4　阶梯图：以阶梯方式表达"跨度"

阶梯图（step line）是特殊的时序分析图形，它不同于平滑曲线的普遍样式，使用棱角分明的"阶梯折线"代表趋势。在某些场景下，被用于股票分析等场景，它虽然没有"蜡烛图"的丰富，但以极简的风格表达了自上而下/自下而上的跨度过程。

图 7-27 所示的阶梯图就是折线图的调整形式，在 Tableau 中点击"标记→路径"，选择"阶梯（step）"命令，就会以**直角折线**的方式连接各个数据点，形成典型的阶梯折线图。

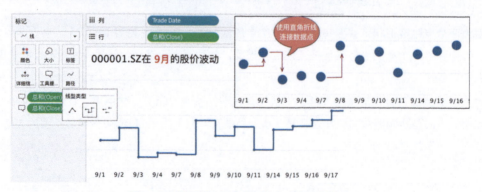

图 7-27　阶梯图：以直角折线方式连接数据点

和此前的"跨度图""甘特图"不同，阶梯图默认只能体现一个度量，趋势又不及折线图明显。在股票分析中，如何进一步放大当日"涨跌与否"的信号呢？颜色是增加分类的极佳方法，因此，这里可以使用颜色在数据点位置增加一个更大的数据点，从而突出数据变化。

如图 7-28 所示，这里使用双轴图，复制相同的字段为两个坐标轴，分别更改标记后再双轴合并、设置同步，第一个是默认的阶梯折线，第二个是带有颜色的方形。

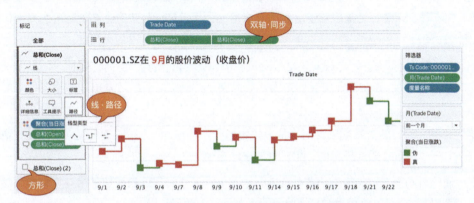

图 7-28　使用折线图描述股票的收盘价波动变化（日期保留部分）

在 Tableau 的路径设定中，有"线型（linear）、阶梯（step）、跳转（jump）"3 种方案，如图 7-29 所示，代表"线型"和"跳转"两种方案，相比"线型"，"跳转"的方式就不再表达趋势了，笔者还没有发现最佳的对应场景。

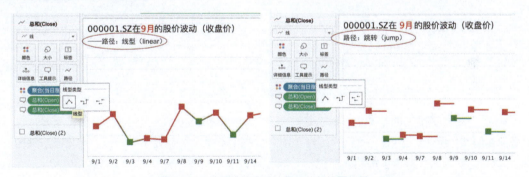

图 7-29　使用线性和跳转展示的折线图效果

7.5　日期的高级转化：绝对日期与相对日期

在时间序列的高级分析中，经常会遇到时间坐标轴的转化，就像条形图中度量坐标轴的倒序或对数处理。其中,最重要的是两种基准的切换——绝对日期(轴)与相对日期(轴)。

7.5.1 两类日期锚点:绝对日期轴和相对日期轴

时间既可以作为全世界的通用尺度,也可以作为每个人的相对尺度。

"绝对日期轴"是相对公元纪年而言的世界统一尺度,比如 2021 年 3 月、公元前 200 年、2021 年 6 月 1 日凌晨 5 点等,这是以耶稣诞辰为参考基准的大尺度。为了避免各地时区的影响,计算机还会采用"时间戳"[1]的记录方式,这是以某个公共事件点为参考基准的大尺度。

什么是"相对日期轴"?"相对"是相对每个个体、单位,甚至当下而言的,比如"本周""上一季度""最近半年",通常限于特定的范围才如此使用。一周之后的"本周"和当下的"本周"截然不同。

"绝对日期"和"相对日期"如同日常方位中的"东西南北"和"前后左右",前者是绝对的,后者是相对的[2]。绝对日期是静止的,相对日期是动态的。

Tableau 的时间筛选器支持上述两种方式,推荐大跨度时间的仪表板使用绝对日期筛选器,而小范围的、实时的数据可以使用相对日期筛选器,如图 7-30 所示。

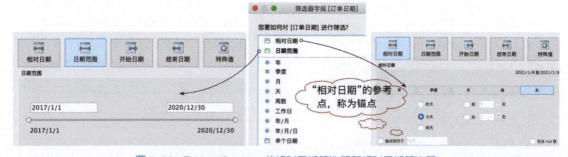

图 7-30 Tableau Desktop 的绝对日期筛选器和相对日期筛选器

其中,"相对范围"的基准点,默认是"今天"(对应函数 TODAY()),可以因人而异,也可以根据需要调整,称为"锚点";如同"绝对范围"的基准点是"公元元年"一样。可见,所谓的"绝对",也只是更大时间跨度下的相对而已。

另一个重要的"相对范围"的基准点是时间序列中的最小日期或者最大日期。业务分析中经常

---

1 时间戳是指格林尼治时间自 1970 年 1 月 1 日(00:00:00 GMT)至当前时间的总秒数。它也被称为 Unix 时间戳(Unix Timestamp),常用于验证可信数据。

2 当然,也许会有人说"东西南北"也是相对的,至少南北半球就不同。所有的绝对都是更大范围的相对,如同绝对的日期是相对耶稣诞辰而言的,只是它过于久远;同样,南半球也过于遥远。

使用"客户流失天数",指的是每个客户最后消费日期距今的间隔,这是一种重要的转化方式;而"客户复购间隔"则是第一次和第二次消费的间隔,这都可以视为日期范围的相对处理。

本书把默认的绝对日期转化为相对日期,并基于相对日期做离散类别比较的问题,统称为"公共基准"问题分析。公共基准分析广泛地应用于产品分析、客户分析、股票分析等业务,接下来结合产品和会员两个角度,阐述日期轴的转化与业务应用。

7.5.2 "公共基准"案例:产品在不同时间段的业绩对比

下面我们以超市数据为例,讲解一下零售业务中非常重要的"基于时间生命周期,对比产品的累计贡献",这里从不同的时间尺度来对比。

比如,"书库"类型产品作为"书架"子类别的主力产品,在不同时期上线了多个品牌的多款产品,部分存在一定的替代性。为了进一步聚焦品牌,公司准备分析一下"在'书库'品牌中,分析某品牌的产品自上架销售以来各月的累计业绩变化",从而辅助产品部门做出产品替代决策。

首先,分析样本是"在'书库'品牌中"(可以理解为通配符筛选),为了方便比较品牌差异,可以拆分计算。我们从"产品名称"中拆分"品牌"字段,有助于筛选样本,如图 7-31 所示。

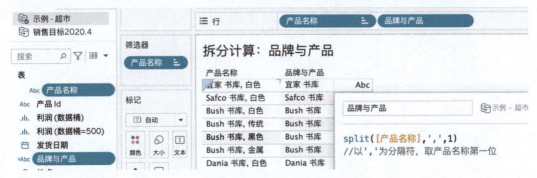

图 7-31 使用拆分计算创建单独的"品牌与产品"字段

其次,问题涉及"产品""销售日期""累计销售额"等多个字段,属于时间序列的问题,因此选择折线图。

再次,为了对比不同品牌的销售额变化,离散品牌字段不适合构建分区,而适合以颜色展示在一个空间坐标系中。

因此,以"宜家书库"为例,分析各个产品各月的销售情况,如图 7-32 左侧所示。在"销售额"字段单击鼠标右键添加表计算"(移动)汇总",每个月的销售额转化为产品上市以来的"累计销售额"(每个产品单独汇总,因此产品是范围,日期是依据),如图 7-32 右侧所示。

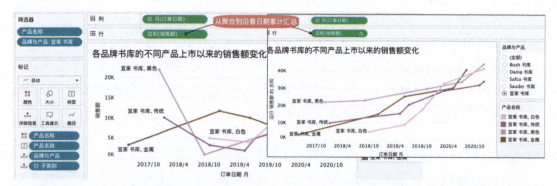

图 7-32　各品牌中不同产品自上市以来的销售额变化

至此,虽然可以看到累计的变化,但是由于不同产品上市日期不同,缺乏对比的共同基准。

重新思考一下问题,基于相同的尺度对比,应该是"每个产品上架以来第 1 个月、第 2 个月、第 3 个月、第 N 个月的累计销售额","第 1~N 个月"是相对各个产品上市的第一天而言的,不同产品的序列不同。原理如图 7-33 所示。

各品牌书库的不同产品上市以来的销售额(交叉表)

订单日期 月	宜家 书库,白色	宜家 书库,传统	宜家 书库,黑色	宜家 书库,金属
2017年6月				3.4K
2017年12月			22.1K	3.4K
2018年1月		10.2K	22.1K	3.4K
2018年9月		10.2K	23.1K	3.4K
2018年10月	5.1K	13.6K	23.1K	3.4K
2018年12月	5.1K	13.6K	23.1K	15.2K
2019年5月	5.1K	15.6K	23.1K	15.2K
2019年6月	9.2K	15.6K	23.1K	25.4K
2019年7月	9.2K	20.7K	23.1K	25.4K
2019年10月	17.8K	20.7K	23.1K	25.4K
2019年11月	17.8K	20.7K	30.0K	25.4K
2020年3月	33.1K	28.8K	30.0K	25.4K
2020年5月	33.1K	28.8K	30.0K	30.5K

图 7-33　从每个产品的独立日期到相对日期的公共基准

以 Tableau 为例,从绝对时间轴到相对时间轴的转化,是通过表计算的 INDEX() 函数实现的,可以把 INDEX() 函数理解为给每个维度字段的值打一个 1、2、3、N 的索引标签。Tableau 的表计算,如同 SQL 中的窗口函数。

基于此,可以为每个产品的订单日期(月)建立一个相互独立的索引,使用 INDEX() 函数完成,由于每个产品是独立的,因此以产品名称作为"分区",以订单日期作为表计算的依据,销售额累计的设置与此同理,如图 7-34 所示。

第 7 章 连续性分析：时间序列及其转化 | 151

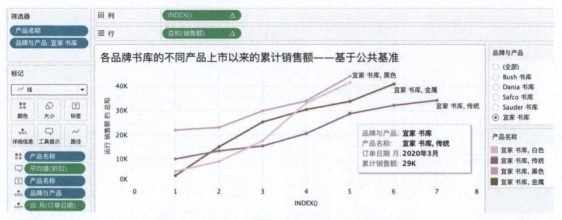

图 7-34　基于公共基准的多个产品累计销售额对比

通过这种方式，可以清晰地看到哪些产品"高开高走"，哪些产品增长缓慢；结合"单价""利润"等其他字段，还可以了解产品销售额增长背后的价格波动策略和利润贡献等。图 7-35 中显示了两个品牌的产品对比，并增加了单价和累计利润到"工具提示"中。

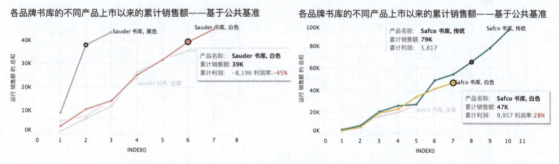

图 7-35　多个品牌产品的累计销售额与累计利润对比

从图 7-35 中可以看出，在 Sauder 品牌中，白色书库虽然销售额节节攀高，但是累计利润却在持续亏损，反而盈利的黑色书库提前下架了。同样的情形，Safco 品牌主推的传统书库，给公司贡献了现金流，但是利润水平却不如白色款。对公司营销人员或采购经理而言，可以在此基础上，对公司的现金流和利润水平，有针对性地采取优化策略。

Tableau 多年的 Zen Master，也是笔者崇拜的对象 Jeffrey A.Shaffer 分享了一个"YouTube 十亿级播放量内容"的仪表板，如图 7-36 所示。通过把每个节目的开播时间从绝对日期调整到"公共基准"（天），可以轻松地发现，Adele 的 *Hello* 用了最短的时间超过"十亿级播放量"（注意参考线 1.0B）。

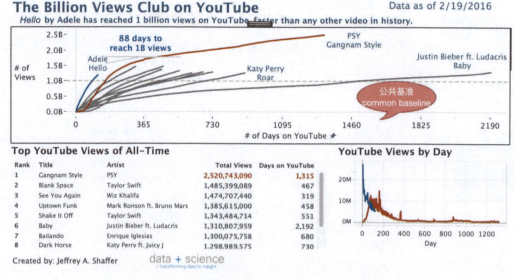

图 7-36　基于公共基准的可视化案例（作者：Jeffrey A. Shaffer）[1]

从绝对日期向相对日期转化，只关乎自己，无关乎计算，一旦理解了 INDEX() 表计算函数对应的转化过程，就可以在非常多的业务场景中使用，不管是金融行业的员工产能分析、零售的客户复购分析，还是产品的对比分析。接下来，分享一个笔者非常喜欢的案例——客户复购分析，它要进一步使用 FIXED LOD 计算，所以需要有一定的"多层次思考"经验，建议初学者在掌握 FIXED LOD 计算后重新理解。

7.5.3　高级案例：客户复购分析

在《数据可视化分析（第 2 版）》一书中，笔者介绍了会员分析的 RFM_L 模型，这些都可以理解为静态指标。静态指标放在时间序列中，就可以构成动态的过程分析，比如客户复购分析。在会员分析中，客户复购分析是客户忠诚度分析中重要的组成部分。

7.2.3 节介绍了在柱状图中增加结构化分析要素的实例，得到"超市的销售主要是由 2017 年的老客户贡献的"这样的数据事实（颜色字段为客户获客日期：{FIXED. [客户 ID] : MIN([订单日期])}。如果要从年度进一步下钻分析，查看各年各季度的复购情况，此前的框架就难以为继了。如图 7-37 所示，在强调销售额的柱状图中，很难清晰查看客户的复购结构。

---

[1] Jeffrey 的 Tableau Public 主页。

第 7 章　连续性分析：时间序列及其转化 | 153

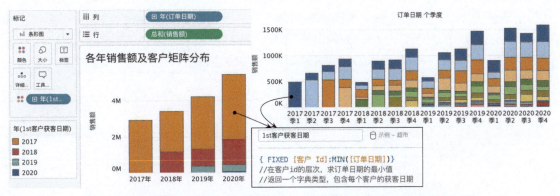

图 7-37　柱状图的视角焦点是销售额趋势，以季度为单位的结构化分析难以呈现

把标记颜色对应的"客户获客日期"（选择连续的"年季度"再转化为离散）和"销售额"调换一下位置，标记改为"文本"，可视化视觉焦点就从销售分析，变成了"不同获客日期的客户在之后各季度的销售额"，如图 7-38 所示。这是接下来从绝对日期转化为相对日期的基础框架。

图 7-38　以绝对日期坐标轴的客户矩阵及销售额

在图 7-38 的交叉表中，展示了各个季度获得的客户在接下来各季度的销售额。不过，由于起点不同，难以对比不同获客日期的客户在第一个月的复购情况，所以需要将绝对日期改为相对日期。

在 Tableau 中，在列中输入 INDEX() 函数，将默认的连续改为离散，从而替代"季度（订单日期）"构建可视化的"列"；"季度（订单日期）"既是当前视图详细级别，也是 INDEX() 函数的范围，因此不能删除，只能转移到标记的"详细级别"之中，视图依赖于它，但是又无须显示它。这样相对日期就成为可视化的焦点，如图 7-39 所示。

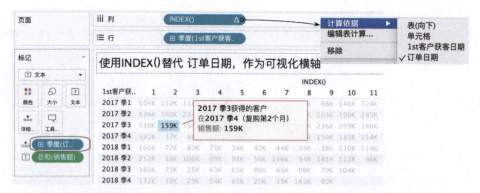

图 7-39 使用 INDEX() 作为横轴，相对日期作为横轴（注意订单日期放在详细级别）

此时主视图的空间已经成型，其中横轴代表不同获客日期的客户在之后第 1 个季度、第 2 个季度、第 3 个季度（相对于订单日期而言，因此订单日期是表计算的依据）的复购情况。

在这个框架基础上，要完成客户复购分析，先用"COUNTD([客户 ID])"替换上面的销售额，默认代表不同季度复购的客户数量，再通过"合计百分比"命令计算沿着订单日期的比例，这就是同一个获客日期下所有客户，在之后第 1 个、第 2 个、…、第 N 个季度的复购率。图 7-40 所示的 28.2% 代表"2017 年 3 季度的 124 名新客户中，有 35 名客户在之后第 3 个季度（2018 年第 1 季度）复购消费，占比 28.2%"。

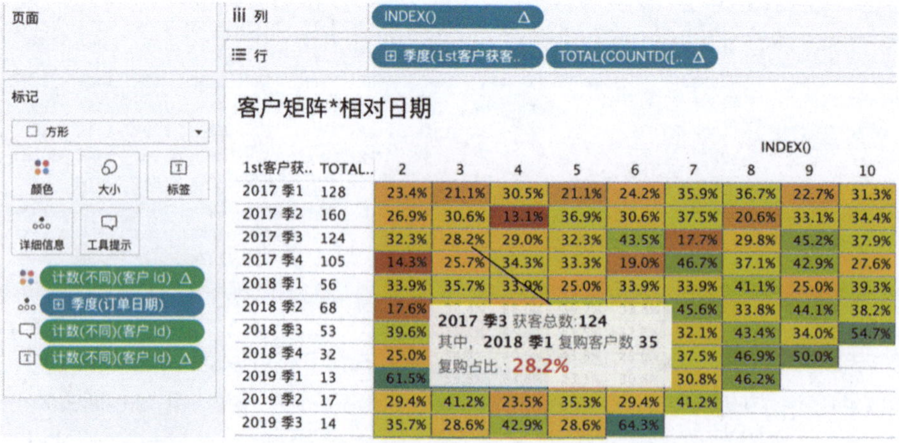

图 7-40 不同季度的获客客户，在此后连续几季度的复购比例

为了增强可视化效果，这里做了一些关键的视图优化。

- 标记中增加"客户数 COUNTD([客户 ID])"字段到"工具提示"，绝对值和比值相互辅助。
- 在获客日期之后，使用 TOTAL() 函数计算每个季度获客的总客户数，TOTAL 函数的价值在于它会自动去重，它的结果是之后每个百分比的分母，注意改为离散显示。
- 使用颜色作为背景，更易于突出高复购率的时间段。
- 由于第 1 个季度的复购率都是 100%，所以隐藏了第 1 个季度的数据（注意是隐藏而非排除）。排除不影响比率计算，只是影响 INDEX 的显示起点。

借用这里的分析思路，分析师可以完成很多类似的主题分析，比如在一家消费金融客户那里，笔者曾经用这种方式分析了各月份入职员工在之后每个月的绩效表现；也看到过一家跨境电商公司客户在过去多年的复购变化（它的数据之完美，让笔者印象深刻）。

7.6 时序分析中度量的处理与高级图形

讲完时间序列分析中的日期轴调整，接下来介绍一下对应的度量坐标轴的调整及其对时序分析的影响。注意，这里的度量处理，实则是视图中"聚合度量"的二次处理，对应第 3 章 3.5.2 节中的间接聚合，要使用多种 Tableau 表计算（对应 SQL 中的窗口函数），初学者需特别注意。

度量坐标轴的调整可以分为以下两大类。
- 与时间有关的调整：如年度同比、季度环比、YTD 年度累计等。
- 与时间无关的调整：排序（RANK）、百分位转化（PERCENTILE）。

在大数据分析中，把这种建立在聚合基础上的二次处理称为"OLAP 分析"（联机分析处理），通常对应 SQL 中的窗口函数和 Tableau 中的表计算。这些分析字段仅在问题的层面有意义，对应的字段无须也不能写入数据库或者数据仓库中，对应"第三字段分类"（物理字段/业务字段和逻辑字段/分析字段）（参考第 3.5 节）。

7.6.1 聚合度量的累计汇总处理

对度量坐标轴的处理最容易迷惑他人，就像"不包含 0 值"一样危险。

比如，某些"别有用心"的分析师或者媒体工作者会对数据做累计处理，如图 7-41 所示，从左侧来看，利润确实是"一路上涨"，但其实是把每个月的利润做了"累计汇总"，真实的利润其实大有下滑之势。

较为合理的表达方式是：一方面通过柱状图直观体现每个月的利润情况；另一方面通过累计的趋势折线描述"YTD 年度累计值"。同时辅以全年利润目标（参考线），展示全年达成的进度关系，如图 7-42 所示。

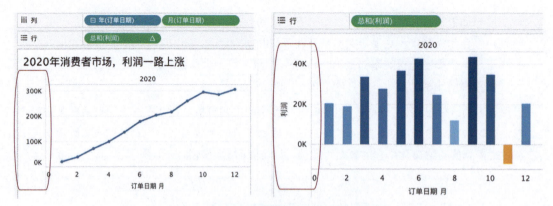

图 7-41 2020 年消费者市场利润"一路上涨"

图 7-42 绝对值坐标轴与绝对值累计坐标轴的双轴混合

在此基础上,还可以借鉴靶心图的思路,将参考线作为目标值,用累计折线与参考线的关系代表达成关系,将关系加到柱状图的颜色中。不过,也要避免视图过于复杂。

7.6.2 绝对值与同比双轴图:同比或环比的比率

上述是从"绝对值"到"累计绝对值"的转化,另一种坐标轴的转化是从各年各月销售额(绝对值)到各月的年度同比增长(比值)的转化。不过,只展示比率和只展示绝对值一样有失偏颇,最佳策略依然是通过双轴合并,如图 7-43 所示。

特别注意,这里左侧轴是"销售额总和",右侧轴是"年度同比增长%"(借助于表计算实现),但是又只显示了 2020 年度的数据。"年度同比增长%"所依赖的 2019 年的数据是被隐藏了,而非被移除(注意筛选器位置是空的),如图 7-43 右侧所示。

第 7 章 连续性分析：时间序列及其转化 | 157

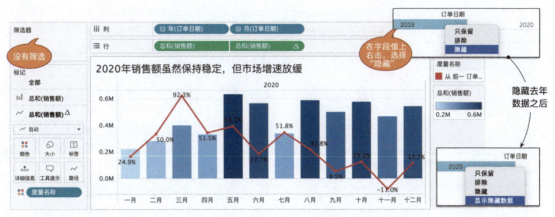

图 7-43 绝对值坐标轴与"同比坐标轴"的双轴混合

在这里，笔者不得不特别重点强调的是，不要使用 IF 的方式提取不同阶段的数据，再做对比，很多分析师未经训练，按照 IT 在底层处理数据的逻辑把分析过程强制推到底层，期望获得结果的稳定性，其实严重影响了性能。因此，通过以下方式完成两年对比的方式，应该完全避免。

IIF (YEAR(订单日期)= 2020, [销售额] , null)

IIF (YEAR(订单日期)= 2019, [销售额] , null)

只在问题详细级别有意义的分析过程，应该在问题详细级别解决，而不是在行级别完成（所有的日期函数、字符串函数都是行级别的）。如果我们是一台计算机，我们也不会希望为了计算两年的对比，先把底层的 100 万行数据在行级别打两个 IF 标签，再聚合、对比。

7.6.3 排序图：绝对值转化为相对排序

时序的绝对值波动，经常需要转化为时序的排序波动，从而简化视图，关注排名而非绝对值差异，这称为"排序图"（bump chart）。类似 7.2.4 节中的百分比占比堆叠面积图，关注相对关系，而不关注绝对差异。

比如，"各子类别各季度的销售额波动"，如图 7-44 所示。如果直接关注销售额的绝对值本身，就会陷入巨大的数据差异之中，而无法看到排名。

因此，可以对"销售额"绝对值通过表计算"排序"（RANK()函数）做转化（在坐标轴字段上右击，在弹出的快捷菜单中选择"快速表计算→排序"命令，并设置依据为"子类别"）。为了让排名更加直观，还可以通过双轴将折线图与圆点合并在一起，如图 7-45 所示。按 Ctrl 键复制排序坐标轴，然后修改标记为"圆"，显示排序字段为标签即可。

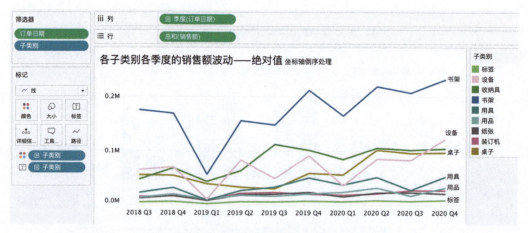

图 7-44　各子类别各季度的销售额波动——绝对值

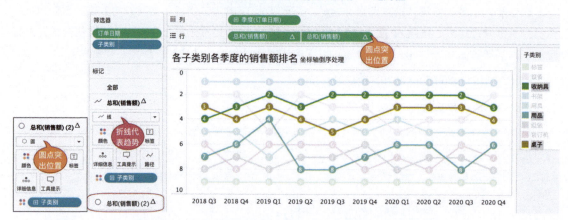

图 7-45　各子类别各季度的销售额排名(双轴同步+坐标轴倒序)

我们的可视化习惯通常为"越高越好、越低越差",所以对坐标轴进行了倒序处理;再结合默认的图例高亮,就可以直观查看每个子类别的排名波动了。

这种排序图在业务中使用广泛,它将绝对值转化为相对排序,就像把绝对日期调整为相对日期一样。通过这种转化,关注的焦点随着变化,视图更加清晰。Yvan Fornes 把这种方法归纳为"可视化密集数据"(visualizing dense data)的重要方法之一。图 7-46 展示了大学足球赛的排名变化,结合突出显示工具,可以清晰地查看球队的排名变化。

另外,还有一种展示密集数据的方法,需要借助高级计算实现,这里以地平线图(horizon chart)为例介绍。初中级用户可以暂且跳过,本案例不作为业务分析的关键考虑,只是帮助大家理解数据相对化处理的高级形式。

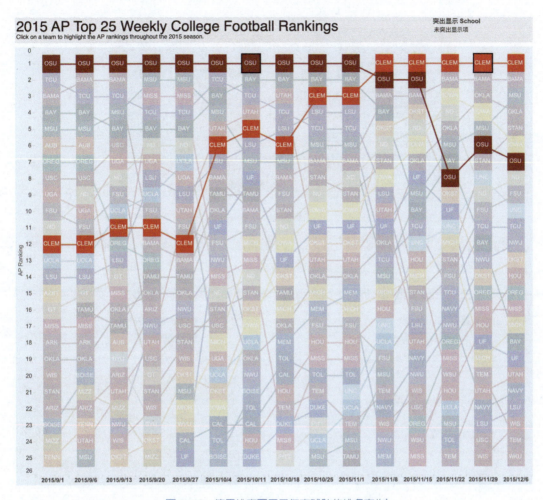

图 7-46　使用排序图展示每支球队的排名变化[1]

7.6.4　高级案例：地平线图——借助高级计算处理度量

Yvan Fornes 在 *Your future Destination | Find your next flight*（航班分析）仪表板中，用如图 7-47 所示的"地平线图"（horizon chart）展示了各年各月的航班客座率[2]。借助颜色反映量化的客座率，可以看出，每年的 7、8 月是出行高峰，而 2 月则是低谷。

1　引用自 *Sports: An Abstract Art*，作者 Matt Chambers。
2　本节数据源与仪表板参考 Yvan Fornes 的博客文章 *How to create a horizon chart to display dense data*，可以在 Tableau 官网中搜索找到。

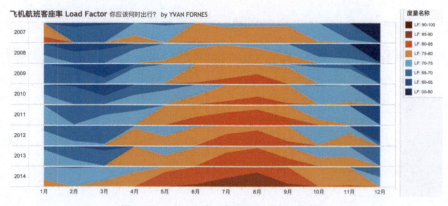

图 7-47 地平线图：各年各月的满座率变化

这个图形就是地平线图（horizon chart），图形使用颜色代表量化的分类，多个蓝色的堆积代表分布，而对应的度量却未必有意义，这是需要注意的。

我们可以先用更易于理解的折线图和突出显示表，看一下背后对应的数据，如图 7-48 所示。

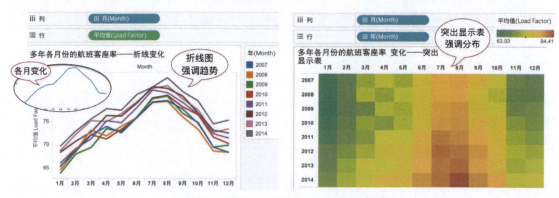

图 7-48 两种展示方式：各年各月的客座率

"多重折线图"和"突出显示表"分别描述了各年各月的客座率趋势变化和分布情况。但是，前者颜色太多了，显得混乱，而没有颜色的单一折线图又过于简练（聚合度太高）；后者颜色清晰，有助于发现分布，不过趋势性不明显。

有没有一种方案，可以整合二者的优势，实现视觉的平衡呢？

也许，这就是地平线图的初衷吧。地平线图有两个关键点。

- 将绝对值度量转化为相对值，这一点类似"排序图"，但更复杂。
- 为了突出分布，分布两端需要多条线构成"地平线重叠效果"，因此"绝对值转化为自定义相对值"就需要多次转化，这是一个难点。

第 7 章 连续性分析：时间序列及其转化

- 由于自定义相对值取代了绝对值，因此地平线图中隐藏度量轴，固定标尺。

用图形的方式讲，就是如何把图 7-49 左侧的折线图转化为右侧的多重堆叠颜色，多个颜色的堆叠构成"地平线图"。这里颜色对应的字段不能影响问题详细级别的维度，而只能是多个度量。

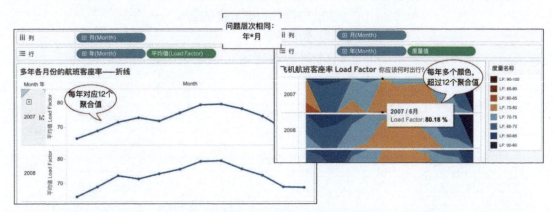

图 7-49　地平线图的关键：如何从左侧折线向多重折线转化

接下来，就是如何把每年的 12 个聚合值，转化为多个度量值，然后连续堆叠在一起。

将绝对值转化为自定义的相对值，关键是如何设置基准。此前将绝对值转化为排序，相当于按照序列的方式自定义排序，降序就只有一种排序方式。但如果与逻辑判断结合，就有了无限可能。比如{50,60,70}可以转化为{0,10,20}（等距调整到零点）或者{10,20,30}（等距调整到 10 为起点），甚至{5,6,7}（统一除以 10）。在这里，我们以 5 为间隔，设置多个基准，从而把"客座率"转化为多个自定义序列，如图 7-50 所示。

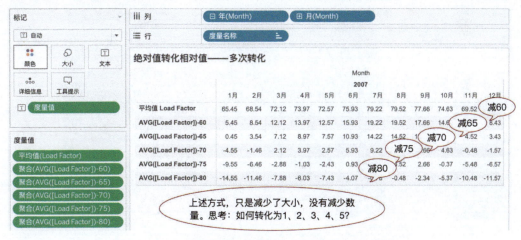

图 7-50　通过简单计算，把绝对值序列改为多个自定义序列

思路是正确的，只是在图 7-50 中，以 5 为间隔计算而来的范围还是太宽。为了减少堆叠颜色的数量，这里把每个月的客座率转化为 1～5 的序列。"掐头去尾"，最大值和最小值分别映射为 5 和 0，中间部分再用减法，如图 7-51 所示。

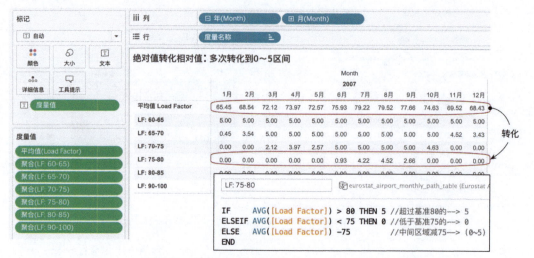

图 7-51 使用自定义计算把序列转化为 0～5 区间

有了这些度量值，就可以在每年每月的序列中，构成地平线视图了。如图 7-52 所示，多个自定义的度量值作为分类构建颜色，使用"区域"构建颜色叠加。由于每个序列都是从 0 到 5 的，每种颜色都要从坐标轴的 0 开始，而非默认的堆叠，因此要选择"分析→堆叠标记→关"命令进行设置。

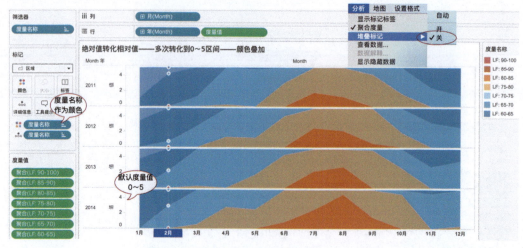

图 7-52 使用多个度量重叠颜色形成地平线效果

这里的度量值是自定义相对区间，显示没有意义。同时，为了强调集中分布，则可以进一步设置坐标轴只显示 0~2，就是最开始的地平线图效果。

可见，地平线图的关键依然是"绝对值转化为相对值"，只是相对排序图的一次性转化，这里使用了多次转化并用颜色重叠/构建了类似光晕的效果。

在上述 Yvan Fornes 的分析中，引用了 Joe Mako 的作品 *Unemployment Horizon Chart*，如图 7-53 所示。这里使用了不同的计算方式转化度量，不过逻辑上与上述方式一致。

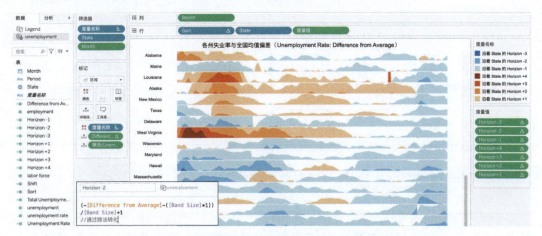

图 7-53　各州的失业率与全国偏差（作者：Joe Mako）

7.7　坡面图：次序字段的前后变化

本章重点介绍的是基于时间字段的波动分析，因为时间是最重要的连续性字段。除此之外，次序字段（ordinal fields）也可以构建简单的时序变化，比如"改革前"与"改革后"的企业数量，此时可以用"坡面图"（slope graph），它可以视为一种特殊的、简化的时间序列分析。

坡面图用于展示次序字段的前后差异，由于两个点只能连成一条线，没有波动转折，故名"坡面"——要么是上坡路，要么是下坡路，或者没有动。这里以最简单的日期为例，描述两年的销售额变化。

在 7.6 节图 7-44 的基础上，把"订单日期"从"季度"切换到"年"（离散），仅保留最后两年的数据，这就是最简单的坡面图样式，如图 7-54 所示。

坡面图可以是排序的变化，也可以是绝对值的变化。前者的排序是建立在后者绝对值基础上的二次聚合，前者是间接的，后者是直接的对比衡量。坡面图适用于在仪表板中展现大跨度的 KPI 指标变化。

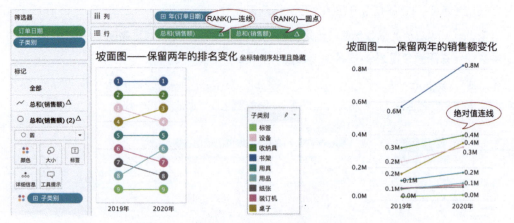

图 7-54　坡面图：两年的各子类别销售（排名）

7.8　在趋势中增加对比关系：双折线增加阴影区

在掌握了 Tableau 的绘制方法与基本图形的样式之后，可以跟随业务的需要，不断调整可视化视图样式。在这里，介绍一个使用基本功能组合而成的延伸图形——在两条折线中间增加阴影区。

这里以"某 A 股上市公司资金流向"为例。

很多人以股票"超大单、大单、中单和小单"的资金流向作为风向标，以交易日为横轴，可以绘制"超大单资金净流入"的趋势图。为了突出每日的金额，这里采用柱状图的方式呈现，并以颜色描述方向与绝对值大小，它的背后就是"超大单流入与超大单流出"的差额，如图 7-55 所示。

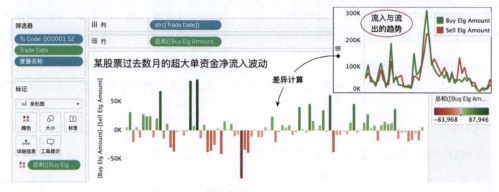

图 7-55　某股票超大单的资金净流入波动

这是最基本的时序分析。不过，以差异为绝对值制作的柱状图无法反映流入和流出的各自变化，无形中远离了它所依赖的基础。能否在保留二者独立趋势的基础上，进一步将"净流入"植入其中呢？

于是，就有人思考，如何在流入与流出折线的基础上，突出差异呢？差异就是二者包围的狭小区域。在 Tableau 中，可以通过标记中的"区域"创建阴影面积，通过多个阴影区域重叠或者遮挡创建更多阴影区域。

如图 7-56 所示，首先可以基于趋势线创建各自独立的阴影区域（A 区域），而后通过计算每日二者最小值创建完全重合的阴影区域（B 区域），最后通过上述两个区域的遮挡就出现了差异区域（C 区域）。

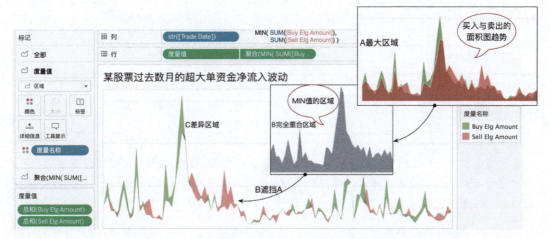

图 7-56　通过阴影区域的遮挡关系，创建折线图的阴影区

注意，这里有两个事项。

- 在创建 A 区域时，Tableau 默认为堆叠方式，要通过"分析"关闭堆叠方式，改为重叠方式。
- 由于这里是两个独立的度量，因此计算差异通过 MIN() 函数实现。
- 通过双轴方式重合，需要遮挡的区域使用纯白色。

还有一种相当复杂的情况：两个折线来自同一个维度字段的不同值，度量使用相同字段。此时的差异区域，就相当于更高聚合度详细级别的 MIN() 聚合，更高聚合度详细级别的聚合需要使用表计算或者狭义 LOD 高级函数实现。

这里以超市数据"各月份的两个类别的销售额趋势"为例介绍，当然，对类别的比较没有实质性意义，这里仅用来说明绘制的方法。

这里筛选了两个类别，显示它们在各年月的销售额变化，通过"标记→区域"命令建立重叠的阴影区域（注意将默认堆叠改为重叠）。在当前视图的基础上，通过表计算 WINDOW_MIN()函数可以快速构建"完全重合的阴影区域"，并将其设置为纯白色，而后即可使用双轴建立遮挡关系，如图 7-57 所示。

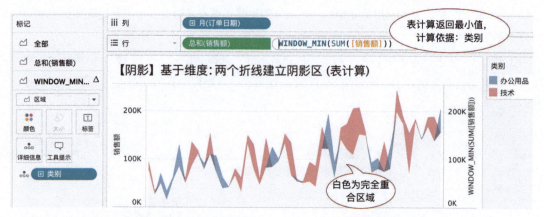

图 7-57　在基于维度的折线图中，使用表计算创建完全重合区域

虽然也可以使用狭义 LOD 计算完成，但是计算会对视图造成影响，因此表计算通常是最优选。

你可能会发现，和此前的"资金流入分析"相反，两个类别的比较没有实质的业务意义。是的，这里只是借用熟悉的字段来阐述，同时提醒读者这个图形的适用范围：两条折线代表的意义要有可比性，比如仓库的入库与出库、股票的买入和卖出、财务的应收与应付等。

在双折线之间建立阴影关系，其实质是在时序分析问题中，增加了二者的对比关系展示，因此只有具有可比性且有交叉的数据才有意义。阴影让对比关系更加突出。同时它又和图 7-18 中"销售额、利润随着日期趋势的相关性"不同，通过双折线构建阴影，两个折线的关系一定是基于同步轴可比的，而相关性侧重相关，无须同步，读者要体会不同相关背后的细微差异。

如图 7-58 所示，Andy Kriebel 在分析"美国拉美籍与非洲籍球员的占比"时，两条线之间的阴影效果强调了此消彼长的过程，这样图形既保留了各自的独立趋势，又增加了彼此的差异。

至此，本章介绍了时间序列中的常见分析问题，更多的业务场景，有待在分析中结合上述方法不断思考。

第 7 章 连续性分析：时间序列及其转化 | 167

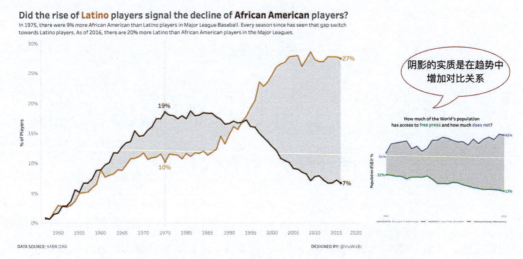

图 7-58　美国拉美籍与非洲籍球员的占比（作者：Andy Kriebel）[1]

1　Andy Kriebel 为 Tableau Zen Master Hall of Fame 成员，Tableau 资深用户，The Information Lab Data School 资深教练，创办了 vizwiz 网站。

第 8 章

占比分析（part to whole）与高级分析入门

相对排序条形图、时序折线图，占比分析的应用更少一些。本章介绍占比分析的几个常见图形，以及在大数据分析时代的延伸与组合形式。要点如下。

- 饼图（pie chart）的构成与使用场景。
- 占比分析的高级形态——树状图（treemap）：在占比分析中增加层次结构。
- 环形图（doughnut chart）：双轴组合的特殊应用、两个详细级别的问题组合。
- 饼图与其他图形的结合。
- 基于三大图形的可视化探索仪表板。

8.1 占比问题类型与饼图、树状图

首先总结一下此前排序与时间序列问题类型的"异中之同"：二者都关注构成图形的每个数据点及其关联关系，条形图用"长度和排序"代表彼此高低，折线图用"线和变化"描述连续趋势，它们都不强调各个数据点与总体之间的关系。相比之下，本章的占比问题类型描述"部分与总体的关系"，也可以认为是结构关系的典型形式。

1. 饼图（Pie Charts）

在描述部分与总体的占比问题时，最简单、最典型的图形就是饼图。图 8-1 展示了"2020 年，各细分市场的销售额占比"。在 Tableau 中查询即聚合，拖曳即图形，借助"智能推荐"可以快速构建饼图，对应 Excel 中的"透视—图形"过程。

和此前的条形图、折线图不同，饼图的行列字段中没有字段，也就没有水平坐标轴。既然图形

第 8 章 占比分析（part to whole）与高级分析入门

依赖于空间坐标系，那饼图是如何构建空间和控制不同细分类别大小的呢？

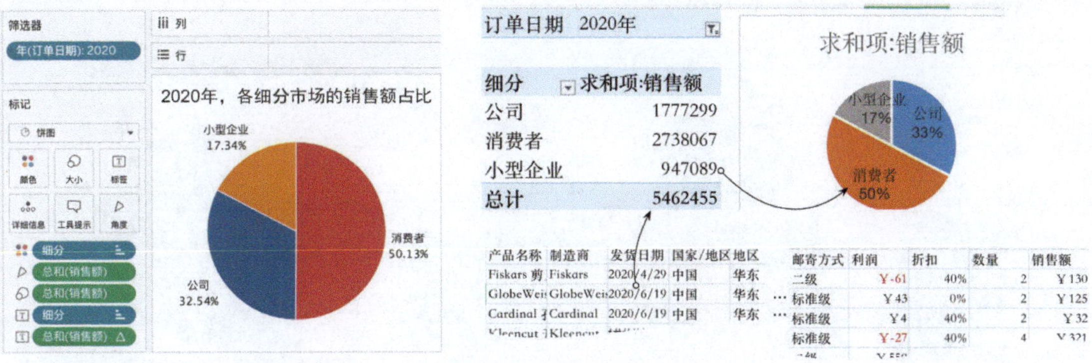

图 8-1 使用 Tableau 和 Excel 完成占比分析

这就回到了"可视化坐标空间"中的特殊形式"极坐标"。如图 8-2 所示，占比饼图依赖以圆点为中心的极坐标构建尺度，用角度描述大小，从而生成空间。

图 8-2 极坐标是饼图的理论基础，也是钟表的理论基础

生活中常见的"钟表"就是极坐标的典型案例。它用"极坐标轴"把有限的次序字段（小时、分钟、秒）转化为无限的循环，把小时标尺（0～12）和分秒标尺（0～60）用类似"双轴图"的理念合并为一，同时 3 条线的长度代表分类字段（时、分、秒），可谓极坐标中可视化、商业化的极致案例。

当然，每个图形都有它的优势与不足。饼图难以胜任多要素呈现，相近的角度不易分辨。如图 8-3 左侧所示，当数据点分类超过 5 种特别是 8 种时，饼图就变成了混乱、无序的堆放。

根据不同的业务需求，有几种改善的办法。

其一，将视图的关注点聚焦到头部数据点，可以使用度量代替离散的字段作为颜色标识，并且仅显示头部数据的标签，如图 8-3 右侧所示。

其二，如果还是要查看所有类别，甚至在标签中清晰查看其排序、销售额等更多数据，那么就要放弃饼图，改用其他图形，比如树状图。

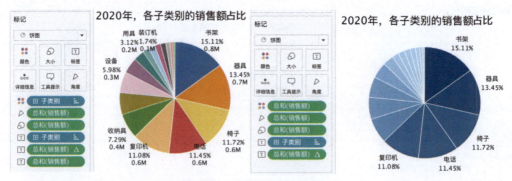

图 8-3　饼图的局限性与转变

在业务分析的过程中，请读者注意以下几点。

- 饼图中的类别不超过 8 个，最好是 5 个之内。若类别超过 8 种，或者存在嵌套占比，则推荐使用树状图，用更容易识别的面积代替角度。
- 除了分组，颜色应该有分类意义，否则容易变得"华而不实"。
- 饼图常见于较高详细级别的分组，并在仪表板中作为筛选器交互使用。
- 相对饼图，它的升级版"环形图"更值得推荐。
- 在业务环境中，应谨慎使用解释成本太高的复杂图形，比如旭日图、南丁格尔玫瑰图等。

2. 树状图：多要素占比与包含层次结构的占比

树状图（treemap）可以视为饼图的平铺转化，它既可以缓解饼图的角度不适，又可以表达饼图难以展现的层次结构。

如图 8-4 所示，树状图可以视为"以颜色分类的饼图"的平铺，角度更换为长方形，然后从左上角到右下角按照面积依次展开。树状图以面积代表大小；而默认的颜色渐变有助于将注意力聚焦到头部数据点；长方形中可以展示多个标签。

树状图还有一个饼图难以比拟的优点，可以用颜色来表达"部分和总体"的层次关系。比如，"各类别、各子类别的销售额占比"，在这里，类别、子类别构成分层结构。

如图 8-5 所示，将"类别"添加到标记中的"颜色"，替代图 8-4 中的"销售额"字段，树状图就被颜色拆分为 3 个相对独立又连成一片的部分。树状图用矩形大小代表度量，首先依据销售额对"类别"字段排序，家具最先、技术其次、办公用品最后；其次，再依据销售额对每个类别下的"子类别"排序。在图 8-5 中，占比计算以类别为分区，因此百分比是每个类别中的子类别占比。

第 8 章　占比分析（part to whole）与高级分析入门

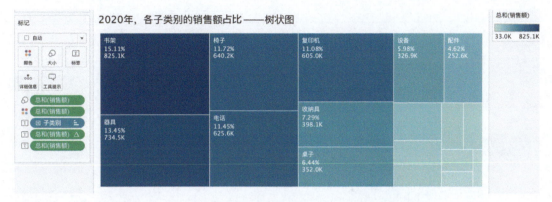

图 8-4　树状图的基本形式

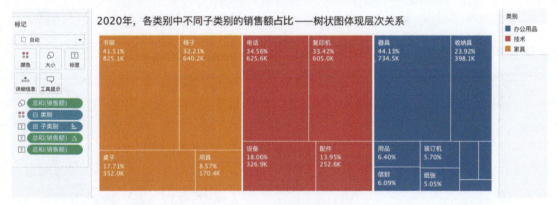

图 8-5　包含层次关系的树状图

饼图和树状图的行列字段中默认没有字段。也可以按照此前"字段并列生成分区，交叉生成矩阵"的思路，将饼图或者树状图拆分置于多个区域甚至矩阵中。

比如，分析"多年来大客户的销售额贡献变化"，变化来自对比（即不同年度的对比），大客户即销售额占比高的客户（相对于总体而言）。如图 8-6 所示，用树状图呈现，"订单日期（年）"作为分区字段，结合"高亮显示"，选择 2020 年的头部客户区域，就能查看他们在过去几年的情况。饼图显然无法胜任这里的场景。

在这里也可以看出，交互是业务分析仪表板的关键。

如果选择 2017 年的头部客户，也可以发现他们在之后几年的变迁，如图 8-7 左侧所示。不过，一定要注意，这种大跨度的分析难以精确。不能据此推测"2020 年的老客户是由过去的小客户发展来的，以及往年的大客户流失掉了"。大数据分析关注样本特征（按照获客年度作为客户特征分析，而非关注每个人的变化），更加精确的图形，需要更高的聚合度、更清晰的特征指标。

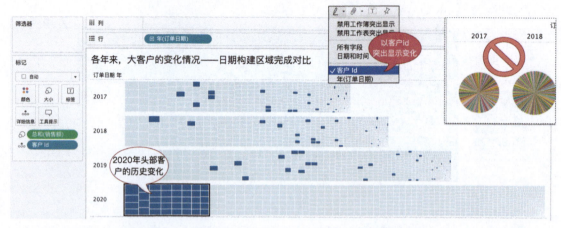

图 8-6　带有分区的树状图，结合突出显示查看数据变化

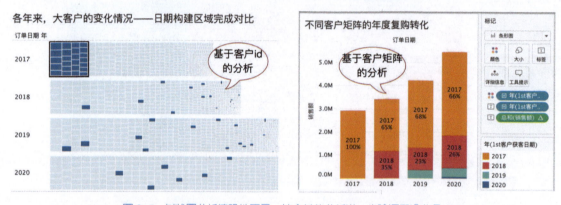

图 8-7　树状图分析精确性不足，结合其他分析进一步验证假设业务

分析中，需要结合其他角度的结构化分析或者分布分析来辅助假设与验证。如图 8-7 右侧所示，结合"不同客户矩阵的年度复购转化"[1]，可以发现"2017 年的老客户，在 2020 年贡献了 66%的销售业绩"。据此推测，虽然大客户不再是大客户，但是忠诚度依然存在，也许是需求升级或者分散了，而这值得进一步分析。

上述场景，如果使用饼图，则毫无疑问地会陷入深度混乱之中。可见，树状图更适合超过 8 个以上的占比、有多级层次关系的占比分析，饼图适合少量呈现。

树状图的发明者本·施奈德曼教授在他的论文《眼见为实》（*The Eyes Have It*）中，有一句话：

1　"客户矩阵"（客户首次购买对应的年度）数据中对应"1st 客户获客日期"自定义字段（{ FIXED [客户 Id]:MIN([订单日期])}）的年度部分，后面多次使用。

"先总览,再缩放并筛选,然后按需寻找细节"[1]。这句话特别适合树状图与其他图形的结合,也适合更广义的业务分析。

8.2 高级分析入门:以"合计百分比"理解二次聚合

虽然饼图为代表的占比分析远不如排序、时序分析普遍,但它确实业务分析师理解包含多个详细级别的高级分析的便捷入口。占比背后的"合计"通常是聚合值的合计,即"聚合的二次聚合",对应 Tableau 表计算(table calculation)或 SQL 窗口计算(window calculation)。与此相对应的另一类高级分析是独立于视图聚合的预先聚合,对应 LOD 详细级别表达式或者 SQL 嵌套聚合查询。

1. 以"合计百分比"理解二次聚合:从 Excel、SQL 到 Tableau

这里先使用 Excel 和 SQL 介绍"基于聚合的二次聚合",而后介绍 Tableau 的可视化实现方式。

如图 8-8 所示,使用 Excel 的"数据透视表"从明细中查询、聚合获得"华北地区中,各细分、各类别的销售额总和",在这里不同颜色分别代表样本范围、问题描述和问题答案。数据透视表中不仅包含当前问题详细级别(L3)的聚合,而且包含合计和总计,即"各细分市场的销售额总和"(L2)和"全部销售额聚合"(L1),3 个详细级别的关系如图 3-35 右侧所示。

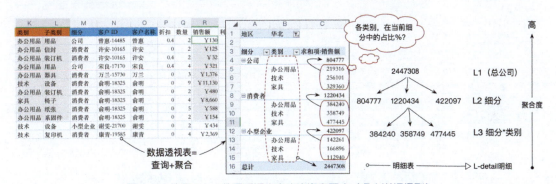

图 8-8 使用 Excel 数据透视表完成查询和聚合(多个详细级别)

接下来,如何在视图中增加"各类别,在所在细分中的销售额(总和)占比"呢?这里的"合计百分比"对应 L3 详细级别的聚合与所对应 L2 级别的聚合的比值。

在 WPS Excel 的数据透视表中,可以先设置"值显示方式→父级汇总的百分比",再设置以"细分"为基准(作为合计百分比的计算范围,每个细分是独立的),则可以把"绝对值"转化为"比

---

[1] 间接引用自《数据之美》,[美]邱南森(Nathan Yau)。

值"[1],如图 8-9 所示。

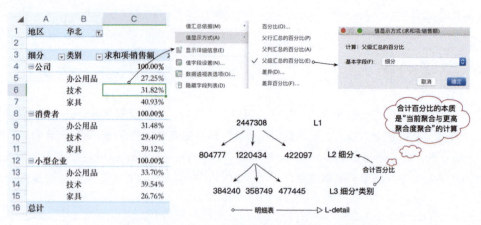

图 8-9　在 WPS Excel 中完成"合计百分比"计算

Excel 的这些方式,相当于是两个计算步骤的分解动作。SQL 窗口计算,可以把查询、聚合和二次聚合分析一次性完成。如图 8-10 所示[2]。

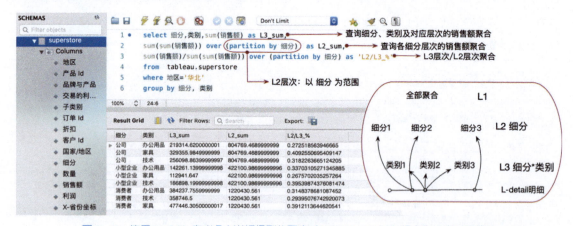

图 8-10　使用 MySQL 完成多个详细级别的聚合(My SQL 8.0 以上版本支持窗口函数)

相比 Excel,你可以掌控 SQL 每一步分析逻辑,具有超级查询、聚合、计算的自定义能力。

在 SQL 中,常见的聚合函数 SUM()、AVG()、COUNT()、MAX()、MIN(),都可以配合 over 语句转换为二次聚合使用,另外还有几个专有的 OLAP() 分析函数。

1　不同的 Excel 版本功能会有明显差异,此处使用 WPS 的表格完成,MS Office 365 中与此不同。
2　数据库数据与 Desktop 实例数据一致,Excel 中仅选取了部分数据来计算,所以结果略有差异。

- RANK()排序及其变种 DENSE_RANK()密集排序函数。
- ROW_NUMBER()函数，赋予唯一索引编号。

在 SQL 中，直接聚合 SUM 的分组依据是视图详细级别（group by），而窗口函数二次聚合 SUM 的分组依据是 over 语句后的指定字段（order by 控制方向，partition by 控制范围），逻辑截然不同。

比如，"华北地区中，各细分市场、不同类别的销售额（总和）及其（在所在细分的销售额总和的）占比"分析，如图 3-38 所示，使用 SQL 窗口函数（partition by 细分），可以把问题详细级别的聚合二次聚合到指定详细级别（细分）。图 8-11 右侧展示了它们之间的逻辑关系。

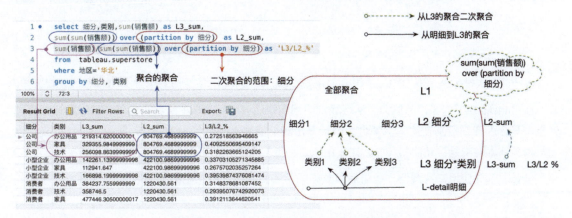

图 8-11　SQL 中的窗口计算，完成二次聚合[1]

业务用户会觉得 Excel 过于简单，SQL 又略显艰涩，于是就有了敏捷 BI 工具 Tableau，它为 SQL 的逻辑套上了一层漂亮而简易的外壳，把聚合和二次聚合都转化为"柜台式操作"。

2. 使用 Tableau 表计算和可视化拖拽完成合计百分比

上面问题可以使用 Tableau Desktop 完成。

如图 8-12 所示，Tableau 不仅兼容"交叉表"的显示方式，而且可以直接转化为图形，建立在"聚合的聚合"基础上的"合计百分比"也可以通过"快速表计算→合计百分比"快速完成。

Tableau 的逻辑建立在 SQL 基础上并做了可视化的改进，其中，SQL"窗口函数"对应 Tableau 中的"表计算"，SQL 通过语法指明计算的范围和方向，而"表计算"通过界面设置——计算依据相当于 sort by 语句，而依据之外的字段相当于 partition by 语句。

1　笔者从性能的角度乐观估计，把 SQL 窗口函数的二次聚合理解为建立在"首次聚合"基础之上，因此是从 L3 到 L2 的过程，这个理解有待专业人士证实或证伪。

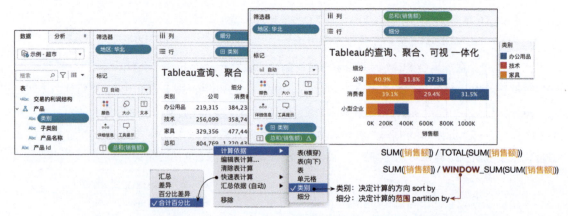

图 8-12 使用 Tableau Desktop 的快速表计算完成"聚合的二次聚合"之合计百分比

表计算最关键的是理解它的二次聚合的逻辑过程,以及分区(范围)和依据(方向)的设置方法。

在 Tableau 中,为了严格区分"从行级别明细到视图详细级别"的直接聚合与"从问题详细级别到更高聚合度详细级别"的二次聚合,表计算函数前面都有一个"WINDOW_"前缀,可以直译为"窗口",其本意则是"范围",对应 SQL 的窗口函数。

学会理解并使用二次聚合,也是后续盒须图、波士顿象限等视图的关键。

8.3 初级:饼图作为辅助图形查看结构

树状图可以放在分区展示动态变化,饼图则适合展示静态构成。这里介绍一下饼图与其他图形的组合使用。

先使用柱状图分析"各年度的销售额变化",逐年增长已经非常明显。在保持主视图框架不变的前提下,可以增加每年的销售额在细分市场的结构化占比。为了突出结构,相应减少对柱状图的视觉焦点,因此可以参考"棒棒糖图"的思路,改为如图 8-13 所示样式。

这个图形使用了两个水平坐标轴,然后以双轴同步合并;为了避免视图维度对饼图的影响,使用 EXCLUDE LOD 高级计算单独生成聚合,确保饼图对应的坐标轴和左侧是同步的。

"多个字段交叉构成矩阵",饼图可以与矩阵结合。其典型代表是日历矩阵(见 6.1.3 节)。在日历矩阵中增加饼图,就可以展示每天的结构化构成,如图 8-14 所示。

第 8 章 占比分析（part to whole）与高级分析入门 | 177

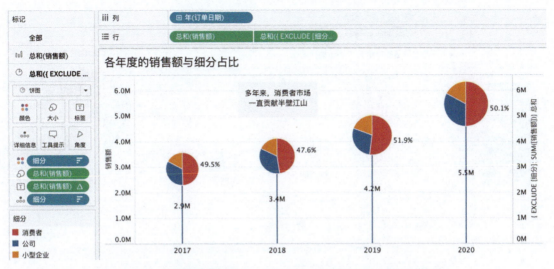

图 8-13 棒棒糖图形的改进——用饼图展示每年销售额的结构化构成[1]

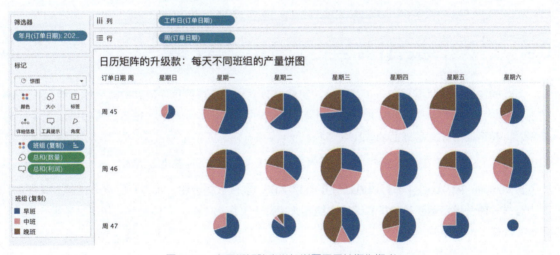

图 8-14 在日期矩阵中增加饼图展示结构化构成

说到矩阵，地图就是经纬度构成的特殊矩阵形式，因此饼图也可以置于地图中，从而看到每个地理位置在特定维度的占比，如图 8-15 所示。类似的原理，也可以在地图中通过"甘特图+大小"的方式间接出现柱状图。

---

1 由于这里使用了 EXCLUDE LOD 高级计算，因此保留了坐标轴标题以供参考。关于 LOD 的语法和详细介绍，参考《数据可视化分析（第 2 版）》一书。

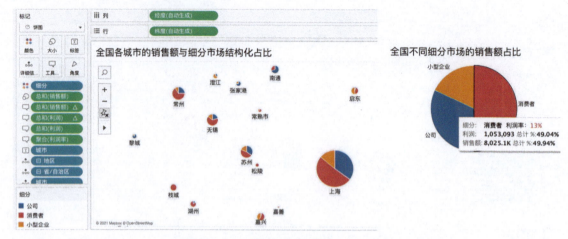

图 8-15　在地图中结合饼图展示结构化构成

理解了矩阵与数据点的关系，再结合业务的分析场景，就可以展示越来越多的图形。

8.4　案例：结合计算自定义分组及其占比

上述的饼图、树状图都有一个共同点，那就是分类构成来自数据中既存的离散维度字段，比如类别、子类别、细分，此时对应的样本通常都是静态的。在业务分析中，很多分析都是建立在自定义需求，甚至动态样本基础上的，比如"本月 10 大重点单品的销售额占比""2020 年，累计销售额超过 10 万元的客户（在全部客户中）的销售额及数量占比"，此时占比分析的样本就是动态的了。

在 Tableau 中，静态样本可以通过直接引用字段、字段数据分组、计算自定义分组等方式创建；而动态样本通常要借助参数、集和计算的结合来完成（见第 13 章）。它们最终的图形结果是一致的，只是实现路径略有差异。

8.4.1　行级别分组：使用组和行级别计算自定义分组

最简单的自定义分组就是把多个离散的数据合并为一。比如为了解决过多的子类别占比拥挤的问题，可以使用"分组"功能把占比小的多个子类别合并为"其他"，从而减少颜色种类，同时又突出了占比高的部分，如图 8-16 所示。

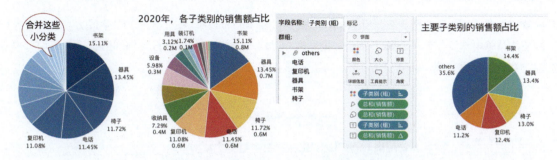

图 8-16　使用分组，合并占比小的离散数据

分组是最简单的数据自定义，超过这个范围的自定义分组通常都要计算完成。比如"2020 年，高利润交易、中等利润交易和亏损交易的交易量占比"（以 500 元、0 元利润为分界）。

如图 8-17 所示，这里要先使用 IF 逻辑函数把所有的交易分为 3 类，然后以此字段作为分类字段分析交易量的占比。

图 8-17　基于行级别字段将数据做分类

对交易明细的分组判断，一定是使用行级别计算函数，然后在饼图中作为维度分类使用。行级别计算类似 Excel 明细中的辅助字段。直接的聚合判断（比如 SUM(利润)>0）不能作为维度使用（因为它包含的聚合依赖维度），这一点要特别注意。

8.4.2　特定层次的分组：使用集和高级计算动态分组

使用"分组"功能和行级别计算进行数据分组，都是建立在数据明细（即行级别）基础上的，高级业务分析还需要在指定详细级别完成分组，比如"2020 年，利润贡献大于 1000 元的客户（在全部客户的）的客户数量占比"。

最简单的动态分组是一分为二，或者称为布尔分类。

在 Tableau 中，基于离散字段的分组（一分为二），使用"集"分析最方便。正如第 3 章中的高级数据类型所讲，集是包含多个元素的一组数据。在 Tableau 中，在"客户 Id"字段上右击，在弹出的快捷菜单中选择"创建→集"命令，把"客户 Id"一分为二，集就分为内外两组，各组均有很多客户 Id，这就是"集（set）"的实质，如图 8-18 所示。

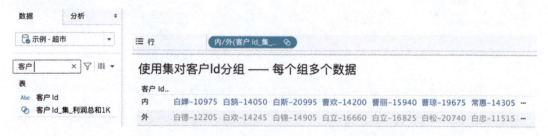

图 8-18　集是基于条件把数据一分为二的简单方式

可见，集无非就是分组计算的动态、简化形式，如同图 8-16 中通过逻辑判断把所有交易分为三组。有了集的分组字段，就可以通过多种方式展示集内与集外的占比。如图 8-19 所示，有多种方式可以满足需求；放在更大的仪表板框架中，可以根据布局选择和调整。

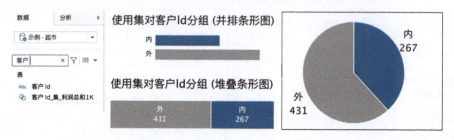

图 8-19　使用集把客户 Id 一分为二

集看上去很容易，其实是通往一个高级计算的便捷窗口。注意，图 8-19 中没有客户，但是分类却发生在客户详细级别，相当于将当前视图引入"独立于当前视图详细级别的指定详细级别"的结构化分析，这个独立详细级别即"客户"。集其实是 FIXED LOD 计算的简化形式（在第 13 章中，我们会介绍筛选、集和 FIXED LOD 完成同一个分析，并对比其差异）。

集也有它显而易见的缺点，就是只能一分为二，不能一分为三。比如"2020 年，销售额累计贡献超过 10 万元、超过 1 万元及不足 1 万元的客户数占比"。此时，就需要高级计算协助了。

结果依然是一个"一分三瓣"的饼图，关键是角度代表的分类是针对每个客户的聚合完成的。如图 8-20 所示，使用 FIXED LOD 在客户详细级别预先完成聚合，然后使用 IF() 逻辑函数做二次判断分组为三。这在很多工具中，是不容易实现的。

当然，并非所有的占比都适合使用饼图。

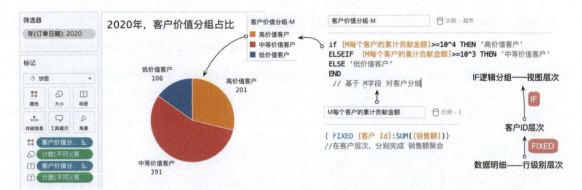

图 8-20　在客户详细级别做判断，再以判断结果为分组做饼图结构

这里"高中低"的逻辑判断数据，本身是具有默认先后关系的次序字段（换句话说，它其中的数据值具有连续特征），在饼图中排序容易导致混乱，不排序又略显无趣。此时，何不尝试换一个更简单的方式：堆叠条形图，如图 8-21 所示。

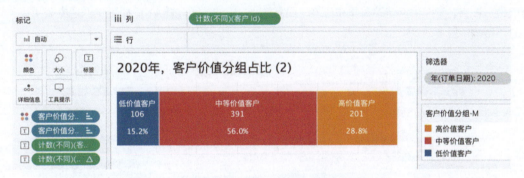

图 8-21　使用堆叠条形图展示具有先后顺序的类别占比

此时，树状图的优点也回来了，用面积代表大小，有充分空间展示多个关键度量，这里通过条形图可以代表次序。

因此，占比分析无须限制图形，要根据问题适当调整。

8.5　案例：使用多种方法展示类别的占比

和其他问题类型相比，占比的独特性在于它必然包含了两个详细级别：当前的个体和更高聚合的合计（TOTAL）。而当问题仅指向一部分数据，同时还要引用总体数据完成占比分析时，更容易把分析师引入歧途。

这里以 Tableau 的超市数据为例，具体说明筛选对占比分析的影响，并阐述多种方法。

问题是"各省份，办公用品销售额总和，以及其（在本省总销售额）占比"。问题中包含"筛选"需求（有 3 个类别，办公用品是其一）；占比是办公用品的销售额与全部类别销售额的比值，这就包含了两个度量，默认属于两个详细级别。筛选、计算、详细级别的组合，就有了多种可能，多种方法。按照难易程度分别介绍如下。

8.5.1 方法一：使用"隐藏"功能分析单一类别占比

"隐藏"功能也许是最简单的，它不是数据的筛选，而是视图要素的"筛选显示"（在第 7 章 7.6.2 节分析同比时已经提及）。

如图 8-22 所示，在"各省份各类别销售额"的堆叠条形图中，在标记的标签中增加"销售额"度量，鼠标右击，在弹出的快捷菜单中选择"快速表计算→合计百分比"命令，并设置计算依据为"类别"，结果就是"各省份各类别销售额，以及其占比"。之后在右侧图例上，选择"办公用品"之外的类别右击，在弹出的快捷菜单中选择"隐藏"命令（注意不是排除），即可仅保留办公用品类别，同时不影响计算。

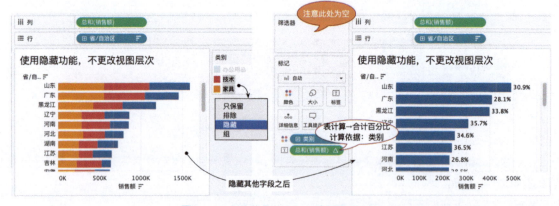

图 8-22 指定类别的占比：使用隐藏功能

隐藏不等于筛选，这里问题和视图详细级别是"省/自治区*类别"（特别注意这里），隐藏没有改变问题的详细级别，没有改变计算数据的多少，只是一次性地遮挡了部分可视化元素。

相比后面的多种方式，这是最简单的方式，但也是缺乏扩展性的方式，隐藏不能引用参数、不能互动，常用于一次性设置。所以还是要通过计算、筛选组合的方式来实现。

8.5.2 方法二：使用"行级别计算"分析单一类别占比

使用行级别计算，是为了实现灵活性，配合参数可以自由选择"类别"。

如图 8-23 所示，这里先使用 IIF() 逻辑计算，提取了指定类别的所有交易的销售额，然后在视图详细级别（"省/自治区"）把它们聚合，再与总销售额相除。

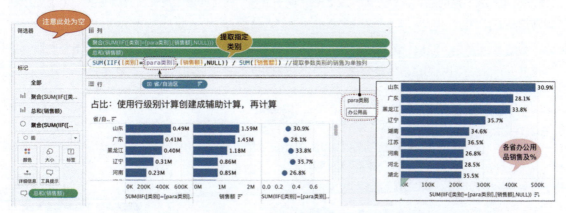

图 8-23　占比计算：使用行级别计算提取指定类别的销售额

注意，和此前的方法不同，这里视图详细级别是"省/自治区"，因此默认聚合 SUM([销售额]) 是"各省（所有类别）的销售额"，即占比的分母。

不依赖于筛选，这里需要计算指定类别的销售额，可以假设在数据明细中增加一个辅助列——只要对应"办公用品"的交易，就等于它的销售额，否则为空。这就是最简单的逻辑函数：

$$IIF([类别]=[para\ 类别],[销售额],NULL))$$

把参数类别的销售额和其他的空值（NULL）加起来，然后除以销售额总和，就是参数类别的占比了。

$$SUM(IIF([类别]=[para\ 类别],[销售额],NULL))) / SUM([销售额])$$

和第一种"隐藏"方法一样，这里也没有使用筛选，这是共同点。差异在于，这里通过 IIF() 逻辑计算，在明细上增加了辅助字段，是在数据上下功夫；而隐藏没有创建辅助计算，无须计算，只是在视图上减少可视化要素，是在视图上下功夫。

以 Tableau 为代表的 BI 工具在分析方面的强大功能，是建立在计算的大厦基础上的，深入地理解行级别、聚合计算的逻辑过程与先后，是熟练使用它们完成各种分析的基础。

不过，笔者非常迫切地提醒每位读者，千万不要滥用这种借助于 IIF() 函数筛选数据的方法，由于通常的逻辑判断（标准是逻辑判断不包含聚合）都是行级别的判断，相比聚合计算，它们会严重地制约视图的性能。最佳的策略是通过筛选、聚合计算来替代。

8.5.3 方法三：使用"筛选和高级计算"分析单一类别占比

"样本范围"是问题分析的三大构成之一。基于筛选，如何构建占比呢？这就需要一个优先级高于筛选器的计算。

如图 8-24 所示，问题的详细级别是"省/自治区"，筛选器筛选了"办公用品"（使用参数以突出筛选值），因此视图中的销售额聚合就是"各省份的办公用品销售额总和"，也就是占比的分子。

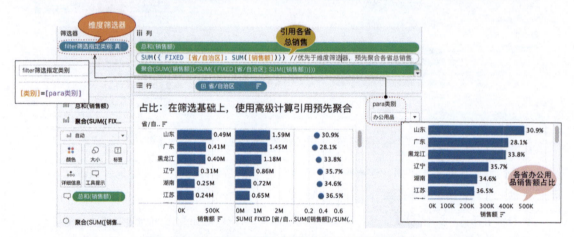

图 8-24　占比计算：使用高级计算返回优先于筛选器的聚合

分母应该是是各省份所有类别的销售额总和，这就要优先于筛选器完成聚合。如果使用 SQL，则要单独完成两次查询右连接（join）。在 Tableau 中，可以通过"狭义 LOD 表达式"引用优先于筛选器的预先聚合。

$$\{ FIXED\ [省/自治区]: SUM([销售额])\}$$

这就是此前说的高级数据类型：字典。它的结果类似{山东:100,河北:200,河南:300,上海:500}。

最后，引用这个字段中的聚合值，就可以计算两个聚合的比例，即占比。

$$SUM([销售额])$$
$$/SUM(\{ FIXED\ [省/自治区]: SUM([销售额])\})$$

在这里，分子是筛选后的各省聚合，而 FIXED 则实现筛选前的各省聚合，详细级别、聚合方式完全相同，唯一的差别在于前者受筛选器影响，后者不受，因此比值就是样本在总体的占比。

从性能的角度看，筛选器（类别=参数类别）也是行级别判断，不过由于布尔计算是最快的计算，它对性能的影响可以最小化；假定有 34 个省，那么占比计算需要计算 34 个聚合值和 34 个筛选前的聚合值，再考虑到 FIXED LOD 外的聚合，粗略地说，一次计算就能完成。相比之下，8.5.2 节中通过行级别计算的方式更缓慢，这在企业生产环境中表现尤为明显。

行级别的计算可以理解为数据整理和数据准备，而高级计算则面向敏捷分析和业务探索，这也是之后进行结构化分析的关键。当然，关于所有计算的逻辑，欢迎阅读本书的姊妹篇《数据可视化分析（第 2 版）》一书第 3 篇。

8.6 高级图形：环形图、旭日图、南丁格尔玫瑰图

8.6.1 环形图：最简单的双层次结构

在基本图形中，饼图通常用于展现"部分与整体的占比"。不过，虽然占比计算间接引用了更高聚合的聚合，但在饼图中只见部分及其占比，而不见整体。于是，随着技术的进化，饼图的"升级版"——环形图（doughnut chart）逐步被很多工具内置为默认图形，慢慢流行起来。

如图 8-25 所示，在左侧饼图的基础上，加入更高聚合度详细级别的聚合，从而清晰地知道"公司占比 32.1%"的参考基准，即总销售额 16.1M（million，百万）（元）。它基于双轴创建，由于饼图默认没有可以控制的坐标轴，因此通过输入两个 0 创建两个不影响视图聚合的坐标轴，然后把第二个 0 对应的标记仅保留销售额，再合并双轴即可。

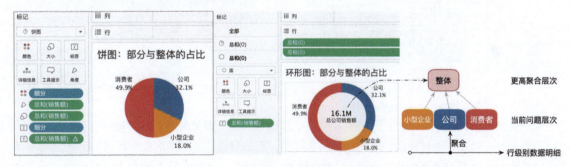

图 8-25　从饼图到环形图：加入更高聚合

这才是环形图的最佳实践，从可视化角度看，环形图有几个显而易见的好处。

- 通过引用更高聚合度详细级别的聚合，环形图可以帮助用户理解占比背后的总体情况，因此是优先于饼图的最佳占比图形。

- 通过叠加中间圆形，视觉不友好的情况消失了，饼图中的"角度描述大小"被环形图的"弧度描述大小"取代，弧度接近长度，视觉柔和，效果要好于角度。
- 环形图更加充分利用了空间，提高了数据的密度而不显突兀。

作为饼图的延伸形式，还有一些图形偶尔被大家所使用，比如旭日图、南丁格尔玫瑰图等，但在业务分析中并不推荐。

8.6.2 旭日图：双层占比

环形图是在饼图的中心增加更高聚合，如果反过来，在饼图的外围增加更低聚合度的类别和聚合，就形成了多层嵌套饼图，又称为旭日图（sunburst chart）。

如图 8-26 所示，使用双轴图把两个饼图合并起来。这里的关键是如何展现类别与子类别的详细级别——在作为背景的饼图中，要出现两个颜色字段，首先加入详细级别，然后点击更改到颜色。这样就有了此前树状图分层占比的意义了。

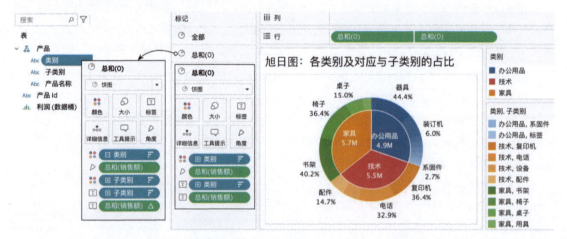

图 8-26 使用旭日图展示层次关系

业务分析师到此即可止步；如果对此有进一步的需求，则需要使用高级功能实现多层嵌套。不过，业务分析师应该时刻警惕，分析的目的是探索，而非炫技，炫酷图形虽然养眼，但是也需要消耗领导更多的注意力去理解图形本身，"教育成本"太高，会让图形陷入形式主义的陷阱。

在 Tableau Public 上，有众多国内外技术"大神"使用各种方法完成了旭日图，如图 8-27 所示。仅供参考不推荐。

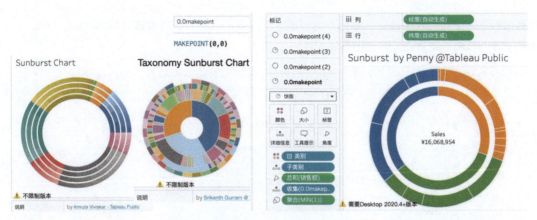

图 8-27　使用 Tableau Desktop 完成旭日图[1]

8.6.3　南丁格尔玫瑰图及个人建议

南丁格尔玫瑰图由护士南丁格尔（Nightingale）在克里米亚战争期间绘制，用于给上司阐述"士兵死伤原因随着时间的占比变化"。如图 8-28 左侧所示，两个不同时期的饼图代表不同原因（分类维度）的死亡人数，旨在说明卫生委员到达后，死亡人数明显下降。

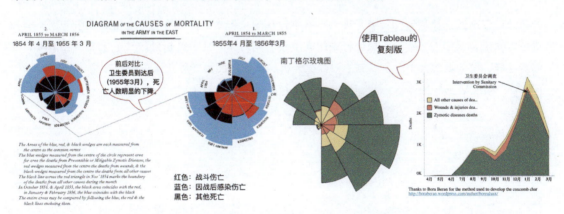

图 8-28　南丁格尔玫瑰图及现代的改编（内容有调整）[2]

南丁格尔玫瑰图可以视为堆叠的时序柱状图的扭曲转化，它的优势是图形的信息密度高，可以

---

[1] 在 Tableau Public 中搜索 "Sunburst Chart" 可以获得更多制作方法，图 8-22 所示的可视化图形分别来自 Amruta Vivrekar、Srikanth Gurram 和 Penny。其中 Penny 的方法是用了 Tableau 2020.4 版本的地图层功能，最容易学习。

[2] 左侧图片来自 *Diagram of the causes of mortality*（1855），右侧图片来自 Tableau Public 中 Bethany Lyons 的页面，本文做了布局调整。

在有限的图形中展现时间趋势、颜色分类、比例等内容，而且圆形更能充分利用空间。因此，不少新闻记者也倾向于使用类似的图形表达时序。

如图 8-29 所示，在网易"数读"中，可以轻易找到很多类似布局的图形，媒体对有限空间的数据密度要求高，对美观也有更高的要求，这是它们背后的驱动力。

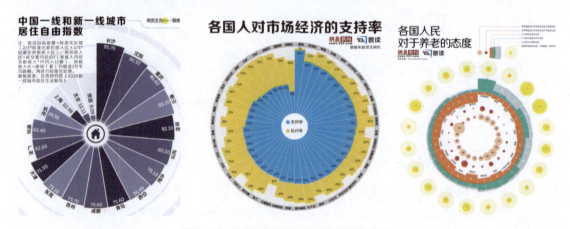

图 8-29　来自网易数读中的部分可视化图形

虽然可以通过计算和坐标转换实现南丁格尔玫瑰图，但本书并不推荐在业务环境中使用，因为解释成本太高，制作工艺复杂，极坐标中的高度不容易对比。业务分析师应该追求简单和清晰，如果陷入这样的图形表达，不仅容易滋生对数据分析的畏惧，而且妨碍业务逻辑的探索。

至此，本章介绍了占比分析中常见图形的绘制方法与延伸形式。

第 9 章

交叉表及其延伸形式:"旧瓶装新酒"

通常,单一或者单行的度量值被称为"文本表"(text table),而矩阵结构中的文本表又称为"交叉表"(cross table)。"交叉表"也可以抽象代指一切可视化图表背后的原始数据形式(在 Tableau Desktop 中,都可以借助"复制为交叉表"查看)。交叉表和条形图、折线图、饼图合成"三图一表",是传统可视化分析的主力,也是大数据可视化分析的基础。

随着数据增加、业务越来越复杂,越来越多的图形被普及,但"三图一表"依然是最常见的可视化形式。本章介绍交叉表的使用场景,以及其与其他图形的最佳组合方式。

9.1 交叉表的关键场景:最高聚合与"总分结构"

不同群体有视角差异:IT 人员看数据的视角通常是自下而上的,而对业务分析师而言,自上而下的宏观视角更重要。追其原因,是二者的起点不同,IT 分析师起点是数据明细表,业务分析师的起点则是问题,是抽象的聚合。

1. 业务分析从最高的问题聚合开始

在业务分析中,钻取分析(drill up/down)是至关重要的分析方法,体现为仪表板的内容组合、交互筛选、多个详细级别的计算等。最常见的用法就是用关键业务指标(KPI)作为仪表板的开始,业务领导随着指标自上而下地探查更细致的其他问题。

如图 9-1 所示,在仪表板最重要的位置(通常是左上角的视觉聚焦区)以交叉表的方式呈现关键指标的最高聚合,之后呈现更具体维度的排序和趋势变化。这也是商业仪表板的通用框架,本书称为"总分结构"。

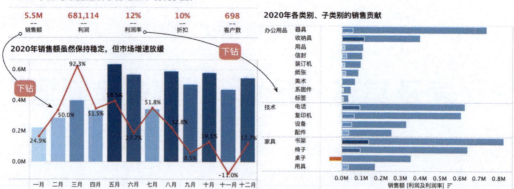

图 9-1　以文本表展示关键指标的最高聚合

文本表的首要功能是作为仪表板视觉起点，直观、清晰地展示关键业务指标，引导自上而下的分析过程。

2. 常见的"总分结构"表达方式

在业务分析中，分析师可以最重要的分析指标与折线图、条形图等结合构成"总分结构"。

如图 9-2 所示，关键指标既可以单独作为图表出现，也可以用双轴等方式与其他详细级别的问题融为一体（这往往需要使用标记功能或者详细级别表达式计算），从而增加数据展示的层次性。

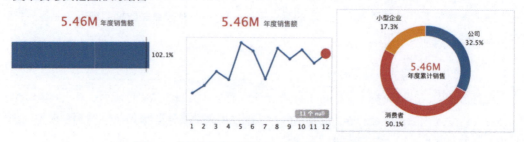

图 9-2　使用文本表与进度条、折线图、环形图的结合

在 Tableau Public 中，有很多融合文本表与其他图形的优秀示例。

Ryan Sleeper 在其 Public 页面中分享了一个使用文本、折线、颜色、参考线、形状的个人股票行情仪表板，如图 9-3 所示。此图简单明了，清晰优雅。

最简单的文本表就是几个聚合值的组合，而多个度量、多个分类的结合，就会成为高密度数据展示的交叉表。

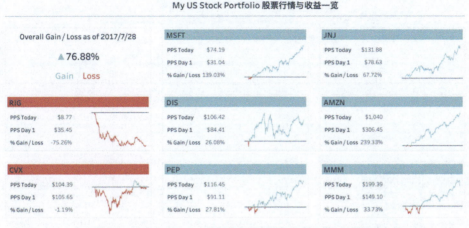

图 9-3　Ryan Sleeper 绘制的股票行情与收益一览（部分）[1]

9.2　交叉表的优势与推荐场景

交叉表具有其他图形无可比拟的优势：信息密度高、高度结构化、数值清晰、客观中立。因此，财务部门和很多领导习惯把交叉表作为主要的数据展现形态。

在 Tableau 中，先双击多个维度字段，再双击多个度量字段，就会默认生成交叉表。如图 9-4 所示为 "2020 年各地区、各类别主要指标及同比变化"，这样就创建了典型的交叉表样式。还可以根据业务需要增加多个筛选条件，实现 "一图在手、交互使用"。除了调整度量名称和 "列合计"，这里没有增加其他的修饰。

在业务分析与探索中，这种宏大的、高密度的数据交叉表主要有以下两个用途。

（1）作为独立的视图使用，直观、简洁、全面地展示领导关心的各项宏观指标；可以增加筛选器或高亮等交互控制，实现 "数据切片"。

（2）作为探索分析的结论辅助。比如点击某个异常值，会显示相关的所有明细信息，甚至还可以通过跳转进一步切换样本，此时它作为高密度的 "数据中转站"。

在业务探索中，第（2）个用途更关键。

比如，笔者服务的一个新能源企业客户使用 Tableau 进行在线电子审计，先找到单价异常的产品，再审计对应销售审批的合规性，辅助文本表帮助领导查看业务详情。

1　Ryan Sleeper 为 Tableau Zen Master。

图 9-4　典型的 Tableau 交叉表样式

这里以超市数据为例,如图 9-5 所示,通过盒须图分布可以快速找到"大单亏损产品"(视图详细级别为"产品 Id",图 9-5 左上角),借助筛选在另一个工作表中查看此产品的交易明细详情(视图详细级别为"订单 Id*产品 Id",图 9-5 左下角),发现两笔交易的折扣分别为 40% 和 60%,利润为亏损。该产品在全国所有城市都是高折扣吗?

为了验证这个假设,点击折扣 60% 的明细行,发起"带有筛选条件的菜单跳转",从城市的角度查看"筛选产品在全国各城市的销售额、利润和折扣率"(如图 9-5 右侧所示,注意筛选范围和左侧不同)。会发现,该产品在全国六个城市有售,其中三个城市折扣超过 40%,利润全无。

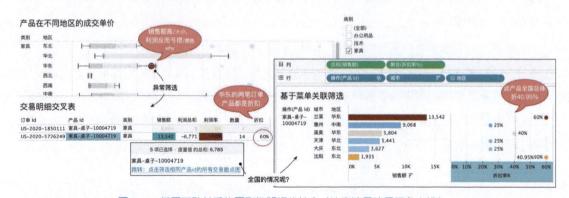

图 9-5　基于互动关系的图形与明细的结合(注意这里使用了参考线)

很多从传统行业转型的企业高管有一种"偏执":他们总是希望查看明细,甚至企业的销售规模已经是上百亿元时依然如此。这是习惯的"后遗症"和潜在的"不安全感"在作祟。业务分析师应该通过上述用法，逐步减轻领导对分析的不安全感——分析面向决策，但是随时能在明细中找到样本验证，当然仅在必要的时刻。

综上所述，企业中存在大量的报表需求，报表的逻辑就是自上而下地层层剖析，"总分结构"是推荐形式。同时，鼓励业务分析师将交叉表与其他图形结合使用，辅助分析。

9.3 让交叉表更实用：增加可视化修饰的方法

交叉表数据密度高，但是它的不足也显而易见——数据太多，没有必要的排序和分类。这样的交叉表难以聚焦视觉注意力，参考第 4 章 4.3.3 节的方法，可以通过增加颜色、形状，甚至结合图形增强数据的易分辨性——本质是增加了数据对比的引导。

按照方法和难度的不同，也可以分为两种处理方法：在交叉表样式不变的基础上使用颜色、调整文本格式等（简易法，见 9.3.2 节和 9.3.3 节）；通过自定义坐标轴，做高度"文本自定义"，甚至与图形结合（高级法，见 9.3.4 节和 9.3.5 节）。

9.3.1 典型交叉表的样式与说明

为了讲解如何增加可视化方面的修饰，这里依次双击维度和度量创建一个经典的交叉表，图 9-6 展示了"2020 年各区域的关键业绩指标（度量值）"。

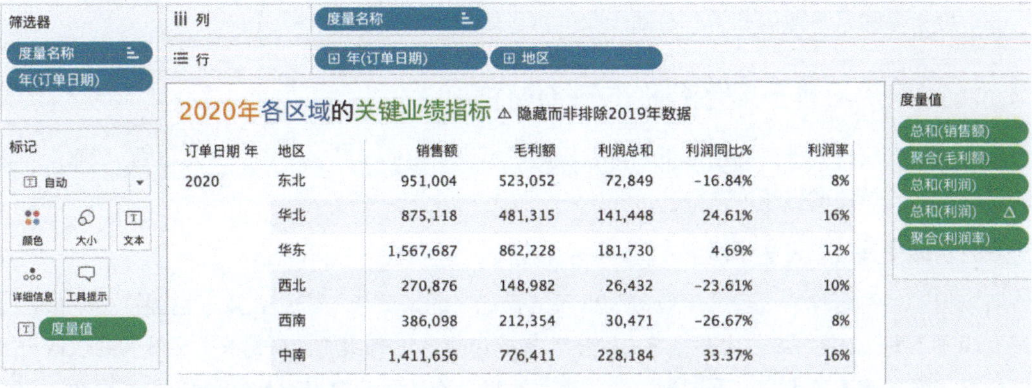

订单日期 年	地区	销售额	毛利额	利润总和	利润同比%	利润率
2020	东北	951,004	523,052	72,849	-16.84%	8%
	华北	875,118	481,315	141,448	24.61%	16%
	华东	1,567,687	862,228	181,730	4.69%	12%
	西北	270,876	148,982	26,432	-23.61%	10%
	西南	386,098	212,354	30,471	-26.67%	8%
	中南	1,411,656	776,411	228,184	33.37%	16%

图 9-6 经典交叉表样式：2020 年各区域的关键业绩指标（度量值）

在接下来的简易可视化修饰中，保留上述结构；而在高级可视化修饰中，则用类似"记录数"的自定义坐标轴（通常是 0 轴）来修饰度量。

在增加文本修饰之前，首先介绍一下交叉表的关键构成。

度量值和度量名称是 Tableau 中为数据表自定义创建的辅助字段——"度量名称"是多个度量的分类字段，如同 DATENAME 函数是对日期的维度化一样；"度量值"则是为了生成一个适用于所有度量的公共基准。它们的目的都是为了简化多个度量的可视化过程，在此前的多度量条形图、多度量折线图内容中都有所涉及。可以借助 Excel 理解这个过程，如图 9-7 所示。

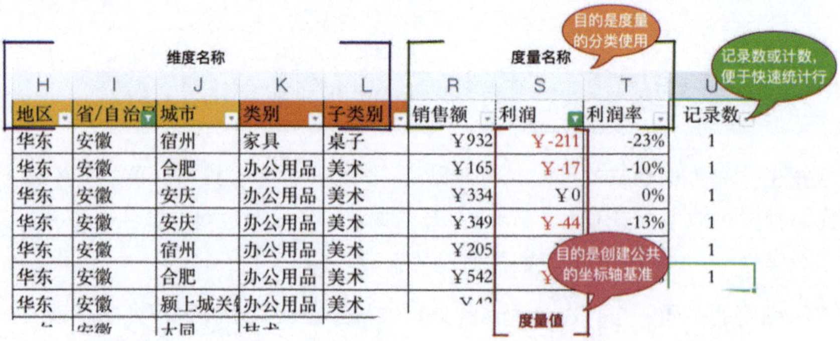

图 9-7　Tableau 中的辅助字段：度量值、度量名称和记录数

理解度量值和度量名称的关键有以下 3 点。

（1）度量值和度量名称都是跨字段的多个数据值，不像"客户名称"只对应一个字段名称、一组数据值；因此，它们会对多视图中的多个列产生修饰作用。

（2）度量值是连续的度量，会创建坐标轴，范围是视图中的所有数据。

（3）度量名称是离散的分类，有助于分类，可以创建筛选。

9.3.2　简易法：基于度量名称的颜色修饰

在保持交叉表样式不变的情形下，可以使用"标记"中的"颜色"和"文本设置"，增加可视化修饰，这是最简单的增强修饰方法。

颜色永远是首选的可视化修饰方法。

可以把"度量名称"或者"度量值"加入"标记"的"颜色"卡中，用于增强视图效果，二者结果有明显不同。如图 9-8 右上角所示，度量名称标记颜色没有实质业务意义（虽然有助于区分列），度量值标记颜色跨度又太大，不同列之间没有可比性，难以区分重点，比如利润同比下滑的地区。

有效的颜色标记是使用颜色突出不同度量值的大小高低，每个度量名称的坐标轴是独立的，在弹出的快捷菜单中而非基于公共的度量基准。如图 9-9 左下角所示，可以在"标记"中的"度量值"颜色上右击，在弹出的快捷菜单中选择"使用单独的图例"命令，把公共基准坐标轴颜色图例按照度量名称拆分为不同的坐标轴。

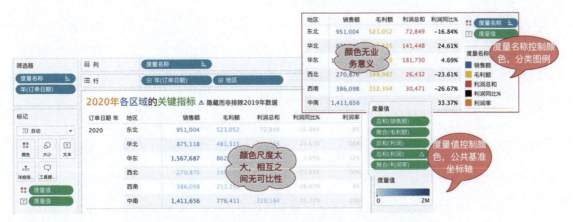

图 9-8 直接使用度量名称和度量值增加颜色修饰

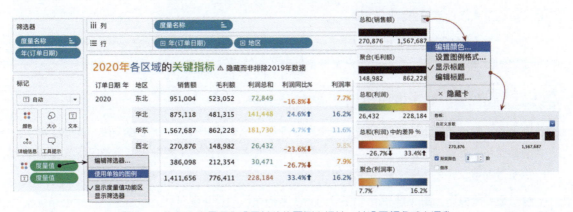

图 9-9 为每个度量名称设置单独的图例坐标轴，并设置颜色减少混乱

不过，度量越多，颜色也越混乱，这就走向了"公共基准度量"的反面。为此，可以通过编辑坐标轴的颜色，将一些非重点度量调整为同一种颜色，比如将"销售额"和"毛利额"都改为黑色，仅保留"利润"、"利润同比"与"利润率"的颜色。在图例上编辑颜色，在弹窗中选择"自定义发散"并设置两侧颜色为相同的黑色，渐变颜色改为 2 阶即可。

在交叉表中，"标记"中的"大小""文本"都无法发挥它们的价值，因为视图统一受度量名称和度量值控制，牵一发而动全身。"颜色"和"形状"是仅有的控制方法。在简单交叉表中，可以为百分数设置上下的箭头形状标记——使用"设置格式"实现自定义控制。

除了百分数、小数、货币符号等常规设置，很多工具支持 Excel 中的"自定义格式"设置——通过"#.##"的方法，分别为正数、负数、0 增加符号标记。

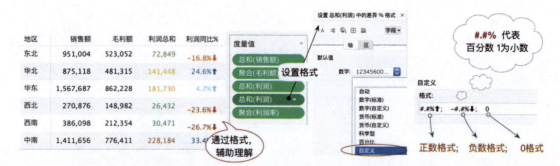

图 9-10　使用自定义数据格式,为正数、负数、0 设置格式(此处使用了大量空格分界,注意空格也会影响格式)

"设置格式"在所有的设置中优先级最低,它独立于视图框架,不过上述方法也仅限于正负值的情形。如果要按照"是否大于 10%"为判断条件,为"利润率"设置颜色和形状,就需要改变视图的框架,这是高级计算的内容。

总结:在不改变交叉表度量名称/度量值框架的前提下,使用颜色突出每一列的高低数据,是简单且通用的做法;而为正负数值分类设置自定义形状,同样简单有效。

9.3.3　简易法:基于单一度量的突出显示表

有一种更简单的情形:交叉表关注一个聚合度量,没有度量名称和度量值字段,其他度量字段作为背景使用。此时"标记"中的"颜色""大小""文本"就都有了更好的可用空间,甚至可以为单一度量增加背景颜色,即"突出显示表"。

以日历矩阵为例,图 9-11 展示了某个月份中各周每天的销售额总和、利润率。将标记类型改为"方形",配合"颜色"控制就有了突出显示的层次性;可以添加多个"文本"标签,如同将其置于矩形颜色框中,作为辅助要素。对于正负的比例指标,还可以通过"设置格式"增加形状箭头与颜色结合,进一步引导领导注意到关键指标。

在这里,有多个字段在文本标签中,可以编辑它们的位置、对齐方式,甚至颜色,比如这里的"天"左对齐、"利润率"为红色。Tableau 的敏捷能力是建立在"标记"基础上的,"标记"中的样式、颜色、大小、文本等属性赋予数据丰富性,其中"文本自定义"命令是接下来高级设置的关键基础。

与此相关的一个"文本自定义"案例,是如何把多个度量值置于度量名称之上,从而突出度量值。

如图 9-12 所示,左侧代表默认的"多度量值交叉表",它由"标题"和"文本"构成,标题永远会占据第一行——就像 Excel 中一样。"位置"是可视化第一要素,那么如何调换标题和文本的位置,突出度量值而非度量名称呢?

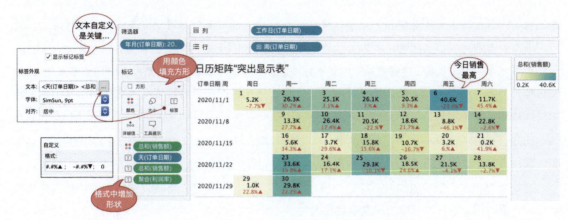

图 9-11 增加背景颜色的矩阵日历突出显示表

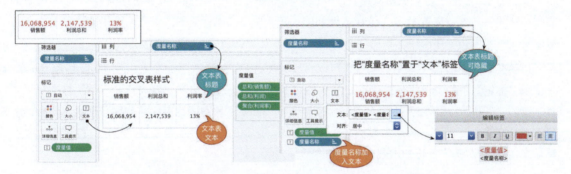

图 9-12 把度量名称的标题行置于文本中,从而突出度量值

首行标题默认不可更改位置,我们可以通过"隐藏标题行"或将标题字段置于单元格中的方式间接实现。具体方法如下。

(1)在列中的"度量名称"字段上右击,在弹出的快捷菜单中取消勾选"显示标题"复选框,隐藏标题行。

(2)复制"度量名称"字段到"标记"中的"文本"卡中,并拖动位置或进行编辑,比如增加"度量值"的字号和颜色,进一步突出。

这样就为完全数字化的表格增加了可视化的元素,通过"位置"突出了度量值,从而使其焕发了新的生机。

9.3.4 高级法:基于坐标轴和标记的"文本自定义"

在保持交叉表矩阵不变的前提下,使用颜色、标签、形状等方式增强表达,是最简单、最常见的表达方式。但是,如果需要增加更复杂的效果,比如在有多个度量时增加形状标记、将多个文本表组合在一起、与条形图等结合,就要改变可视化结构。通过把数据置于(隐藏的)坐标轴上,可以扩展更多可能。当然,这需要分析师熟练使用坐标轴、双轴等相关技巧。

由于其中的细节繁多、过程复杂、宽度不好控制,不建议初学者使用,但也可以用来了解 Tableau 基于标记的高级增强方式的基本思路与方法,之后循序渐进。初学者需要在熟练掌握基本图形和标记用法之后,重新理解 9.3.4 节与 9.3.5 节。相关内容会发布到 Tableau Public 中供大家下载参考。

比如,分析"2020 年技术类别中,各子类别的利润、利润同比",为了有效节约视图空间,这里首先使用"文本自定义方法"将它们合并在一起展示,并额外创建一个形状标识。

这就需要把多个数据值加入"标记"的"文本"卡中,并自定义格式,在同一列的单元格中实现更加丰富的组合——本书称为**"文本自定义"**。

如图 9-13 右侧所示,使用快速表计算创建利润的同比增长字段(胶囊后面有△符号),而后把它和"利润"加入"文本/标签"位置,就创建了包含两个文本标签的文本表。为了增强可视化,还可以把"利润同比"字段加入颜色。

为了突出同比增长/下降的方向性,可以为其增加上下箭头,有两种方法:①"设置格式"方法;②使用"标记"中的"形状"样式。如图 9-13 左侧所示,第②种方法需要先将"标记"样式从"文本"改为"形状",然后增加一个判断条件到"形状"位置(利润同比字段复制到"形状"位置,之后双击补充输入">0"),再点击形状选择箭头图形。这里的视图完全是通过"标记"控制的,属于第 4 章 4.3.3 节"基于标记的增强分析"的高级用法。

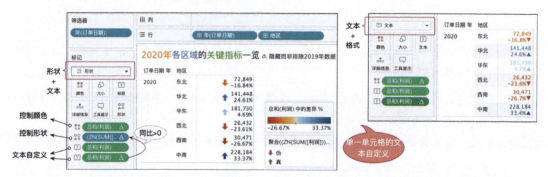

图9-13 使用文本自定义和形状组合数据点(注意,当标记的样式从"文本"改为其他样式时,"文本"就会改为"标签")

注意:不同的形状设置,其视图有明显的差异。使用"标记"中的"形状"命令,颜色只对形状有效,此时文本可以点击并编辑颜色,但不能增加条件;基于"设置格式"的形状等同于文本,可以与颜色同步。

接下来,进入进阶的环节:如何在保留上述"文本自定义"样式的同时,增加销售额、利润率等更多的数据列呢？

此时，把"度量名称"重新加入"列"是不行的，因为基于度量值/度量名称的交叉表结构只有一个"标记"可用，无法实现更多的文本自定义。既然标记对应坐标轴，那么可以创建一些隐藏而不影响数据的"坐标轴"来实现布局，类似环形图中使用的"0值坐标轴"。

如图 9-14 所示，在"列"中增加多个自定义数字轴，比如"0"和"0.1"坐标轴，它们不会影响当前详细级别的度量聚合，但会创建多个坐标轴，从而生成多个"标记"区域可供深入设置，为"文本自定义"提供广阔空间。

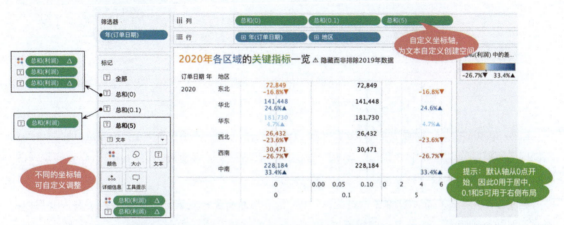

图 9-14　通过自定义坐标轴，将文本自定义样式植入坐标系中，间接生成"交叉表"
（注意，由于坐标轴默认从 0 开始，创建 0.1 坐标轴相当于创建了一个 0~0.2 的空间，
有助于布局自定义——让形状布局到右侧，使用 5 创建坐标轴与此同理）

理论上，可以创建更多的自定义坐标轴，并把销售额、毛利额、利润率等更多数据植入其中。最后，隐藏坐标轴，就可以设置为类似交叉表的样式——它具备交叉表中密集数据的形式，又借用了连续坐标轴图形的多样性。它用图形化的思路，间接实现了标准的交叉表样式，如图 9-15 所示。

在这里，每个坐标轴对应的标记都可以单独自定义颜色、文本，甚至形状，多个文本则可以自定义对齐、颜色及附加文本。需要特别注意的是，这里在自定义坐标轴的基础上，通过修改坐标轴标题来显示真实的度量含义，最后还要"隐藏刻度"。

美中不足的是，Tableau 的坐标轴标题默认在下方，而非上方，这违背了交叉表最基本的初衷——标题在顶部，即最重要的位置。要在保持图形逻辑的前提下，把"坐标轴标题"转移到上方，有两种基本方法。

（1）创建双轴，通过另一个自定义坐标轴，把当前轴"挤"到上方。

（2）使用标题创建单独的文本工作表，与已有工作表在仪表板中拼接（不建议）。

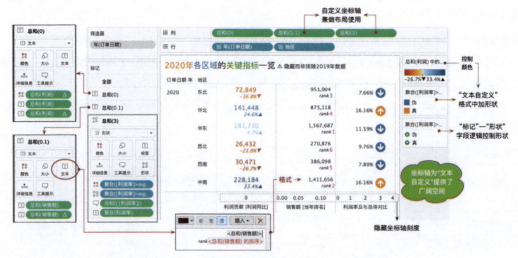

图 9-15 基于自定义坐标轴和文本自定义的丰富形态

Luke Stanke[1]在其"增强表格修饰的 26 种方法"的作品中,使用了第(2)种方法,它适合新用户,但是不够稳定,容易偏移错位。本书推荐使用"双轴图"并编辑轴标题——使用双轴构建视图,应该是分析师的基本技能。

如图 9-16 所示,通过增加 3 个自定义"0"轴,与原有坐标轴实现双轴并调换位置,就可以把原有标题转移到顶部。甚至可以使用新增加的坐标轴增加辅助说明或者引入全新度量字段。

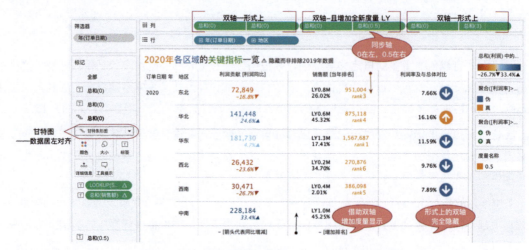

图 9-16 通过双轴把标题转移到顶部,并增加更多度量显示

---

1 Luke Stanke 为 Tableau Zen Master 成员,作品可以通过 Tableau Pulic 下载,他的博客也值得阅读。

至此，本书介绍了高级交叉表自定义所需要的主要方法，还有一些高级控制的技巧，比如使用甘特图样式控制布局、通过同步轴控制布局等方式，读者可以在熟练之后进一步探索。

9.3.5 高级法：使用自定义字段逻辑控制形状或其他

在 9.3.4 节中，介绍了通过"颜色"和"设置格式"增加形状是最基础的可视化方式，而基于标记的自定义坐标轴、"文本自定义"和形状则是最主要且普遍使用的交叉表可视化修饰方法。高级用户可以基于计算字段实现更多的高级控制，这里使用最基本的 IF 逻辑函数，介绍第③种增加形状的方法：使用逻辑函数创建自定义的字符形状，甚至字符串。

如图 9-17 所示，在主视图中，除了使用此前的两种方法增加形状符号，第 3 列使用了"自定义计算逻辑"，以是否高于全年平均利润率为判断标准，创建形状作为文本内容（C1），创建出了字符串作为工具提示内容（C2）。

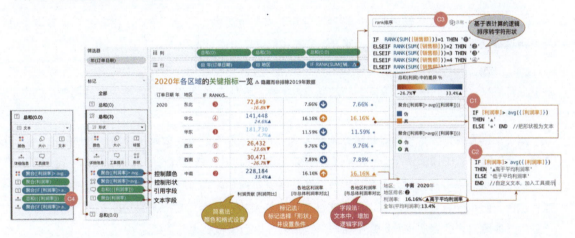

图 9-17 使用自定义字段逻辑，实现更高级自定义形状和文本修饰

为了保持思考的连贯性，笔者推荐直接使用"即席计算"创建字段，只有足够复杂（比如上面的 RANK 排序字段）或者反复使用时才创建为自定义字段保留，有助于保持左侧字段区域的简洁，也易于早期完善。计算是高级可视化的基础，它为分析打开了无限世界。这里在表计算基础上创建了排序符号（C3），使用"狭义 LOD 表达式"在总公司层面计算了平均利润率（C4）并设置了基于判断的形状（C1）和标签（C2）。

推荐高级用户阅读一下 Luke Stanke 的作品"增强表格修饰的 26 种方法"。如图 9-18 所示，展示了 Luke Stanke 制作的多种典型表格（有裁剪）。

	Revenue	Margin	Margin (%)		Revenue	Margin	Margin (%)
Accessories	$1,616 ▼2%	$342	21.2%	Accessories	$1,616 ▼	$342	21.2%
Appliances	$508 ▼88%	($16)	-3.2%	Appliances	$508 ▼88%	($16)	-3.2%
Art	$744 ▲56%	$199	26.8%	Art	$744 ▲56%	$199	26.8%
Binders	$2,743 ▼42%	($1,920)	-70.0%	Binders	$2,743 ▼42%	($1,920)	-70.0%
				Bookcases	$1,558 ▲78%	$115	7.4%

	Revenue	Margin	Margin (%)		Revenue	Margin	Margin (%)
Accessories	● $1,616	$342	21.2%	Accessories	$1,616 ●	$342	21.2%
Appliances	● $508	($16)	-3.2%	Appliances	$508 ●	($16)	-3.2%
Art	● $744	$199	26.8%	Art	$744 ●	$199	26.8%
Binders	● $2,743	($1,920)	-70.0%	Binders	$2,743 ●	($1,920)	-70.0%
Bookcases	● $1,558	$115	7.4%				

图 9-18　Luke Stanke 的典型表格推荐（注意作者使用仪表板拼接出了上述的标题）

当然，随着视图越来越复杂，所需要的注意力资源也更多，因此，笔者不推荐在业务环境中过度使用这种交叉表样式。尽可能保持简洁、有效和数据密度之间的平衡。下面阐述笔者的几点建议。

（1）"内容永远大于形式"，不要被形式主义所束缚。可视化的外表就像人的衣服，应该关注表达的业务意义，而非一味追求形式上的炫酷。很多人"只重衣衫不重人"，领导通常是例外，这也是他们成功的原因之一。

（2）不推荐在仪表板中通过拼接完成交叉表，否则后期维护成本会越来越高，有违敏捷分析的本意，所以在业务中谨慎使用 Luke 所述 26 种方法中后面的拼接样式。

（3）交叉表中引用计算，多使用聚合和表计算，少使用行级别计算，有助于提高视图的综合性能；滥用行级别计算代替表计算，是笔者在客户中见到的最主要、最普遍的问题之一，它们会导致严重的性能障碍。数据准备和计算不在本书范围内，以后有机会会完整阐述。

9.4　让简单丰富起来：善用工具提示与仪表板互动

即便有了图形的配合、颜色和形状的增强，交叉表还是交叉表，它难以承担超过数字本身的丰富性表述；而过度的渲染往往有碍启发。最佳的替代方案就是在视图之外，用交互补充它的内涵。主要有两种思路。

（1）在当前图形中，使用"工具提示"引用更多数据或者其他图形。

（2）在仪表板中，与其他图形或明细表交互。

比如，如图9-19所示，交叉表展示了某零售业务的部分核心指标，而当鼠标光标悬停在每个数字之上时，"工具提示"可以展示该指标在全年12个月的柱状图趋势。

图9-19 基于工具提示增强视图的丰富性

基于仪表板的多表交互，则可以为数据分析打开无限可能。以Tableau Desktop自带的"中国分析"为例，如图9-20所示，上方使用"突出显示"表达天气日历，选择日历日期，则可以查看该日的不同天气状况。

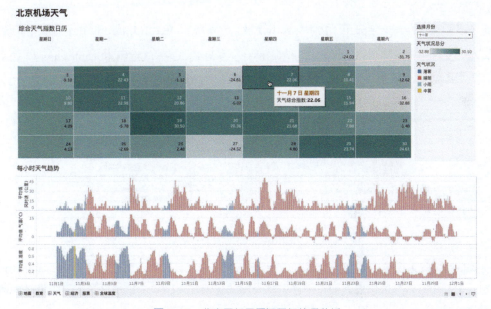

图9-20 北京天气日历与天气状况分析

随着业务分析越来越复杂，仪表板才是分析的基本形式。如果说每个单独视图都是单一的问题，视图构成的仪表板则代表多个问题构成的业务逻辑。

9.5 文字云与气泡图：不常用和不推荐的图形

关于文本的可视化图形还有文字云（word cloud）。

如图 9-21 所示，使用文字云展示了"哪些子类别销售额最高"。

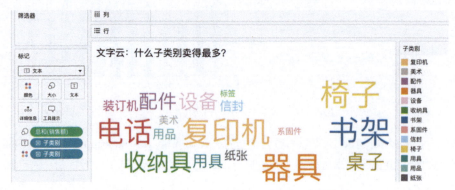

图 9-21 文字云：以文本大小代表多少的图形

是不是有点奇怪？文字云用"文本"大小代表"销售额"。看上去炫酷，但并不直观，很难比较。

当然，文字云可以视为另一个可视化图形的"变身形式"——气泡图（bubble chart）。如图 9-22 所示，气泡图就是"文字云"穿上了圆形的"外套"。

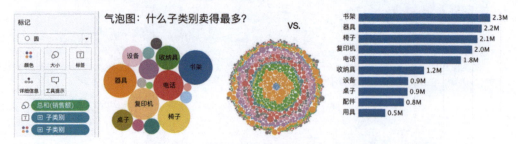

图 9-22 气泡图和文字云是一种样式的两个形态

有人认为"气泡图是散点图的变体"，笔者不认同这个观点。散点图有明确的 X-Y 坐标系代表两个度量的关系和相对分区位置，而气泡图则是无序的，无法得出其中使用度量或者维度之间的相关性。因此这里把气泡图和文字云归为相同类别。

文字云和气泡图通常用于表达头部的数据。即便如此,它依然不如条形图直观。除了把它们作为点缀和留白使用,本书不推荐业务分析师使用,它们是"华而不实"的代表。

9.6 总结:用好"三图一表",揭开业务面纱

至此,本书介绍了使用率最高的图表样式:条形图、折线图、饼图与交叉表("三图一表")。即使不使用后续章节要介绍的分布、相关性、地理分析等高级图形,仅仅使用"三图一表",在样本控制、交互设计、高级计算和最佳可视化的指引下,也能完成精美甚至结构化的深入分析。

业务领导的注意力资源太有限,分析师要设计高效、清晰的可视化层次,从高到低、由静至动,层层解聚、循序渐进。如图 9-23 所示,文本与图形结合,把 4 个核心指标从 3 个层次展开(数据及达成、当月与环比、更长周期的波动),下方配以明细交叉表辅助,清晰而丰富。

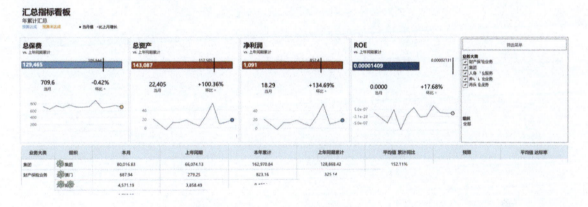

图 9-23 某公司的测试视图

即便如此,领导有时还是没有时间查看这种报告,那怎么办?

结合 Tableau Server,可以把关键指标单独生成"指标"(metrics)作为预警的窗口,只有在指标发生异常时,再跳转到具体页面。如图 9-24 所示,指标是仪表板的预警窗口,跟踪聚合的波动。从折线图的角度看,它就是一个简单的"迷你图",适合作为预警的向导、仪表板中的关键指标指示器。

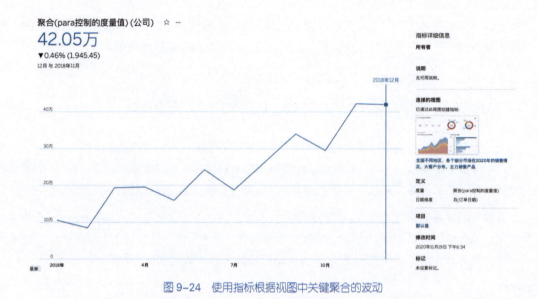

图 9-24　使用指标根据视图中关键聚合的波动

可见，数据分析中最重要的是业务理解，只有理解了业务才能以可视化的方式表达业务逻辑。"三图一表"适用于展示业务的关键指标，如果要进行更深入的特征分析，就需要分布和相关性分析。

第 10 章

迈向大数据：超越个体、走向分布

大数据之"大"，体现在分析方面，自然有与之前不同的地方。在笔者看来，分布分析是关键之一。大数据分析强调样本的宏观特征，胜过个体的数据描述，这在分布分析中体现得淋漓尽致。

本章介绍分布分析的典型场景：区间分布（直方图）、集中度特征（箱线图）、头部集中（帕累托）等，以及使用参考线构建的自定义分布。

10.1 从个体分析到分布分析

"三图一表"通常用于描述某个详细级别的关键指标汇总，比如"各类别的销售额""各年月的利润波动""各细分市场的利润占比"等。

"三图一表"之所以被广泛使用的原因——因为简单，这也正是它们的局限性——太简单。

随着大数据时代的到来，SKU 及类别成倍增加，客户数量呈指数增长，甚至产品和客户标签都让人眼花缭乱。使用此前"三图一表"的分析方法，遇到了几个问题。

- 大数据时代业务的复杂多变让靠经验决策的人束手无策，因此仅靠过去的"三图一表"已经难以高效地推测业务的变化。
- 在高度聚合级别的汇总与业务明细之间，鸿沟越来越大，在抽象问题和业务明细之间，需要有一个衔接的桥梁：既能聚焦特征分析，又不会陷入数据漩涡。
- 伴随产品类别和客户数量的增长，分析个体已经失去了意义，"以特征追踪业务"成为新的运营方法，因此，业务分析成为业务团队的核心能力。比如，一家小门店会分析"消费者中有多少大学生"，而大型商业超市则要"为不同的大学生群体定制营销策略"。

基于这样的变化，以分布分析和相关性分析为代表的高级分析视角，逐步从互联网企业向各行各业普及。如今"所有的企业都是/就是大数据公司"，但并非每家企业都做到了"数据驱动"。

在笔者看来,"数据驱动公司"的基本特征是业务团队主导业务分析、敏捷工具成为生产力工具、结构化分析成为主要分析视角。而从过去"三图一表"的结果展现转变到结构化的业务分析,需要一个过渡和阶梯,分布分析和相关性分析就是重要的过渡形式,如图 10-1 所示。

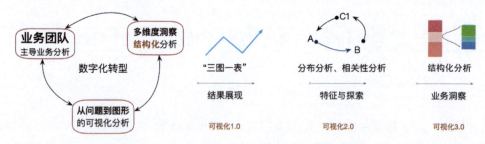

图 10-1　分布和相关性分析是向结构化分析的过渡

"三图一表"代表直接聚合和图形化的过程,而分布分析则没有那么容易,通常需要做预先计算,比如用数据桶或者 IF 函数判断创建直方图的横轴、会员分析中的 RFM 指标。很多分布分析自身就会和结构化分析融为一体。

本章介绍"分布分析三大代表",它们代表不同的分析类型。

- 直方图:描述在连续字段的区间段上的度量分布。
- 箱线图:描述大量数据点的集中度(或离散程度)分布。
- 帕累托图:描述大量数据点的"少数集中效应"(20/80 法则)。

10.2　直方图:分布分析第一图

大多数人因为"1+2+…+100"这道题记住了数学家高斯。高斯最重要的贡献之一是发现了"正态分布",又名"高斯分布"。它是一种中间高两边低的对称性的概率分布。如图 10-2 所示,左图是标准的正态分布曲线,右图是多次投骰子的典型概率(同时投两颗骰子的上方数字之和)。"投骰子"代表完全随机事件,随着数据量的增加趋向于正态分布。大多数社会领域的数据分布虽不完全符合正态分布,但会具有"正态分布"的分布特征,比如国家人口的年龄、身高等的分布。

直方图(histogram)是最典型的分布图形之一,由于数据点通常非常多,因此横轴通常是分布区间,它的关键是如何生成"区间"。

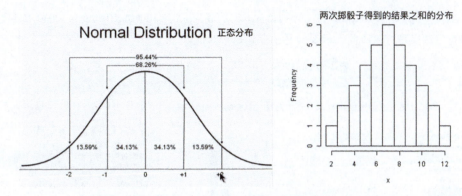

图 10-2 正态分布（左图为密度曲线，右图是常见的直方图）

10.2.1 简单直方图：使用数据桶（bin）在数据表行级别创建直方图

比如，分析"利润为 0～500 元、500～1000 元、1000～1500 元……不同交易段的交易数量"，这里的答案由聚合"交易数量"回答，可以使用记录数、COUNT([订单 ID])等字段；而问题的维度"不同交易段"是连续字段利润的自定义分段。如图 10-3 所示，关键是如何把"连续的度量"转换为"离散的区间分段"呢？

图 10-3 将连续的度量转换为离散的区间分段——使用数据桶

可以设想，在数据下面放多个"宽度"为 500 的一排"桶"，每个交易数据点以利润大小为依据掉入对应桶中。因此，Tableau Desktop 设计了"**数据桶**"（**bin**）的功能，专用于把连续度量转换为**离散的等距区间**，以供创建直方图使用。如图 10-4 所示，选择"利润"字段右击，在弹出的快捷菜单中选择"创建→数据桶"命令，并设置数据桶区间间隔，之后就可以借助新字段创建直方图了。

数据桶在本质上是一个有限循环的行级别判断，相当于在 Excel 明细中创建一个辅助列，按照条件为所有行加标签，如下所示[1]。

FOR n = RANGE(i，j)

WHILE [利润]<=(n)*500 AND [利润]<(n+1)*500

THEN (n)*500

---

1 此语法并非对应特定语言。

在这里，n 的最小值 i 和最大值 j 分别为 MIN([利润])/500-1 和 MAX([利润])/500+1 的整数部分。不同的语言虽然实现方式不同，但是背后的逻辑是一致的。

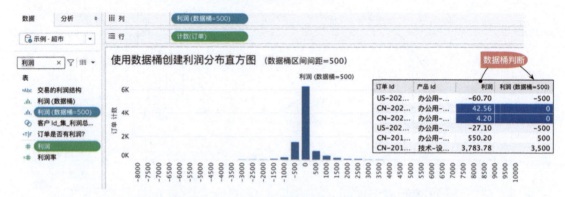

图 10-4　基于数据桶创建利润的区间分布

10.2.2　高级直方图：使用高级聚合计算和数据桶生成直方图区间

如果将上述的问题稍做调整，改为分析"（订单）利润为 0～500 元、500～1000 元、1000～1500 元……不同区间段的订单数量"（交易数量→订单数量），微小的变化背后是实质性的分析层次的改变，它代表了一个特别广泛的直方图类型：在视图详细级别引用一个指定详细级别（不是行级别，这里是订单）的聚合。

由于数据库的明细是交易（deal），而多笔交易构成一笔订单（order），二者的关系就是超市购物清单中的商品编码和订单编号，订单是高于交易的更高聚合度的详细级别。在 Tableau 自带的超市示例数据中，有 2770 笔订单，对应 9959 笔交易，如图 10-5 所示。

图 10-5　订单与交易的关系

因此，创建数据桶需要基于 2770 笔订单的利润，而非 9959 笔交易明细的利润。此时，创建数据桶需要分为两步。

- 在订单层面创建"每笔订单对应的利润总额"计算（订单是问题详细级别，利润总额是问题答案,即指定订单详细级别完成利润聚合),返回 2770 个数据值。
- 基于上述计算的 2770 个数据,创建间隔为 500 的数据桶。

要在视图中引用"订单"详细级别的聚合,但是又不使用这个详细级别对应的字段"订单 Id",这就是典型的特征分析——只是以聚合为特征作为接下来分析的基础。不管是在 Excel、SQL,还是各种 BI 工具,甚至 Python 中,这都不是一个容易解决的问题,往往语法本身的复杂性就会吓退众多用户。Tableau 创造性地引入了 LOD 的语法,以优雅而简洁的方式,超乎寻常地解决了这个问题。要指定订单详细级别,完成利润聚合,只需要使用 FIXED 关键词指定[订单 Id],返回对应聚合即可,由于订单很多,结果是多个值,因此使用花括号表示集合,如下:

$$\{ \text{FIXED [订单 Id] : SUM ([利润])} \}$$

如图 10-6 所示,先使用 FIXED LOD 指定订单详细级别完成聚合,然后在此基础上创建数据桶,最后生成直方图。在 Tableau 2020.1 版本中,这个过程得到了进一步简化:只需要将"利润额"字段拖动到"订单 Id"字段上,就会自动创建"在订单 Id 详细级别的利润额聚合"。这一简化,实在惊为天人,虽然无助于理解背后的逻辑,但是为初学者打开了一扇窗户。

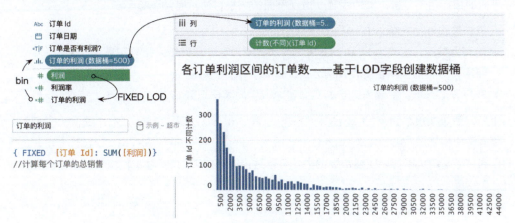

图 10-6　建立在订单详细级别上的数据桶及直方图

和"交易利润的直方图"相比,订单利润的直方图代表了完全不同的视角,这个视角介于明细与最高聚合之间,可以被视为订单的特征分析——即查看指定详细级别的结构特征。

10.2.3　基于 RFM 模型的客户分布分析

在业务分析中,基于特征完成分布分析,最常见的当属客户分析。每个客户都有一些典型特征,可以概括为"RFM_L 模型",分别代表客户最近一次购买(Recency)、消费频率(Frequency)、消费金额(Monetary),以及生命周期(Lifetime)。在此基础上还可以计算"首次订单日期""复购日期"

"最高交易金额"等多种分析。

在《数据可视化分析（第2版）》一书中，介绍了使用"LOD 详细级别表达式"完成上述字段的计算过程，如图10-7所示。这里重点介绍基于这些字段的业务组合分析。

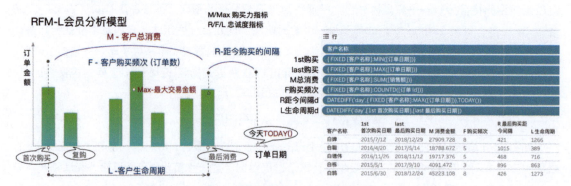

图 10-7　会员的 RFM_L 分析模型

不同的指标用于分析不同的主题，适用不同的场景，通常有如下指示。

- 忠诚度指标：主要为 R、F、L 这 3 个指标。
- 购买力指标：主要为 M 和 Max 指标（MAX 又可以分为最大交易和最大订单。
- 新客户分析指标：主要为复购分析、首次订单分析等。
- 客户分层分析：主要为综合购买力和忠诚度的客户划分。

比如，酒店按照"间夜"（或者叫"房晚"）和"积分"为客户划分会员、银卡、金卡、白金等级，相当于使用了"F 购买频次"（入住一个晚上为一个间夜/房晚）和"M 总消费"（积分是消费金额的比例兑换）两个指标。在超市数据中，可以结合 RFM 字段将"客户价值"分组（稍后会使用这个自定义字段），如下所示：

IF [M 客户贡献金额]>=10^3 AND [F 客户购买频次]>10
THEN '高价值客户'
ELSEIF [M 客户贡献金额]>=10^2 AND [F 客户购买频次]>5
THEN '中等价值客户'
ELSE '低价值客户'
END

借助上述的分析框架、指标和自定义分组方法，接下来介绍一个综合性案例。

"以 2500 元为区间，分析不同客户贡献价值区间段的客户数量，以及其客户价值分组构成。"（以客户总销售额衡量客户贡献。）

第 10 章　迈向大数据：超越个体、走向分布 | 213

这个问题其实暗含了两个主题：焦点是"不同客户贡献价值区间段的客户数量"；进一步的结构化分析是"客户价值分组构成"。这里用直方图分布描述前者，在不改变主视图的基础上，使用颜色表达后者，如图 10-8 所示。

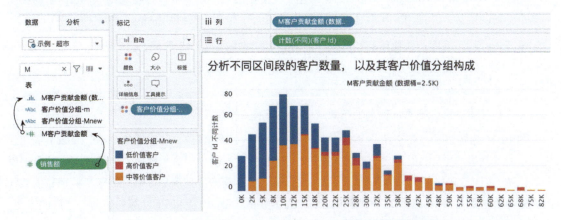

图 10-8　分析不同区间段的客户数量，以及其客户价值分组构成

建立在计算和数据桶基础上的直方图分布，与颜色堆叠的结合，是结构化分析的典型代表。

在业务中，不同的字段结合，通往不同的业务探索，比如将上述直方图与"客户矩阵"（即客户获客日期）结合，可以分析广义的客户复购率与客户质量，如图 10-9 所示。

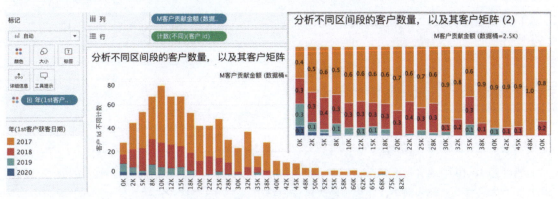

图 10-9　客户贡献分区与客户矩阵构成

在图 10-9 中，左侧侧重绝对值数量的构成，右上角以"绝对值坐标轴转化为百分比"的方式，侧重每个区间段的占比分析，可以让我们更加清晰地看出 2017 年客户的复购质量。可以将此方式看作是分布分析与排序分析或占比分析的结合。

10.3 分布函数与箱线图：以百分位和方差描述离散程度

箱线图（box & whisper plot，也称为盒须图）往往是最难理解的可视化图表之一，因为它需要引入多个全新的函数，并使用二次聚合（或曰聚合的聚合）表达更高级的抽象。

本节先介绍箱线图的快捷绘制和解读，而后介绍所需的函数和二次聚合。

10.3.1 分布函数的应用：箱线图入门

对于初学者而言，拖曳分析盒须图或者以智能推荐自动生成箱线图是最佳路径。

图 10-10 中描述了"华东地区各省份客户利润贡献的分布情况"，箱线图的"箱"（box）描述了省份中间区间客户（50%的客户）贡献的范围，两侧的"线"（whisker）描述了合理范围内的最小值和最大值（以 1.5 倍中间区间为条件），"线"之外的"异常客户"就清晰地展现出来，特别是少数利润贡献为负数的客户。在省份之后，是借助表计算函数 WINDOW_VARP() 计算的省内各客户的方差，以单值更清晰地描述各省份离散的程度。

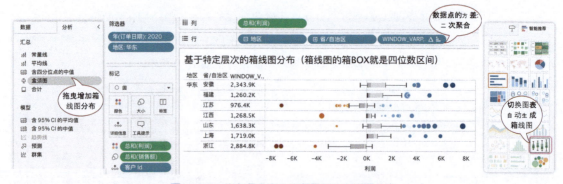

图 10-10 华东各省客户利润贡献的箱线图分布

可见，箱线图虽然在刻画离散程度上不及方差和标准差，但在寻找异常值方面却有显著优势。

借助图 10-10 中的异常客户分析，审计师可以进一步探索异常客户的所有订单，然后确认假设：这些客户是所有交易都亏损了，还是少数大订单击穿了利润？这个客户在购买什么产品？是哪个地区经理在为这样的客户提供便利？负利润贡献是高折扣导致的，还是因为违规产品赠送和连带出货？

带着这样的思考，审计师可以把问题转换为图形，然后在仪表板中完成审计拼图。如图 10-11 所示，在箱线图中点击异常的客户数据点，发现客户"贺红-13810"的负利润主要来自复印机和器具两个品类，这笔订单发生在 2020 年 6 月 19 日，正好是"618 大促活动"的次日，亏损的原因是超过平均正常毛利率水平的超低折扣（40%）。

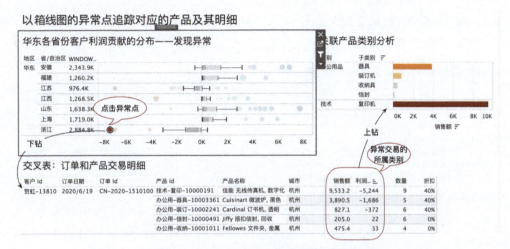

图 10-11 使用仪表板最终来自箱线图的异常数据

（特别注意，超市中的"折扣"字段仅在明细上，或者说在"订单 id*产品 id"的详细级别上有意义）

当然，并非所有折扣都是错误的，比如残次品、退货产品，因此业务分析需要结合各方面的要素综合评估。笔者的客户中有上市公司的审计部门，他们借助 Tableau 快速创建箱线图，就可以在很短时间内发现异常，然后结合进一步的数据匹配，快速完成审计工作。相比之前以经验的方式寻找线索，Tableau 为他们节省了大量的时间，同时快捷地收集审计证据。

10.3.2 洞悉箱线图：理解百分位数函数与两类聚合

常见的 SUM 求和、AVG 均值都是以抽象值概括总体，分布分析则会用到众多个体值衡量总体的分布，这就是百分位数 PERCENTILE 函数。股票分析中常见的"历史估值水平"、TTM 市盈率 30 分位值、股市"温度计"（有知有行）都与此息息相关。

为了精确表达分布的离散程度，还会基于 AVG 均值进一步计算标准差。另外，由于聚合的是从数据表到数据表的过程，不同的起点语法上有所差异，为此还要区分直接聚合和二次聚合的不同。

1. 理解百分位数 Percentile 函数与常见聚合方式

最大值 MAX、最小值 MIN 和中位数 MEDIAN，是特殊的百分位数聚合，对应关系如下。

- 最大值（MAX）：百分位数 P100 对应的数据=PERCENTILE([销售额],1)
- 中位数（MEDIAN）：百分位数 P50 对应的数据（奇数序列即中间值，偶数序列则为中间两个数的平均值）=PERCENTILE([销售额],0.5)
- 最小值 MIN：百分位数 P0 对应的数据=PERCENTILE([销售额],0)

另外，两个使用最广泛的是 P25 百分位和 P75 百分位，它们是后续"箱线图"的基础。图 10-12 展示了"2020 年 12 月各地区所有交易明细的利润分布"，使用百分位数展示了多个指标的计算。

2020年12月各地区所有交易明细的利润分布

地区	利润总和	PERCENTILE([利润],0)	最小值 利润	PERCENTILE([利润],0.25)	PERCENTILE([利润],0.5)	中值 利润	PERCENTILE([利润],0.75)	PERCENTILE([利润],1)	最大值 利润
西北	6,266	-389	-389	58	93	93	528	2,203	2,203
东北	20,784	-1,743	-1,743	10	101	101	301	7,215	7,215
华北	11,874	-777	-777	37	66	66	453	2,346	2,346
华东	6,855	-6,771	-6,771	-32	29	29	204	4,057	4,057
西南	9,216	-1,748	-1,748	-7	62	62	197	9,153	9,153
中南	19,560	-1,391	-1,391	14	59	59	195	5,778	5,778
		最小值		P25		中位数	P75		最大值

图 10-12　2020 年 12 月各地区所有交易明细的利润分布

分析师还要区分百分位数、百分比与累计百分比之间的关系。

百分比（percent，符号%）是相对于单一静态数值的算术计算，而百分位数（percentile，符号 P）则是相对于多个数据点的分布分析，如图 10-13 所示。

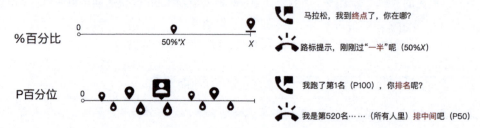

图 10-13　百分比与百分位数

累计百分比通常用于在排序中计算前 N 个数据的占比，最典型的是帕累托分析中的"前 20%的客户累计贡献了前 80%的销售额"场景。可以视为"百分比"计算的高级形式。

累计百分比%=从开始到当前位置的累计销售/全部的合计销售额

这个计算，已经超过了单一详细级别的计算，是建立在聚合基础上的二次聚合，这也是高级分析的基本特征。简单的聚合只能查看表象，多个聚合的计算和二次聚合才能寻找本质。详见 10.4 节。

2. 理解直接聚合和二次聚合

常见的聚合是从数据表明细行到问题的过程，又可以称之为"直接聚合"。在分布分析中，分析师需要基于已有聚合值进一步抽象、概括，并以更加抽象的计算结果描述视图数据点的抽象特征，这就需要理解二次聚合、预先聚合等更抽象的计算方式。高级计算是高级抽象的实现形式。

如图 10-14 所示，视图详细级别是 L3 子类别，直接聚合如 SUM、PERCENTILE 从数据表明细行（L-detail 级别）直接汇总计算到视图详细级别（L3）；如果在视图聚合值基础上进一步概括"各类别的聚合特征"，从 L3 子类别二次聚合到 L2 类别详细级别，是兼顾性能的最优选，本书把这种从视图详细级别作为聚合起点进一步计算的更高聚合度详细级别的计算，称为"二次聚合"。

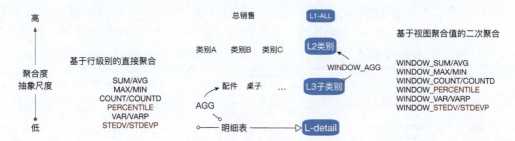

图 10-14 两种百分位数和标准差计算

在 Tableau 中，SUM、AVG、PERCENTILE 函数代表直接聚合，而 WINDOW_前缀的函数表示二次聚合（如 WINDOW_SUM），分别对应 Sql 中聚合函数和窗口计算函数。

- WINDOW_SUM()、WINDOW_AVG()、WINDOW_COUNT()
- WINDOW_MAX()、WINDOW_MIN()等
- WINDOW_PERCENTILE()（指定范围的百分位）
- WINDOW_VAR()（样本方差）、WINDOW_VARP()（总体方差）
- WINDOW_STDEV()（样本标准差）、WINDOW_STDEVP()（总体标准差）

如图 10-15 所示，视图中的每个数据点，代表"省份*客户 ID"详细级别的利润聚合，对应 SUM 函数；而每个省份的箱线图则是从视图详细级别到"省份"详细级别的二次聚合，对应 WINDOW_PERCENTILE 函数，借助于 Tableau 智能推荐图形自动创建而来。

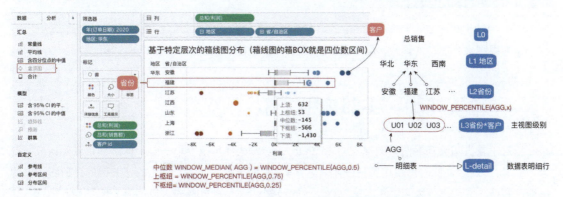

图 10-15 箱线图也是建立在四分位区间基础上的

简单的问题只需直接聚合即可完成,高级分析需要二次聚合、预先聚合等更抽象的计算方式。

3. 标准差对比:基于明细行的方差和基于聚合值的方差

标准差用于衡量数据点的波动,对聚合的数据点依然适用。

图 10-16 中分别使用两种方法,衡量了"2020 年华东各省所有交易的利润波动情况",标准差越大,离散程度越高,可见"浙江"波动最大(STDEVP=1124.6),"江苏"波动最小(STDEVP=625.1)。

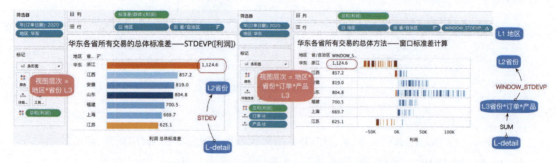

图 10-16 2020 年华东各省交易的利润波动比较

其中,左侧是从行级别一次性聚合到"省份"详细级别,使用了聚合函数 STDEVP;右侧是先从行级别聚合到"各地区各省份、各个订单、各产品的利润",使用了聚合函数 SUM,而后在这个聚合基础上,二次聚合到"省份"详细级别,使用了窗口标准差函数 WINDOW_STDEVP,并设置地区和省份为计算范围(在 Tableau 中,通过设置计算依据间接设置范围,因此设置"订单 Id 和产品 Id"为计算依据)。

不同的可视化视图,对应不同的数据聚合度,图 10-16 左侧可以视为最简单的条形图,离散程度就是视图的焦点;图 10-16 右侧则通过密集竖线可以查看各省份利润情况的分布,离散程度则仅仅是分布之后的辅助信息。

SQL 中的窗口函数,与 Tableau 中的"表计算"有异曲同工之妙,都是对已有聚合的二次处理。基于当前视图聚合的二次聚合,是高级问题分析中最简单的形式,在本书的第 3 篇还会进一步介绍。

10.4 帕累托图:头部集中分布

相对于直方图和箱线图,帕累托图(Pareto chart)的使用范围小一些,你必须首先确认数据符合"帕累托法则",此时使用帕累托图才有意义。"帕累托法则"就是常见的"关键的少数和次要的多数"特征,它源自意大利经济学家 V.Pareto 的观察"意大利 20% 的人口拥有 80% 的财产"。

如图 10-17 所示，典型的帕累托图由柱状图和折线图双轴重叠构成，对应两个从 0 到 1 的坐标轴。折线越弯曲（斜率高），数据的头部集中就越明显。

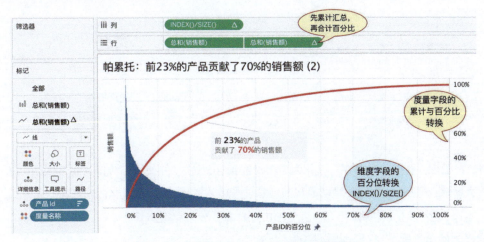

图 10-12　借助 Tableau 快速完成的帕累托图

借助注释，这个帕累托图所要表达的业务意义为"（销售额排名）前 23% 的产品贡献了累计 80% 的销售额"。图形由维度字段"产品 Id"、度量"销售额"及辅助计算构成，产品按照销售额降序排列，关键是衡量比例的两个百分位坐标轴。

其中，横轴是离散字段"产品 Id"的百分位转换（使用了 INDEX() 函数），右侧纵轴是连续度量"累计销售额"的累计百分比转化（使用表计算），二者逻辑如下。

- 百分位：每个产品 Id 在所有产品中的相对位置（percentile）。
- 百分比：顶部产品 Id 的销售额，在"合计销售额"中的占比（percent，%）。

在第 6.4 节的"绝对值刻度与百分位刻度"，以及第 7.5 节"绝对日期与相对日期"的讲解中，分别使用了类似的转换方法。借助帕累托图，接下来重温将离散维度和连续度量转化为百分位和百分比占比的方法，相比之前，这里增加了排序、累计的过程，因此更具有代表性。

10.4.1　横轴百分位处理：将离散维度序列转化为连续百分位坐标轴

理解"将离散维度转化为百分位"是绘制帕累托图的关键，下面用一个形象的例子来说明。

有 100 名学生，按照高矮列为一队，如何用数字量化每个人在队列中的位置？用整数来标记每个人的位置，即 1, 2, 3, 4, …, 100，也可以等比例放到 0～100% 的标尺中，对应 1%, 2%, 3%, …, 100% 的位置。这个从绝对值位置到 0～100% 比例的过程，就是维度的百分位转化。逻辑过程如图 10-13 所示。

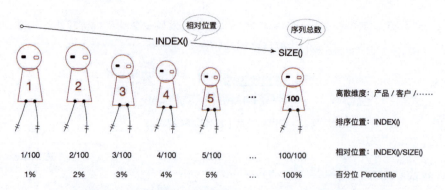

图 10-13　示意图：从离散维度转化为百分位位置的过程

将离散维度"绝对位置次序"转化为"相对位置百分位"，并使用百分位构建连续坐标轴，都是这个逻辑过程。在 Tableau 中，借助简化的"表计算函数"，可以快速完成，分解如下。

- 每个人的绝对位置可以用表计算 INDEX() 计算，代表整数序号。
- 序列的总数量用 SIZE() 计算。
- 相对位置百分位用 INDEX()/SIZE() 计算。
- 离散字段是上述表计算的计算依据。

这里的关键是，离散维度的百分位转化，与度量无关（比如这里的身高），维度才是百分位的依据，维度的排序是由其他度量聚合控制的。度量聚合只是排序的依据，不影响百分位转化的结果。

10.4.2　纵轴累计百分比处理：度量的百分位转化

帕累托图展示视图中部分数据样本的"累计百分比"，这有点类似占比分析。头部集中描述的是"排序前面的累计销售在总体的占比"，这里的"累计"是关键。头部集中描述头部样本的宏观特征，而非个体的特征。

设想一下，100 位学生列队到超市买东西，首先进去的 5 个人的销售占比，就是"前 5 个人的累计销售额"在总体的占比，注意，此时的占比不是头部集中效应。只有分析"销售额最高的前 N 名学生的销售额累计占比"，才通常需要帕累托图分析，也就是占比建立在排序基础上，如图 10-14 所示。

在 Tableau 中，上述的"累计汇总"是交易聚合的二次聚合，使用表计算 RUNNING_SUM() 函数完成累计汇总，而使用 TOTAL() 函数代表总体，二者的比值就是"前面的销售额累计占比"。

这个绝对值到百分位的转化过程，是帕累托图的核心。

相比 SQL 的实现方式，Tableau 实现了巨大的跨越，业务用户稍加学习，就能轻松实现。接下来，还可以做进一步的颜色优化，甚至互动筛选。

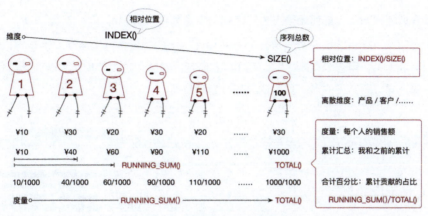

图 10-14　示意图：累计销售的占比

10.4.3　空间分类处理：帕累托图的颜色分类和互动筛选

在帕累托图中，可以增加颜色分类，比如累计前 20%、20%～60%、60%以上 3 类。

当然，基于两个坐标轴，有以下两种分类方式。

- 按照序列把"产品 Id"转化为百分位后做分类。
- 按照"累计销售额的百分比"计算分类。

比如，这里以纵轴字段（running_sum%）为基础创建分类字段（running_sum%分类），之后将其添加到"标记"的"颜色"卡中，就可以把帕累托图调整为如图 10-15 所示的样式。

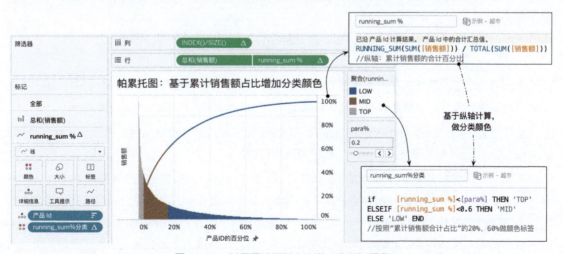

图 10-15　基于累计汇总占比进一步增加颜色

此时就有读者提问了，如何无须点击筛选就能查看累计销售额前20%的产品ID？

我们可以使用上述自定义分类字段筛选分析样本，然后使用条形图展现。甚至可以借助参数，控制这个比例的大小，组合为仪表板，如图10-16所示。注意，这里使用了"表计算"作为筛选器，这是一种高级形式、不常见的形式，所以常被分析师忽略。

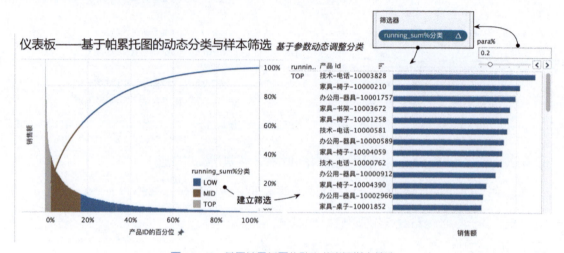

图10-16　基于帕累托图的动态分类与样本筛选

在熟练使用工具之后，还可以在散点图中增加上述颜色分类、增加多个参数控制，甚至增加参考线或者参考区间等，从而进一步发现帕累托图分布之后的更多关联特征。

10.5　自定义分布分析：参考线与参考分布模型

上述的直方图、箱线图和帕累托图都是分布分析的最佳可视化图形。在业务分析中，基于视图中的聚合度量，还可以借助计算与参考线自定义构成"参考分布"（reference distribution）。

基于百分比、百分位、标准差的聚合方式，Tableau默认设置了4种常见的分布区间设置方法（如图10-17所示），其中大多是基于百分位和标准差构建的。

- 百分比：针对单一聚合值的百分比构建区间，比如60%、80%百分比（条形图进度条）。
- 百分位：多个聚合值映射到百分位坐标轴中，从多个聚合中的特定百分位构建分布区间，比如P95百分位上/下。
- 分位数：比如4分位、6分位、8分位等，多个百分位构成的等分区间，这是百分位的模型化（这是箱线图的理论基础）。

- 标准差：比如在 1 个标准差之内构建区间（因子（–1，1）），质量分析中的"六西格玛"就是正负 6 个标准差（α）。

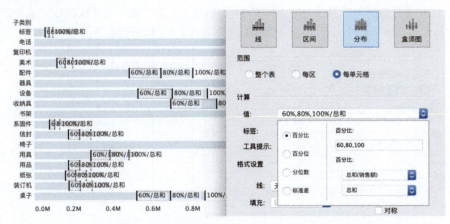

图 10-17　Tableau Desktop 内置的多种分布模型

10.5.1　使用多条"百分比"参考线构建区间

百分比是相对于单一数据的比率，它的符号是%。

使用百分比可以添加一条或者多条参考线，在 6.5 节中介绍了标准的靶心图和进度条，就是使用了这个方法。如图 10-18 所示，结合背景阴影，使用"销售额目标的 60% 与 80% 两条参考线构成分布区间"（分别使用深色和浅色背景向下填充）。

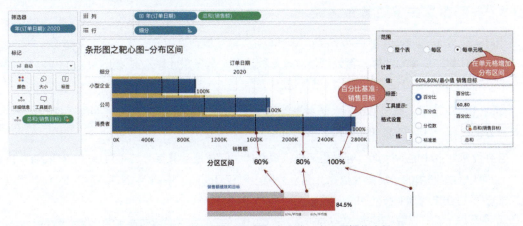

图 10-18　靶心图是条形图与参考线、参考区间的合并

"百分比分布"的关键是设置计算的基准字段——二次聚合。

如图 10-19 所示,在"各类别的销售额"中,有 3 个销售额聚合值,百分比计算是相对于 1 个值计算的,因此还要选择如何把 3 个"销售额总和"聚合为 1 个数值。这里选择"最大值",相当于聚合 3 个"销售额总和"计算最大值 MAX——这里的结果是"家具的销售额总和"。构成分布区间的 60%、80%、95%(百分比),分别是最大聚合与百分比的乘积计算。

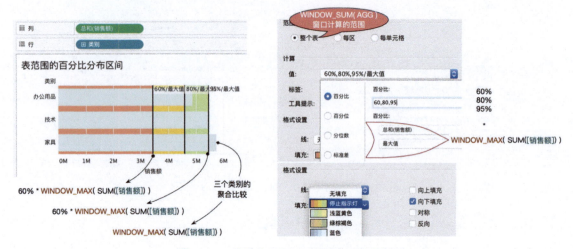

图 10-19　使用多个百分比计算构建分布区间

1 相对于 SQL 中的窗口函数,Tableau 通过在前面增加 WINDOW_前缀,明确区分了外层的二次/间接聚合和里层的直接聚合,即 WINDOW_MAX(SUM([销售额]))。

10.5.2　自定义百分位分布区间

相对于百分比(percent),百分位(percentile)可能难懂一点。二者的差异主要在于:百分比是对一个数字计算,是算术计算;百分位是对多个数计算,是多重计算(类似于排序)。可以参考第 3 章 3.4.3 节图 3-30 "百分位与百分比"示意图。

如图 10-20 所示,在"各类别、子类别的销售额排序"条形图中,在各个分区(类别)中创建分布百分位区间:P0、P25、P50、P75 和 P100。

百分位是对多个值的计算,可以是来自行级别的一组数据计算百分位(对应 PERCENTILE()函数),也可以对视图中的一组聚合数据计算百分位(对应 Tableau 中的 WINDOW_PERCENTILE()函数,SQL 中的 PERCENT_RANK()函数)。

在图 10-20 中,视图详细级别是"类别*子类别",在每个"类别"范围中计算百分位,相当于在视图详细级别计算更高聚合度详细级别的聚合值。其中,P0 代表最小值,P50 代表中位数,P100 代表最大值。

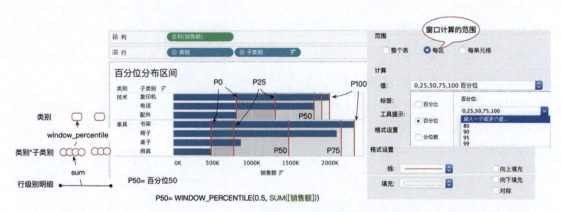

图 10-20　使用百分位创建分布区间

最常用的百分位就是 P0、P25、P50、P75 和 P100，在《统计学的世界》一书中，这 5 个数被称为"五数概括"（five-number summary），用来了解分布的中心和幅度。在统计分析中，有一些常见的等分的百分位方法，比如"五数概括"是以 25% 为等分区间，可以把一组数据分为 4 个部分，因此又称为"四分位"分布方法，这是"箱线图"的基础。

10.5.3　分位数分布区间

分位数是对多个数据按照指定数量等分分组，比如常见的 4 分位数、6 分位数、8 分位数等。不同的分位数分组方法，对应不同的百分位分组依据。

在 Tableau 中，可以选择多种分位数的等分数量。如图 10-21 所示，四分位对应的 3 个分隔符分别是 P25 分位数（下四位数）、P50 分位数（中位数）、P75 分位数（上四位数）。

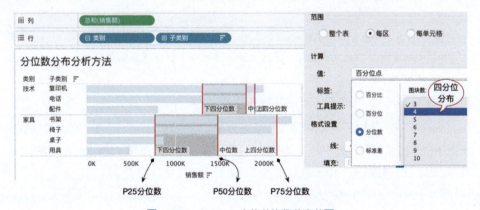

图 10-21　Tableau 中的分位数分布分区

根据分析的需要，也可以设置 5 分位、6 分位等其他的等分分位数分布区间。

10.5.4 标准差分布与"质量控制图"和"六西格玛区间"

百分位和标准差都是统计学的基本知识,却是业务分析中使用较少的高级功能。标准差分布的背后是正态分布,在第 3 章介绍标准差时,引用了如图 10-22 所示的图例。

如果样本足够大,假设符合正态分布,那么分析师可以使用 1 个标准差、2 个标准差这样的方式作为分布区间。在标准正态分布中,1 个标准差范围的数据,代表总体中的 68.3% 的范围,从平均值分别向两侧延伸 34.1% 的范围。

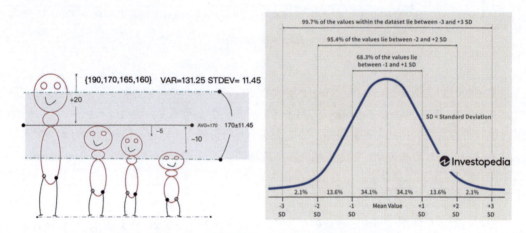

图 10-22 使用标准差有助于更好地衡量数据分布

在业务分析中,在日期波动条形图中构建一个分布区间控制界限,就是质量分析中经常用到的"质量控制图"(control chart)。

> "质量控制图是用于分析和判断过程是否处于稳定状态所使用的带有控制界限的图,是具有区分正常波动和异常波动的功能图表,也是现场质量管理中非常重要的统计工具。"[1]

根据边界的指标不同,质量控制图也有很多种类型。

在 Tableau 的分布区间中,默认内置了标准差分布。如图 10-23 所示,在"每天的质量残次比率波动"折线图中,拖动左侧分析中的"分布区间"到"表"范围,选择"标准差"并默认为(-1,1)因子,就添加了"1 个标准差"范围的分布区间。这就是"质量控制图"。

---

[1] 黄小路主编,《蓝领质量素质提升》,中国质检出版社,2014 年,转引自百度百科。

第 10 章 迈向大数据：超越个体、走向分布 | 227

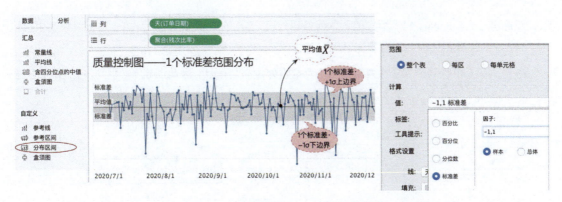

图 10-23 质量控制图：一个标准差区间[1]

在传统的分析工具中，使用比较多的还有"均值极差图"，极差就是最大值和最小值的间距，以此建立分布区间。在 Tableau 中，可以通过参考区间自定义配置极差分布。

如图 10-24 所示，拖动"参考区间"到视图中，设置"残次比率"的最大值和最小值作为参考区间的上下边界，默认区间填充阴影，就构成了"均值极差图"。

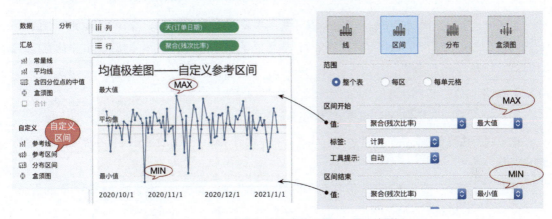

图 10-24 均值极差图：从平均值到最大、最小值区间

按照这种自定义配置方式，结合自定义计算，业务分析就可以实现更多的分析区间，比如质量分析中著名的"六西格玛"。就可以通过更改图 10-23 中标准差因子为"-6,6"快速完成。

六西格玛（six sigma，6σ）既是一种管理策略，也是质量控制方法，它强调制定极高的目标、收集数据及分析结果，通过这些来减少产品和服务的缺陷。

---

1 默认的超市数据中没有质量相关字段，这里的"残次比率"取值自"利润率"。

西格玛（σ，sigma）代表标准差，六西格玛代表"3.4 次失误/百万次操作"。在折线波动中，以"平均值±6 个标准差"为上下自定义区间，就构成了"六西格玛分布区间"。

由于上下 6 个标准差属于极高要求，这个范围外没有异常点，因此创建了"平均值±3 个标准差"字段，并以此建立分布区间，如图 10-25 所示。

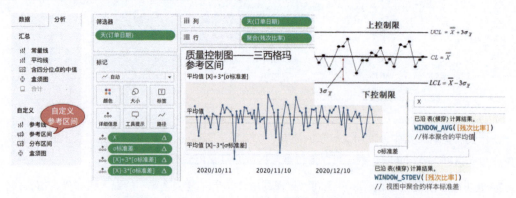

图 10-25 "三西格玛"区间：从平均值向两侧各 3 个西格玛分布区间

这里的自定义区间就需要引用高级计算（视图中聚合的二次聚合）。图 10-25 中的平均值、分布区间，就使用了如下的 Tableau 计算（在视图中可以保存下来反复使用），对应 SQL 中的窗口函数计算。

- [X 平均值]：WINDOW_AVG(SUM([残次比率]))
- [σ 标准差]：WINDOW_STDEV(SUM([残次比率]))

在"六西格玛分布区间"之外的点，代表分布中的异常值；全面质量管理旨在尽一切努力减少这种偏差。

可见，一切分布皆计算，从使用内置分布模型到自定义计算模型，分析师可以逐步走向更加广阔的分布分析世界。

至此，本章介绍了分布分析中的三大典型场景：直方图（区间段分布）、箱线图（离散分布）、帕累托图（集中分布），以及使用参考线方法在基本图形中自定义分布区间，特别是百分比、百分位、分位数还有标准差。

学会分布分析是业务分析师从传统分析走向大数据分析的关键。

第 11 章

超越经验，走向探索：广义相关性分析

相关性（correlation）是描述多个变量（variables）之间关系的指标。狭义的相关性指特定分类下一个度量与另一个度量的相关程度，比如温度与冰激凌销售量的相关性、城市人口与房价涨跌的相关性等；广义的相关性还包括多个分类字段或者分类字段与度量字段的相关性，比如层次关系（比如父母与子女）、流向关系（比如央行发行货币数量到各个渠道的流向）等。其中，前者是重点。

最常见的描述相关性的图形是散点图，这也是业务分析师必须熟练掌握的"相关性"图形。

11.1 散点图与参考分区：波士顿矩阵

散点图（scatter plot）用于表达离散数据与两个连续度量的关系，因此它的视觉空间是由两个度量构成的，可以借助趋势线辅助理解散点与度量的相关性。

如图 11-1 所示，两个字段之间基本的 3 种相关关系有正相关、负相关和不相关。统计学中有专门的相关性系数来代表二者的相关性，这里先以散点图的趋势线的方向和斜率来描述正负相关性。

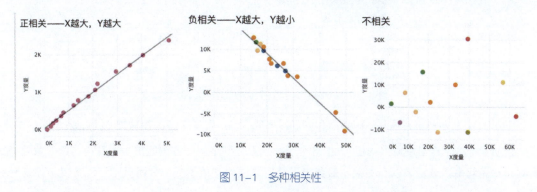

图 11-1 多种相关性

散点图非常重要，却为何未能普及？除了工具的限制，另一部分原因是可视化模式的"抽象特征"。散点图虽然以"点"的方式呈现，它们的关系却间接体现在众多点和点之间的相互位置中，因此不像条形图的排序、折线图的连线那样清晰可见。

为了解决这个问题，业务分析师通常借助趋势线和趋势模型量化关系模型。但不同的趋势模型解释的有效性也有明显差异，这就涉及了专业的统计领域，超过了本书可及的范围。业务分析师的首要工作是为业务领导提供清晰的数据线索。

在业务分析中，相比寻找正相关、负相关特征，业务分析师更专注的是相对的位置，因此要在散点图中划分区域。比如分析"装订机"和"桌子"，哪个是公司的"现金牛"，哪个是公司的"利润牛"？进一步放大看，哪些品类是成长性品类，哪些品类给公司增加了运营负担？

对离散数据进行矩阵分组，是业务分析中散点图的关键用途，它可以通往知名的波士顿矩阵（BCG matrix）分析方法。

比如，分析"2020年，各个子类别对公司的业绩贡献"。对领导而言，业绩贡献可以从"量"和"质"两个角度来看——销售额贡献现金流、利润贡献最终盈利。因此，可以把"子类别"放到销售额和利润坐标空间中，构成如图11-2所示的散点图。

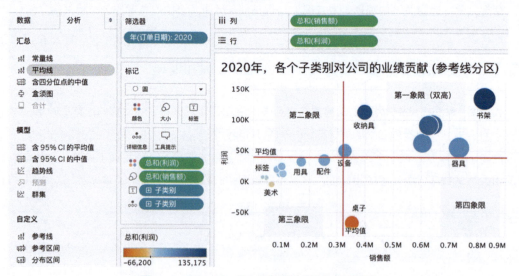

图 11-2 2020 年，各个子类别对公司的业绩贡献

在图 11-2 所示的散点图中，销售额和利润没有相关性，发现二者的相关性也不是这个图的本意。

借助参考线（这里使用平均值），把各个子类别划分到不同的象限区域中。其中，第一象限为销售额和利润双高，其中又以"书架"最突出，第四象限的"桌子"为公司贡献了现金流，但是利润严重亏损。

从这个角度看，散点图可以被视为一种特殊的分布——基于两个度量空间的分布；而参考线把空间一分为四，类似于离散维度构建的"矩阵"，这就是波士顿矩阵分析方法。

波士顿矩阵（BCG Matrix）又被称为"市场增长率—相对市场份额矩阵"、四象限分析法、产品系列结构管理法等，由波士顿咨询集团（Boston Consulting Group，BCG）在20世纪70年代初开发，其使用市场占有率和市场增长率分析产品的定位与前景。如图11-3所示，这一方法已经被普及到很多领域，只要有两个度量，就可以构建一个波士顿矩阵，比如时间管理的重要—紧急矩阵、客户的购买力—忠诚度矩阵等。

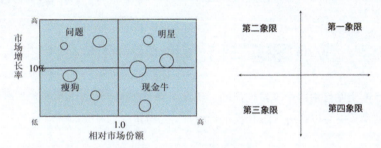

图11-3 波士顿矩阵的框架

以客户分析为例，如何快速找到高质量的客户并为其颁发"年度VIP大奖"，如何找到低质量客户甚至"蛀虫客户"（利润亏损的客户）？

如图11-4所示，这里借助散点图构建分布空间，借助"含95%CI的中位数"构建矩阵（从Tableau左侧"分析"窗格拖曳）。95%的客户全年销售额贡献分布在4000～6000元，而利润中位数只有1000元。

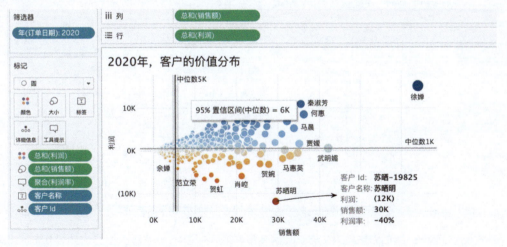

图11-4 客户的价值分布

这种利用散点图查看大量数据点分布，从而寻找异常的方式，要比此前的箱线图清晰得多。箱线图和散点图的适用范围如下。

- 箱线图适用于展示单一度量空间的比较，比如"各个地区客户的销售额分布"。
- 散点图适用于展示两个且具有一定业务依赖关系的度量空间的分布，比如基于销售额与利润分析客户分布、基于折扣与数量分析产品等。

在业务分析中，散点图和箱线图的结合使用，可以为数据审计、异常追踪等提供探索向导。

11.2 中级：散点图矩阵和"散点图松散化"

单一的散点图空间是由两个度量构建的，建议将每个数据点的大小和颜色与坐标轴字段设置一致。作为背景的字段则可以通过"工具提示"加入视图背景中。

1. 增加度量的散点图矩阵

如果需要更多的变量构建相关性散点图或者矩阵呢？

将多个维度的字段或者度量加入行列，就会构建多个空间，比如在"销售额与利润散点图"中，增加"折扣"，从而可以查看销售额、折扣是如何影响利润的，如图 11-5 所示。

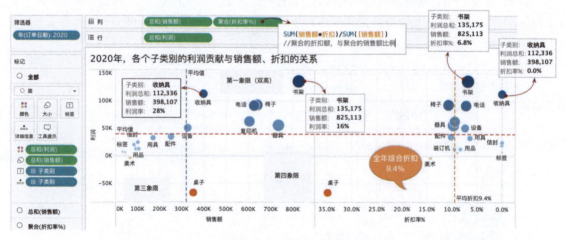

图 11-5　散点图矩阵

（特别注意，这里的折扣率是基于折扣额和销售额聚合计算而来，不能使用数据明细中的"折扣"字段直接聚合）

从左侧空间矩阵中可以看出，书架、收纳具是利润贡献最高的品类，但二者的销售额贡献相差甚远，说明书架的利润率远低于收纳具（单击鼠标右键，详情可以一目了然）。从右侧空间可以推测：

书架的高折扣是影响其利润率的重要原因，而收纳具的稳健营销策略让它在利润贡献上取得优势。

考虑到这样的因素，高销售额的书架可能并未给公司带来等价的现金流（折扣前的只是账面"应收销售额"，折扣后的"实收"才是真正的现金流）。相比之下，"收纳具"的运营经理更值得奖励。

可见，散点图矩阵有助于发现更多度量之间的关联性，将其和业务结合就有了进一步的决策空间。

很多领导习惯了"交叉表"的数据密集，感觉图形化表述略显"杂乱"。二者作用不同，图形化有助于引导用户的注意力发现问题，这里的"工具提示"可以辅助展示，提高数据密集度。

2. 增加维度的散点图矩阵

除了通过增加度量和度量参考线添加散点图矩阵，还可以使用离散维度，此时问题就会发生层次上的变化。比如，如图 11-6 所示，在此前问题的基础上增加"细分"市场，从而查看"2020 年，各个细分市场中，不同子类别的利润贡献与销售额、折扣的（相关）关系"，此时就需要把"细分"加入视图，构建分区。此时参考线也随着分区变化。

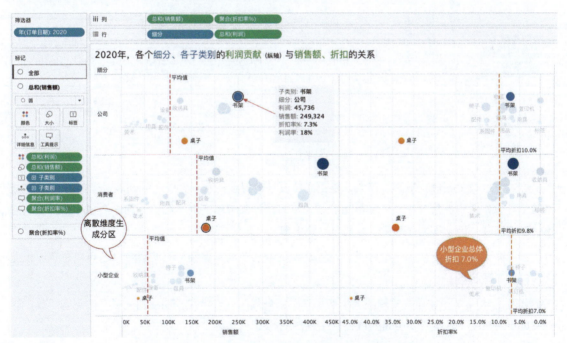

图 11-6　使用离散的细分构建矩阵（分区）
（注意增加分区后，参考线可以设置为每个分区）

为了简化视图，这里隐藏了利润坐标轴，并把参考线从此前的"表"改为"分区"（对应的是表计算范围或者说 SQL 函数的变化）。这样，观察的焦点就从此前的公司范围视角，下钻到每个消费者的市场视角,还可以兼顾不同细分的对比。

当然,"复杂是可视化的天敌",如果无须兼顾不同细分市场的差异,则完全可以把细分字段同时添加到筛选器中,使用控件控制。

3. 使用散点图的样式为箱线图做扩展

如图 11-7 左侧所示,这里使用箱线图展示了"2020 年各细分的产品业绩贡献分布",每个点代表一个产品(产品 Id)。为了突出利润,视图空间由"利润"构建,圆点大小由"销售额"控制。不过,这个图形有一个明显不足,2432 个数据点相互重叠,只能看到上下两端少数的几个产品。那如何把每个细分的数据点适当地扩散到更宽的区域中呢?效果如图 11-7 右侧所示。

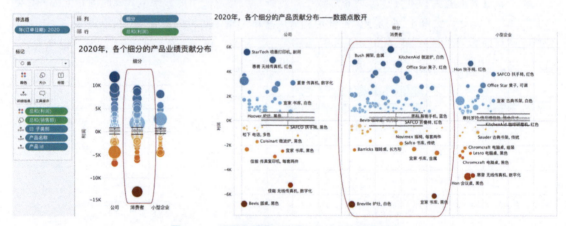

图 11-7 将紧密重叠的数据扩散到更宽的区域中

在这个"数据松散化"的过程中,变化的仅仅是数据点在水平方向上的间隔,也就是从 0 变成了某个数值,这个数值对应一个坐标轴。因此,问题的关键就变成了如何添加一个水平坐标轴,它不能影响问题,因此不能是维度,只能是连续度量。

为了调整视图而增加的一个度量,可以是视图中已有的销售额、利润聚合,也可以是基于视图字段的二次聚合。

如图 11-8 所示,在原来的箱线图中增加了"销售额"聚合字段,箱线图变成了散点图矩阵。这样有助于突出上下数据点,但是也改变了主视图的类型。

那如何在不更改视图样式基础上做出调整呢?

在 Tableau 中,被"大神们"广泛使用的是表计算的方法,表计算不会增加数据库的计算负担,不会影响视图聚合,又可以保持原有视图样式不变。这里可以用 INDEX() 函数生成"产品 Id"的次序作为横轴,从而实现数据的"松散化",如图 11-9 所示。

第 11 章　超越经验，走向探索：广义相关性分析 | 235

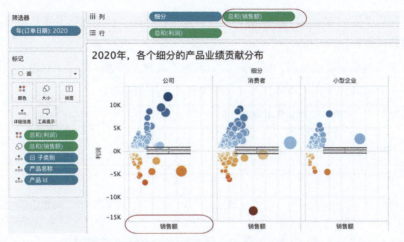

图 11-8　使用散点图样式调整了箱线图分布（错误的方法）

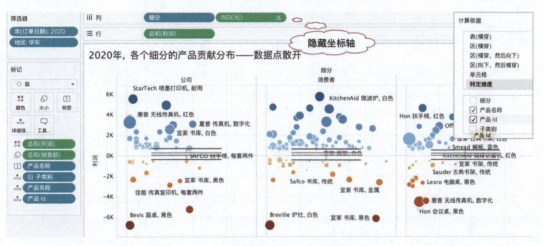

图 11-9　使用 INDEX() 函数，实现数据松散化

虽然 INDEX() 函数在理论上与此前的销售额聚合一样，都是把箱线图改变为散点图，但是它不会影响视图焦点的解读。这也可以被视为此前多次介绍的"离散维度字段转化为连续度量"的应用之一。

在 Tableau Public 中，很多吸引人的可视化主题都使用了"散点图矩阵"的方法原理。

Tableau Public 作者 Yuli_Wg 创作的一个美国总统大选的仪表板，就使用了这个功能。图 11-10 展示了"2016 年美国大选各州各党派的候选人得票比例与总统候选人票数"。其中使用了双轴与上述"散点图矩阵"。如果没有 INDEX() 函数辅助，则结果如图 11-10 右下角所示，是"堆叠条形图"（颜色代表党派）和"总统候选人票数"柱状图的双轴结合。而增加了 INDEX() 辅助函数之后，每个党派的得票比例对应单独的 INDEX() 坐标轴,从而实现了数据的"松散化","散点图矩阵"中的堆叠样式改为"并排条形图"。

从这几个图形的变化可以发现,Tableau 可以为每个数据点设置一个 X-Y 坐标。如果继续沿着这个路往前走,则可以通往更多的高级图形,比如桑基图、路径图等。

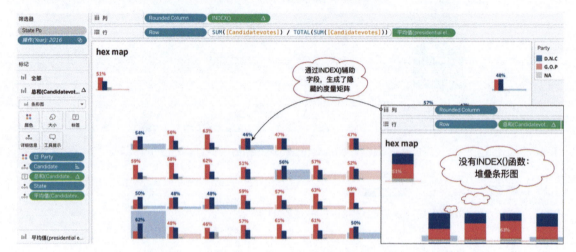

图 11–10　散点矩阵的高级应用:使用 INDEX() 函数将堆叠条形图转化为并排条形图[1]

11.3　高级:用皮尔逊系数生成相关值矩阵

散点图用于衡量两个变量的关系。随着统计学和机器学习的快速发展,科学家为此设置了很多精确衡量相似或者相关性的指标。比较典型的如皮尔逊相关系数(Pearson correlation coefficient)、欧氏距离(Euclidean distance)、余弦相似度(cosine similarity)等。它们之于相关性,如同标准差之于离散程度。

本书介绍 Tableau 中自带的皮尔逊相关系数指标。

皮尔逊相关系数用于衡量两个变量 X 和 Y 之间的相关性(线性相关),其值介于–1 与 1 之间。1 代表完全正相关,–1 则为完全负相关。两个变量之间的皮尔逊相关系数为两个变量之间的协方差和标准差的商。

$$\rho_{X,Y} = \frac{\text{cov}(X,Y)}{\sigma_X \sigma_Y} = \frac{E[(X-\mu_X)(Y-\mu_Y)]}{\sigma_X \sigma_Y}$$

1　Yuli_Wg 在 Tableau Public 主页。

使用皮尔逊相关系数，可查看所有子类别之间的相关性。如图 11-11 所示，这里使用内连接（inner join）构建多对多匹配的数据源，之后使用 CORR() 函数构建二者的皮尔逊系数。不过，这里要使用 LOD 表达式确保在客户详细级别计算二者的相关系数。

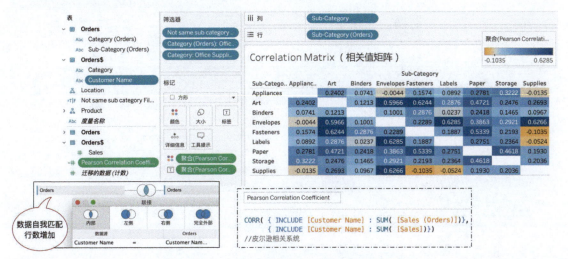

图 11-11　用皮尔逊系数衡量不同子类别的相关性[1]

以"器具"（appliances）为例，系数最高的子类别是"收纳具"（storage，0.3222），其次是"纸张"（paper，0.2781），最接近 0 值（不相关系数）的是"信封"（envelopes）。

当然，这里的数据在内连接多对多匹配后发生了大量重复，图 11-11 中仅排除了完全相同的子类别的对应，因此以中间空白格为分界，两侧是完全对称的。可以根据需要修改筛选条件，只保留一侧，如图 11-12 所示。

如果重点关注哪些类别的客户购买具有高度正相关，则可以将文本矩阵改为圆点等其他样式。由于形状无法有效表达负值，负相关相当于被隐藏了。

同时，还有一个认知关键：高度正相关性并不意味着对应类别订单数量多、卖得多，反之亦然。可以把皮尔逊系数视为散点图中两个变量的线性方程关系描述，它与多少无关，如图 11-13 所示。

对业务用户而言，这里的皮尔逊系数显然过于抽象了，那有没有简化的办法，只关注绝对值和比率，而不关注需要额外计算的概率呢？

1　数据文件来自 Tableau 官方知识库，搜索"创建相关值矩阵 tableau"可得，源文件使用了英文超市数据。需要注意的是，数据源做了内连接（inner join）处理。

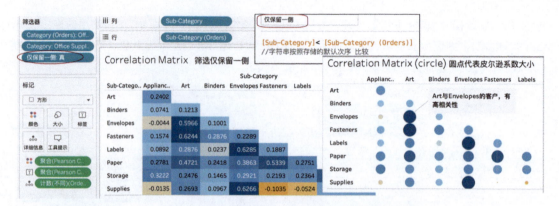

图 11-12　仅保留一侧的系数，并切换为圆点形式突出正相关

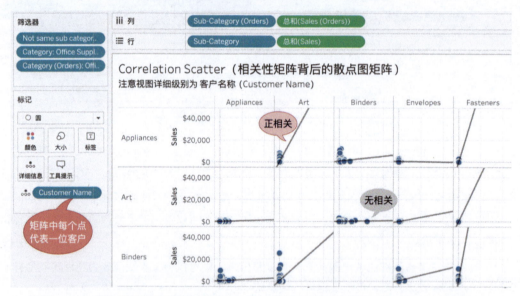

图 11-13　皮尔逊系数背后的散点图矩阵（注：数据点的密集度与相关性系数大小无相关性）

与皮尔逊系数最相关的是"购物篮的连带购买问题"，对应《数据可视化分析（第 2 版）》书中最重要的案例"购物篮分析"，如图 11-14 所示，这里用"连带购买率"量化品类之间的相关关系。详见本书第 13.4 节。

比较之下，购物篮分析是从"订单详细级别"做的连带购买，无须提前准备数据，适合业务分析师使用；而皮尔逊系数需要额外准备数据（比如单独引用 SQL 聚合），更接近机器学习的算法（比如线上商城的购物篮自动关联推荐），对应更高的认知成本，因此不推荐业务用户使用。

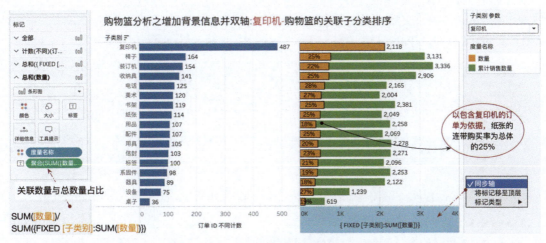

图 11-14　购物篮分析实例

11.4　层次关系：多个维度字段之间的结构关系

散点图描述度量之间的相关性，那维度呢？

基于同一个数据源，多个维度字段有多种结构性关系，常见的有层次关系（比如类别、子类别、产品名称，三者前后相互包含，一对多匹配关系）、交叉关系（比如客户 Id 与产品 Id，彼此多对多匹配）和属性关系（一对一关系，如员工编号与身份证号码），如图 11-15 所示。

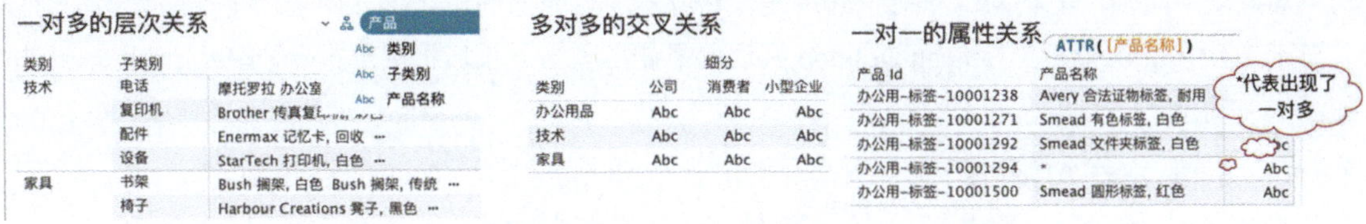

图 11-15　多个字段的匹配关系

在 Tableau 中，多个字段可以构建"分层结构"，从而更快捷地实现层次钻取；交叉关系字段可以快捷构建分析矩阵；而"属性"（ATTR()函数）则作为维度字段的聚合方式之一，用于在不改变问题和视图详细级别的前提下，显性地增加分类维度，还能快速发现不唯一的匹配项。

维度描述问题，维度字段之间的相关性，没有专门的图形与之对应，通常需要结合度量聚合，把业务的逻辑转化为"三图一表"，通过矩阵、形状，甚至仪表板表达相互之间的层次性。

举例说明：图 11-16 展示了"×××公司一线员工组织架构图"（作者 Yuli_Wg），公司组织分为

"大件"和"小件"两个大部门,再分到各班组或区域。借助"离散并列生成分区",颜色代表岗位级别、符号代表性别、数据点代表人数,比较清晰地展示了组织架构图的层次性。

图 11-16　使用 Tableau 的矩阵分区与形状展示组织架构图

这个图形使用类似堆叠条形图的样式表达层次关系,好处在于无须额外地计算或者进行数据处理,清晰明了。如果希望以"金字塔"方式展示,特别是带有弧度的层次图形展现,不同产品就会有明显的差异。至少不是 Tableau 所擅长的领域。

如果从"类别、子类别、产品"的角度,钻取查看公司的利润结构,则是由于产品太多,可以只显示 TOP10 部分。使用 Tableau Desktop 实现的最佳推荐当属仪表板层层拆分,借助互动点击筛选,如图 11-17 所示。

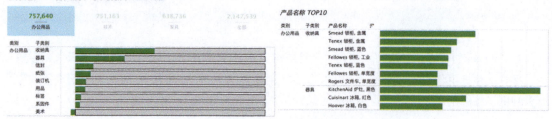

图 11-17　使用 Tableau 基于维度字段展开某个度量

Tableau 擅长创新性分析,但是定制化模板确实较少,好在 Tableau 2021.1 版本正在做出显著的改变。在诸如 Power BI 的工具中,有一些工程师开发好的视图,看上去更加吸引人。如图 11-18 所示，使用"解释树"把"利润"按照上述的层次拆开到产品（默认保留了 TOP 排名，维持了简洁设计）。

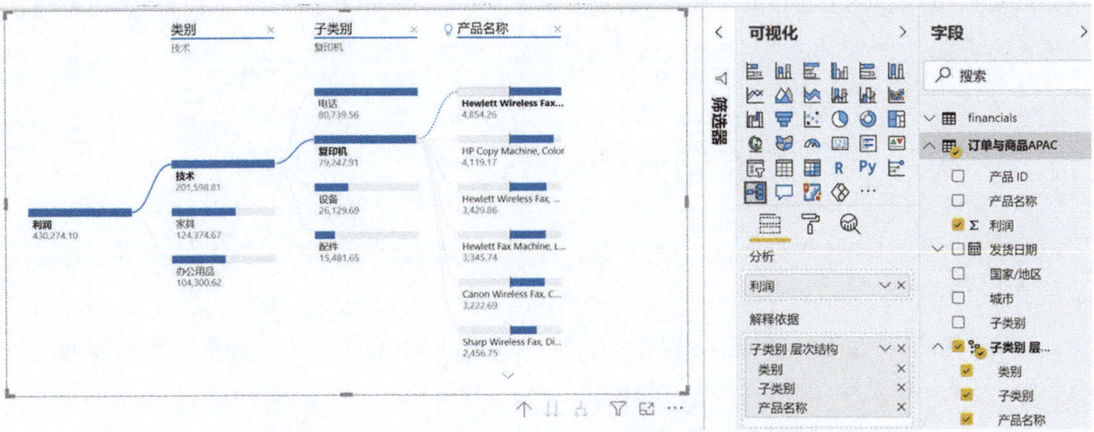

图 11-18　Power BI 中的"解释树"沿着层次字段拆分聚合

在 Tableau 中，可以使用第 8 章占比分析中的嵌套属性图描述维度的层次结构（见图 8-5）。超过了"分区和矩阵、坐标轴和点"范围的都可以将其列入 IT 范畴，特别是各类自定义弧度计算。图 11-19 展示了 Tableau Zen Master Jeffrey 使用 Tableau 绘制的包含节点的关系图，虽然酷炫，但是超过了本书业务分析的范围。

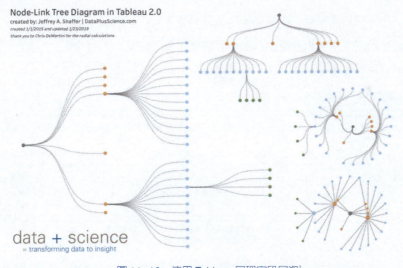

图 11-19　使用 Tableau 展现字段层次[1]

1　引用自 Tableau Zen Master Jeffrey Shaffer 的 Public 页面。

相比思维导图、流程图等专业工具，数据可视化工具在"组织架构"这样的层次描述方面的灵活性不高。因此，业务环境中并不推荐这样做，建议"用最合适的工具做与之匹配的工作"，然后专注于业务场景，除非目的是为了比赛或者在其他需要"炫技"的必要场合。

11.5 次序字段的流向分析：漏斗图和桑基图

在字段分类中有一个特殊类型：次序字段，它既可以像维度字段一样用于分类，又具有连续性。次序字段中不同阶段对应的数据就有了次序变化。

如果不同阶段的数据依次减少，则可以使用"漏斗图"描述比例变化。如果每个阶段的数据总体相同，仅有结构差异，则可以使用"桑基图"描述结构差异。

11.5.1 漏斗图（上）：基于次序字段的变化

漏斗图（funnel chart）又叫"倒三角图"，特别适合描述多个环节的转化率。漏斗图中的次序字段代表阶段，比如"客户状态"（线索、机会、成交、售后）、"客户行为阶段"（浏览、注册、付款）等。

如图 11-20 所示，漏斗图需要以下几个前提条件。

（1）基于次序字段创建完成，次序字段的值至少有 3 个。

（2）不同阶段的度量聚合依次减少，或者有明显的瓶颈环节。

（3）度量聚合可以直接使用绝对值，也可以转化为总体百分比。

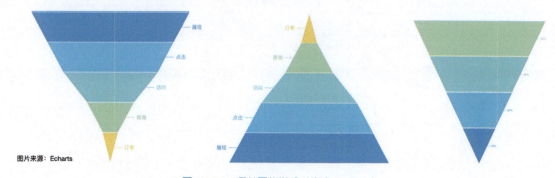

图 11-20　漏斗图的样式（来自 Echarts）

图 11-21 展示了一组网站的转化数据，数据明细为"每天（date）不同阶段（metric 和 tier）的

用户数量（number）"[1]。可以使用"条形图"对数据排序，查看不同阶段的用户数，那么如何改为居中样式呢？

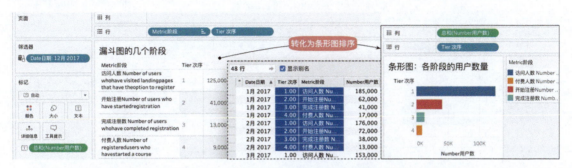

图 11-21　每天（date）不同阶段（metric 和 tier）的用户数量（number）

为了将条形图中的条形居中放置，可以使用自定义计算（-SUM([Number 用户数])）创建一个反向但相同长度的条形图，两个度量条形图并排，或者借助"度量值"拼接，这样形式上就有了"漏斗图"的样式，如图 11-22 所示。

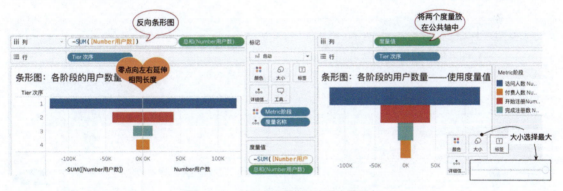

图 11-22　使用条形图拼接实现度量居中

由于次序字段是具有连续性的，这里把"大小"调整到最大，确保不同次序字段对应的条形图紧挨在一起，中间没有缝隙代表连续性过渡。

在确定图形之后，可以根据业务需要增加必要的标签、度量计算或者注释说明。图 11-23 中使用表计算增加了每个阶段相对于初始值的转化率。

在 Tableau 中，业务用户到这一步就算圆满完成任务。也有人觉得矩形不够好，希望像图 11-24 一样将两侧连成线，这通常超过了业务分析师的工作范围。

1　本数据引用自 Public 中的 *Marketing Funnel*，作者 Adam Crahen，也可以参考网站中的介绍。

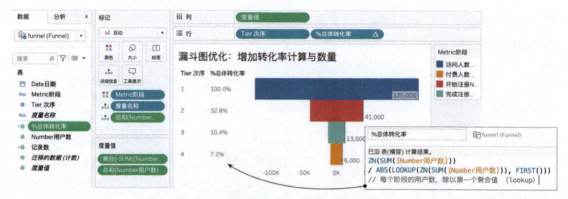

图 11-23　使用条形图完成"条形漏斗图"效果

这里沿着 Tableau 的方式继续探索。

"条形漏斗图"外围的连接,可以被视为条形图顶点圆点的连线,将"标记"改为"线",将"度量值"放到"路径",度量按照大小次序连成线条,如图 11-24 右侧所示。如果将"标记"选择为"多边形",则构成面积区。

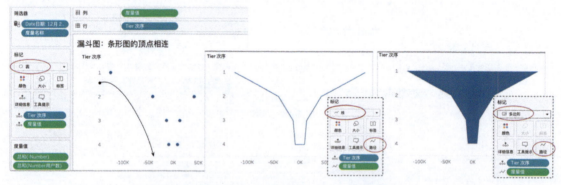

图 11-24　进阶:在"条形漏斗图"基础上增加边界折线

为了实现更好的漏斗图效果,可以把上述的多边形或者折线连接与此前的条形图合并,此时又要用到"双轴"的方法。如图 11-25 所示,复制"度量值"创建两个坐标轴,将第 2 个坐标轴的"标记"类型改为"条形图",并把"大小"调到最小。最后双轴同步即可。

参考 Adam Crahen 在 *Marketing Funnel* 中的设计,还可以增加两个坐标轴(-1 坐标轴和 1 坐标轴),并双轴同步,从而把文本和度量放到漏斗图左侧,如图 11-26 所示。

相对于 Tableau 的自定义方式,很多 BI 工具则提供了预置的"漏斗图"模型。期待有朝一日,Tableau 也会把"漏斗图""雷达图"等加入默认图形中,进一步改善业务用户的使用体验。

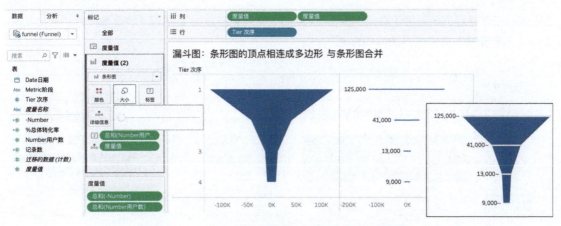

图 11-25　进阶：使用双轴图合并多边形与条形图边界

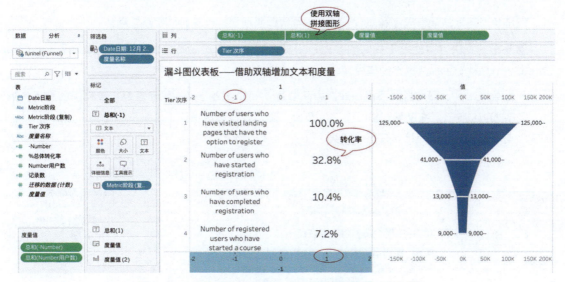

图 11-26　进阶：使用 Tableau 进一步设计漏斗图"仪表板"

11.5.2　漏斗图（下）：基于度量值的变化

11.5.1 节介绍的漏斗图是建立在次序字段基础上的，Tableau 中的次序字段通常是维度。有时分析师也要为独立的多个度量字段构建漏斗图，比如"销售额、毛利额、利润额""报警案件数、出警案件数、立案案件数"等，此时分析逻辑就有较大的差异。

这里以超市数据中的"销售额、毛利额、利润"字段为例介绍。

在第 6 章的"重叠条形图"中，我们介绍了使用条形重叠体现包含关系的方法，如图 11-27 左侧所示。但是这种方法适用于度量少的情况，比如"销售额与利润"，超过 4 种度量时就会略显复杂。此时，条形图反而是更值得推荐的方法。

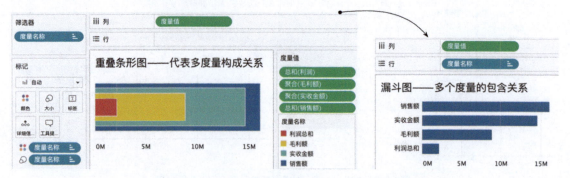

图 11-27　重叠条形图体现包含关系，但适用于少数字段

但是条形图默认代表排序和对比，如何适当地调整视觉打破这种"图形与意义的映射关系"呢？

漏斗图的解决方案就是干扰它的零点，用垂直居中的方式，让视觉注意力聚焦到上下的层次变化上——这就是可视化视觉模式的变化。

作为数据工具，圆点当然不能被改到中间位置，间接的办法是在零点左侧拼接相同的度量条形图。如图 11-28 所示，拖曳复制第 2 个"度量值"坐标轴，然后把第 1 个坐标轴改为"倒序"，从而实现零点的左右拼接，间接实现居中效果。

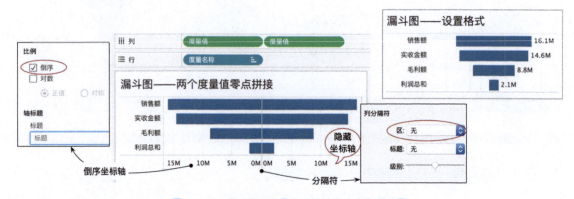

图 11-28　通过两个度量值坐标轴拼接成为漏斗图

由于两个坐标轴的合并在无形中增加了度量值，因此需要隐藏坐标轴，改为单侧显示标签。

当然，相对于次序字段的方法，这里可以扩展的空间就不多了。

11.5.3 桑基图：多阶段的流向变化（简要）

有一个小众但又重要的图形——桑基图（Sankey chart），它以"蒸汽机的能源效率图"（1898 年）的绘制者 Matthew Henry Phineas Riall Sankey 的名字命名。

图 11-29 是使用 D3.js 完成的"能源的来源与消耗桑基图"，描述了能源的来源结构（如核电、风力等）和消耗结构（工业、家用、道路等）。注意，桑基图的两侧通常是总量一致的，因此又称为"桑基能量平衡图"。

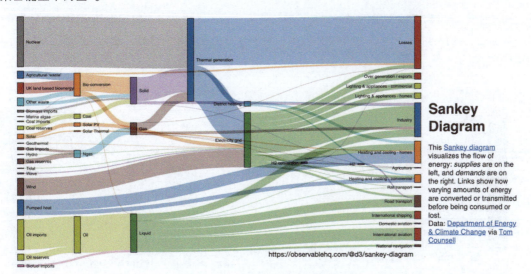

图 11-29　能源的来源与消耗桑基图

制作桑基图需要一定的技术背景，通常会超过业务分析师的能力范围，包括笔者。如果必须使用此类图形，则是请寻求专业开发人员协助。在 Tableau Public 中，有一些大师级的桑基图示例可以参考，如图 11-30 所示，就是大师 Jeffrey Shaffer 的作品。

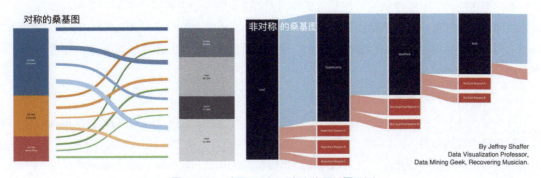

图 11-30　使用 Tableau 完成的桑基图示例

不过，随着技术的进步，未来桑基图的开发成本会进一步降低，如今 Tableau 开发库中已经有了桑基图的扩展程序（扩展 Sankey Diagram，见 Tableau Extension），可以按照要求准备数据，然后设置完成。

11.6 瀑布图：多个数值的依赖关系

瀑布图（waterfall plot）采用绝对值与相对值结合的方式，表达多个特定数值之间的数量变化关系。其在企业经营分析、财务分析中使用较多，用于表示企业成本的构成、变化等情况，如图 11-31 左侧所示。

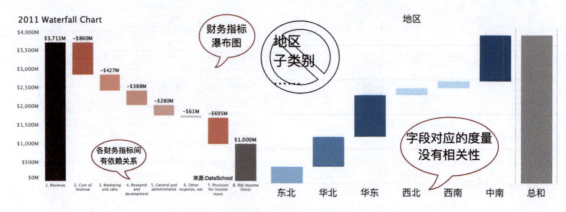

图 11-31　瀑布图的标准样式与错误示例对比

绘制瀑布图时有以下几个注意事项。

（1）瀑布图不属于排序问题类型。

虽然瀑布图的形式是柱状图，但是其更强调相对差异变化，并不关心各离散类别的排序比较。离散类别的字段具有一定的依赖性，比如企业成本中"销售额、折扣额、费用成本、息税与净利润"构成的瀑布图，也没有比较的必要性。因此，瀑布图对应的问题类型不属于第 6 章的排序对比，而属于多个度量的相关性。

（2）瀑布图的关键是横轴的分类字段。

瀑布图关注各类别之间的"相对差异"和最后全部类别的"绝对累计"，因此要求横轴的分类字段中的数据具有依赖性。比如将营业收入作为开始的瀑布图，"投资收益"会增加净收入，而财务费用、管理费用会减少净收入，而且可以理解为费用和成本都是从收入中扣除的部分。

因此，基于"各子类别的销售额变化""各地区的利润变化"的瀑布图，是没有意义的（除非仅仅是练习制作技能）。

（3）数据结构。

不同的工具对数据结构略有差异，Excel 和 Tableau 中都要求是横轴"分类字段"和纵轴"度量字段"作为列数据，而不能把分类字段的度量分在多个字段列中。图 11-32 所示为 Excel 中制作瀑布图的数据结构和图形示例。

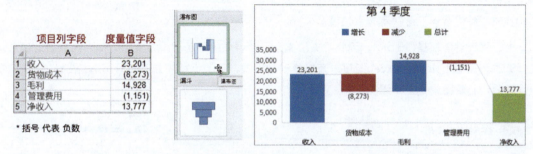

图 11-32　Excel 中制作瀑布图的数据示例（注：Excel 数据可以没有标题）

同时，瀑布图需要使用累计汇总，因此计算都是"加法"，这就要求扣减的成本、费用等数据是"负数"，而收入、收益等字段是"正数"。

这里使用简单的数据样本制作财务主题的瀑布图，如图 11-33 所示。

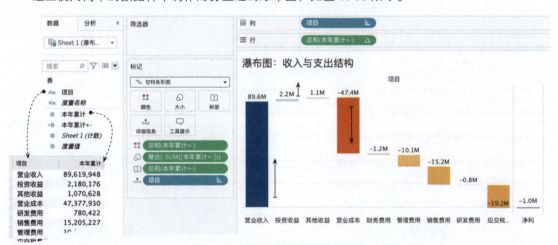

图 11-33　使用 Tableau 制作瀑布图

Tableau 中使用"累计汇总"（表计算→汇总）控制每个分类的初始点，用甘特图控制延伸的方向和长度。有如下几个关键点。

（1）起点很关键，它是接下来增减的基准字段，比如这里的"营业收入"。

（2）为了使瀑布图的变化永远相对于此前的累计值，这里将标记样式选择为"甘特图"，然后用度量值控制甘特条形的延伸方向和大小。

（3）增加"合计"字段作为最后的"累计汇总"，并按照需求修改标签名称，比如这里的"净利"。

下面重点介绍一下如何控制甘特图字段。

首先，使用累计汇总决定起点位置。

由于累计汇总都是"加法"，因此"支出类型"字段如果不是记录为负数，那么还需要通过自定义计算改为负数（如果是 Excel 则可以直接修改数据源，但数据库表显然不行），如图 11-34 左侧所示。之后，甘特图就确定了瀑布图的起点。

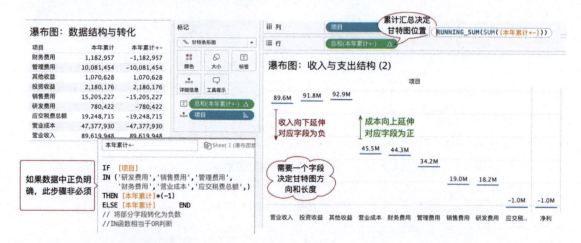

图 11-34　调整字段并使用累计汇总确定瀑布图起点（这里使用了 Tableau 的 IN() 函数）

其次，字段要按照业务逻辑排序。

如图 11-35 所示，收入类型的数据在前，支出类型的数据在后。由于使用"累计汇总"控制甘特图的起点位置，因此当前字段的延伸方向与它的数值正负正好是相反的。因此，使用 "-SUM()" 字段控制大小（相当于 SUM*(-1)）。

最后，为条形图增加一个"合计"项目，必要时可以通过"设置格式"修改名称。

总结：瀑布图描述的是具有依赖关系的多个阶段度量的相关性，通过相对计算表达对比，通过累计计算总结结果。

第 11 章　超越经验，走向探索：广义相关性分析

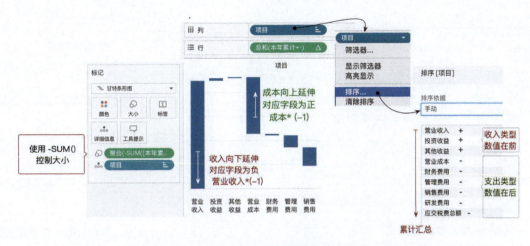

图 11-35　设置一个反向字段控制甘特条形的延伸方向

11.7　雷达图：多角度的综合关系

雷达图（radar chart）是从多个角度综合分析某个特定对象的绝佳图形，其背景由多重等边多边形和等分极坐标网格构成，因此又被称为"极坐标图"或者"蜘蛛图"。

在雷达图中，每个分析角度占据多边形的一个顶点，它可以是分类维度（比如月份、产品功能），也可以是度量名称（比如投资回报率、资金周转率、利润率等）。顶点与中心的距离远近代表度量大小，数值越大，越远离中心坐标，顶点构成的多边形面积也就越大。多个多边形则可以形成对比，如图 11-36 所示。

图 11-36　雷达图实例

雷达图的绘制分为两个部分：绘制底图；将顶点首尾相连成为多边形。很多工具都能实现雷达图，图 11-37 所示的简单雷达图，就是使用 WPS Excel 完成的。

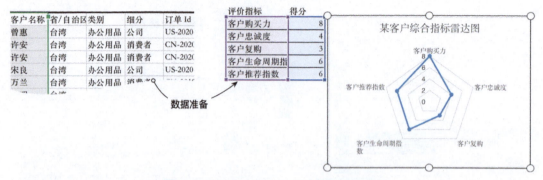

图 11-37　使用 WPS Excel 完成简单的雷达图

Tableau 并没有内置的雷达图图形,不过有很多人为它写下了详细的自定义教程,最棒的当属 The Information Lab 的博客[1]。这里使用一个简单的实例完成分析,图 11-38 使用雷达图展示了部分知名球员的综合能力。

图 11-38　使用雷达图描述球员的综合能力（作者：扫地 sir）

雷达图就是把一组数据放到一个极坐标系中。极坐标系不好控制,因此要转化为 X-Y 笛卡儿坐标系。这个转化过程涉及一些中学数学的知识：几何计算与角度转换。

如图 11-39 所示,使用 cos 和 sin 函数可以把角度转化为 X-Y 坐标值,Tableau 不支持角度计算,因此要把角度（360°）转化为弧度（2π 弧度=2·PI()）,这是关键。

明确了这个过程,先使用交叉表理解映射,并计算每个数据点的 X-Y 坐标。如图 11-40 所示,选择最小样本（某一个球员）数据,把它的能力值作为半径,转化为 X-Y 坐标。

1　通过浏览器搜索引擎,前者搜索"构建雷达图　site:kb.tableau.com",后者搜索"用 Tableau 画雷达图　扫地 sir"。

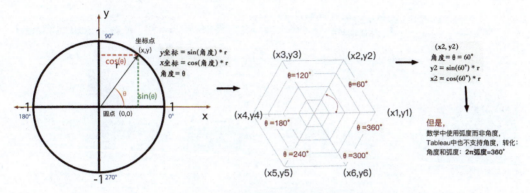

图 11-39　雷达图中坐标的转化过程

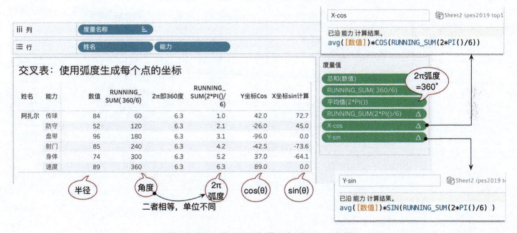

图 11-40　为每个数据点创建 X-Y 坐标

之后，就是转化为图形的过程，注意 X-Y 坐标都是表计算，表计算的关键是计算依据：这里为"能力"字段。

使用上面的 X-cos 和 Y-sin 字段为横轴与纵轴创建可视化空间，即作为 Tableau 中的行列字段，把"角度"字段设置为次序（RUNNING_SUM(2*PI()/6)），就可以连成线，如图 11-41 左侧所示；更改标记类型为"多边形"并设置相同的次序字段，就是填充的面积了，如图 11-41 右侧所示。

这里使用多边形图片作为雷达图的背景。点击"地图→背景地图"选择对应的数据源，根据行列字段的轴范围在背景图片中设置图片的 X 和 Y 边界，按图 11-42 所示的设置，即可把圆点设置为图片中心。

如果要用数据创造背景网格，则要额外创建数据，超过了业务用户的范围，有兴趣的读者可以搜索官方说明尝试操作，或者参考"扫地 sir"的雷达图博客或 Public 主页。

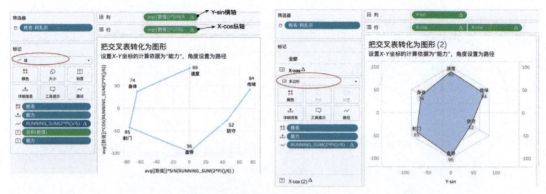

图 11-41　使用创建的行列字段转化为图形：连线或者多边形

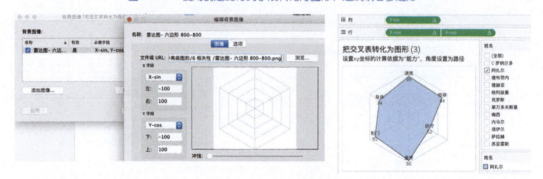

图 11-42　为雷达图设置背景网格

11.8　相关性或因果关系：基于空间的流行病学案例

在本章的尾声，还需要特别补充的是，相关性关系不同于因果关系。

在《大数据时代》一书中，作者舍恩·伯格认为大数据的重要特征之一就是"相关性胜于因果关系"。数据变量太多，要证明 A 和 B 的因果关系，就需要严格的环境以排除干扰；在业务分析与业务决策中，相关性及其关联程度就是决策的基础。

当然，在很多情况下，因果关系很重要，它通常与责任归因紧密相连，比如要论证"利润大幅下滑是由过度打折导致的"，除了证明二者是正相关的，还需要排除单价波动、成本上涨、费用增加等各种其他变量。就像一个人骑电动自行车与汽车相撞，想要证明汽车方全责（"因果关系"），就要排除电动自行车方面的各种可能原因（刹车失灵、违章、酒驾等），还要证明电动自行车方不是过错方（违反指示灯、超速等），毕竟，电动自行车撞上了停车场的汽车是不能要求对方赔偿的。

可见，因果关系和相关性关系的关键差异在于因果关系是直接的，相关性关系则存在更多的"潜在变量"。在《统计学的世界》一书中，作者用图 11-43 解释了相关性关系的多种场景。

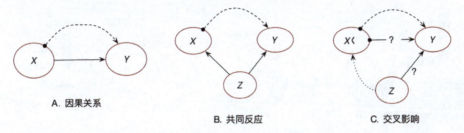

图 11-43　相关性关系与因果关系

可以把因果关系分析视为相关性分析的特殊情形，而把空间分析视为分布分析的特殊情形。

接下来介绍一个"因果关系"与"空间分析"相结合的绝佳案例，进一步说明相关性关系与因果关系的差异，这也是学习第 12 章中地理空间分析的基础。

在 150 年前的欧洲，霍乱与天花、鼠疫并列为三大传染病。

由于霍乱普遍存在于脏乱差的地区，因此人们普遍认为霍乱的传播途径是空气（相关性）。但是一位年轻的医生 John Snow 认为，霍乱的传播与空气无关，水源才是真正的传播媒介（正相关性）。

为此，Snow 调查了在 1849 年 8 月的霍乱传播中，两家自来水公司所覆盖房屋的居民死亡率，如表 11-1 所示。Southwark&Vauxhall 自来水公司覆盖房屋的居民死亡率约是 Lambeth 自来水公司的 10 倍，究其原因，是因为前者位于泰晤士河的下游，水质被污染的概率明显更高（当年伦敦是世界最大城市，城市公共系统尚不成熟）。

表 11-1　两家自来水公司所覆盖房屋的居民死亡率

自来水公司	覆盖的房屋数	霍乱死亡人数	死亡率	备　　注
Southwark&Vauxhall	40,046	1,263	3.15%	泰晤士河的下游，水被污染的可能性的确会更大一些
Lambeth	26,107	98	0.38%	

Snow 在他的论文中，试图证明霍乱不是通过空气而是通过水源传播的（因果关系），同时建议当局加强公共卫生管理。可惜，在早期，这个建议并未被重视。

转折点出现在 1854 年发生的另一次大规模霍乱事件中。

1854 年 8 月 31 日，伦敦的苏豪（Soho）区的宽街附近爆发了霍乱，第一天就有 56 人死亡，第二天死亡人数猛增到 143 人，第三天为 178 人……短短几天就累计 616 人丧生。在苏豪区开诊所的 Snow 没有逃离，而是逆行到霍乱中心挨家挨户做"流行学统计"，于是就有了这种被称为"死亡地图"的霍乱分布地图，如图 11-44 所示。

图 11-44　John Snow 于 1854 年绘制的霍乱分布地图

在这张地图中，Snow 用短线代表死亡病例，高度代表这个位置的累计死亡人数（可以视为柱状图），圆点代表水井。Snow 发现死亡人数最高的位置紧挨着一口公共水井，死亡人数与距它的距离为正相关（相关性）。因此，Snow 推测这个被污染的水井才是霍乱的真正原因（因果关系早期推断）。

当然，仅仅这样就写论文、提意见，显然有失学者的严谨态度。因此，在这张地图之外，Snow 又搜集了大量证据，来进一步证伪空气不是传播途径，证实水源才是罪魁祸首，从而从相关性关系提升到因果关系，具体如下。

- 距离霍乱中心非常近的啤酒厂安然无恙！因为他们喝免费啤酒，不喝这里的水——那会不会是啤酒有保护作用？
- 不远处的监狱也安然无恙！虽然他们不喝啤酒，但是有自己的水井和自来水公司提供的水——不仅排除了"啤酒保护假设"，而且进一步证明被污染的水是直接诱因。
- 距离霍乱中心非常遥远的地方也有病例！有位妇女怀念老家的水，每天让仆人从霍乱中心的水井打一瓶水，她患病之前的最后一瓶水来自霍乱的爆发日——排除了空气是原因，进一步证实水源才是真正的原因。

据此，Snow 发表了自己的研究报告[1]，并建议当局关闭这个公共水井。

于是，霍乱爆发的第 8 天，政府卸下了水井上面水泵的把手，很快，霍乱消失了！这最终证实了 Snow 推断的因果关系。

1　*On the Mode of Communication of Cholera*，作者 John Snow，最初由 C.F 出版于 1854 年。Cheffins，Lith，Southhampton Buildings，伦敦，英国。

你看，相关性容易推断，因果假设的建立却非常困难，需要反复地假设验证和证伪、证实，才可能通往因果关系的终点。

即便如此，依然有很多人坚持"空气才是霍乱的传播途径"，不相信这位医生的结论。这时，如果有人能追溯到这次霍乱的源头（查找"零号病人"），就能进一步证实或者证伪上面的假设了。

幸好，一位圣卢克教堂的牧师亨利·怀特黑德花了几个月的时间，追溯到"零号病人"：一名5个月的女婴。她的母亲把洗尿布的水倒在了距离水井很近的污水池里，因为污水池损害，污染了水井（当年还没有尿不湿）。亨利·怀特黑德把调查分析发布到当时的专业杂志上，这进一步帮助民众建立了"水源才是霍乱的真正传播途径"的因果关联，也进一步避免了席卷欧洲的大霍乱。

多年之后，科学实验又提供了更多佐证。生物学家巴斯德发现细菌，后来罗伯特·科赫从水源中分离了霍乱弧菌。可惜，此时的 John Snow 已经病逝，他虽然喝蒸馏水躲过了霍乱，却死于中风。

因此，John Snow 被称为"现代流行病学之父"，他绘制的"死亡地图"也是早期有代表性的可视化作品之一。

如今，借助 Tableau 方便、快捷的可视化技术，Panoptical 的 Tim Deak 重新研究 John Snow 为 1854 年伦敦霍乱瘟疫制作的经典地图[1]。如图 11-45 所示，红色圆圈大小代表当前位置的死亡人数多少，水滴形状代表水井。

图 11-45　Panoptical 的 Tim Deak 为 1854 年伦敦霍乱瘟疫制作的经典地图（1）

霍乱区域外围有大量水井，但是没有引起霍乱。中心的水井被大量的圆圈遮挡，可以通过图 11-46 进一步查看放大后的霍乱中心。

1　引用自 Tim Deak 的 Tableau Public 主页，视图入选 Tableau Viz of Day。

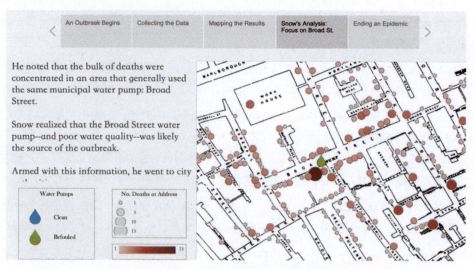

图 11-46 Panoptical 的 Tim Deak 为 1854 年伦敦霍乱瘟疫制作的经典地图（2）

借助 Tableau 的故事讲述方法，可以把整个过程的相关性与前因后果结合起来，结合 Snow 论文中的啤酒厂、监狱等的进一步佐证，就是完美的统计学案例。

如今，新型冠状病毒肺炎在全世界肆虐，Tableau 为联合国、美国白宫、霍普金斯大学，还有国内某些知名机构等提供了敏捷的疫情分析工具。通过 Tableau 官方网站的 COVID 页面，全世界众多用户也可以直接获得疫情资讯。

至此，最关键的大数据分析图形（分布与相关性）已经讲述完毕，相比此前"三图一表"代表的确定性，它们代表的不确定性的分析，需要更多的假设、验证环境，也需要更多经验的参与。

第 12 章

特殊的分布：地理空间分析

地理分析可以视为分布分析的特殊形式——以经纬度为空间的数据点分布及其关系。本章沿用此前的分层绘制方法，介绍地理空间分析的常见形式，主要如下。

- 地理空间与地理图层。
- 点图和热力图。
- 符号地图和背景地图。
- "化学元素周期表"与自定义地理空间。
- 路径地图和流向地图。
- 自定义空间坐标和组合图形。

12.1 地理空间和地理图层

所有的可视化必然存在于一个空间中，地理空间也不例外，只是有些特别——和散点图的 X、Y 轴垂直空间（"笛卡儿空间"）不同，地理空间是以经度和纬度为轴生成坐标系的。

经度和纬度并不真实存在于地球，是人为虚拟出来的，而由于地球表面近似球面，使用不同方法从球面转化为平面，结果也会截然不同。相比之下，X-Y 垂直坐标系则要标准得多。

目前普遍使用的地图是采用"墨卡托投影（Mercator）"方法绘制的投影，它能保证航海时方向准确、手机导航的拐角是直角，但是它放大了高纬度的区域面积，世界第一大岛"格陵兰岛"在地图上看上去和非洲差不多大，实际上只是后者的 1/14。除此之外，还有"高斯-克吕格（Gauss-Kruger）投影"和"UTM（Universal Transverse Mercator）投影"等多种绘制方法。

对大部分 BI 工具，只要有经纬度就能绘制地理空间，每个地理坐标都对应经纬度地理空间中的数据点。如图 12-1 所示，Tableau 可以为全球公认的地理位置（比如国家、省份、城市、机场等）自动匹配经纬度，生成空间坐标。

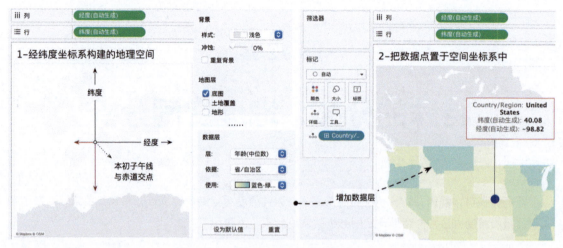

图 12-1　地理空间坐标系（经纬度坐标系）

基于全球一致的坐标系，可以预先增加很多"地理图层"，常见的有底图（默认）、土地覆盖、国家/地区边界、海岸线等。在"地理图层"之外的部分，统称为"数据图层"，比如各省的销售额、各城市的利润、飞机的航线等。

地理空间分析是预置"地理图层"与自定义"数据图层"的重合。

12.2　点图与热力图：地理空间分布及其扩展形式

12.2.1　点图和热力图的对比说明

点图是最简单的地理可视化图形，通常只表达坐标"是什么/在哪里"，不说明"有多少"，因此只有维度，没有度量字段。

图 12-2 展示了全球 1900 年至 2014 年的地震分布。不管地震等级高低、持续时间长短，均以相同的圆点代表。如果是基于数据源行详细级别的数据分布（即最高颗粒度），那么无须聚合度量就可以展开（Tableau 中对应取消"分析→聚合度量"命令）；或者把行详细级别字段添加到标记中。

这种类型的地理位置图形称为"点图"，以"圆点"绘制。图 12-2 展示了地震事件在全世界的地理分布情况，可以发现地震带集中在海陆交接区域，其中尤以亚洲和太平洋交界处为最频繁。

第 12 章 特殊的分布：地理空间分析

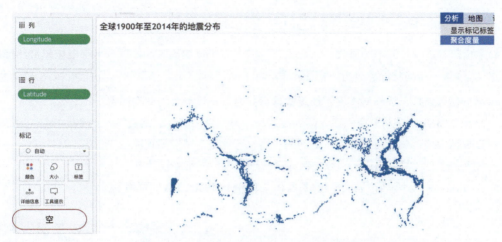

图 12-2　全球 1900 年至 2014 年的地震分布

不过，很多时候，点图分布过度密集、相互覆盖，无助于发现分布的特征。这就需要能体现"点图"密度的新图形——密度图（density）或者热力图（heat map）。

图 12-3 左侧展示了美国 1955 年到 2013 年的冰雹情况（隐藏了阿拉斯加、夏威夷等地区）。同样，这里不关心冰雹的剧烈程度，只是查看其分布。除了西部区域稀疏可见，其他区域难以分辨密集程度。此时，"热力图"就表现了它的优势。

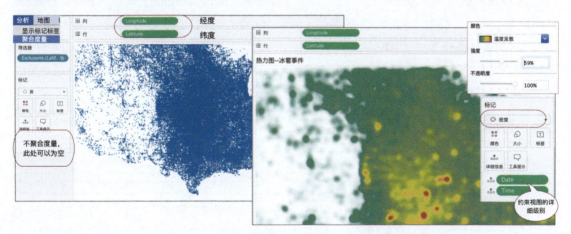

图 12-3　美国冰雹的分布——点图与热力图的对比

"热力图"（或称密度图）以颜色深浅表达点的密集度，可以发现中部区域的冰雹灾害最严重。

"点图"和"热力图"是展示地理分布的基本图形，前者用于直观发现事件本身的地理分布，而后者则进一步抽象化为密度分布，从而揭示密集程度。

12.2.2 MakePoint 空间点和 BUFFER 缓冲函数

除了全球普遍认可的地理属性，比如国家、城市、机场编码等，地理分析都要依赖经纬度坐标点数据。为了进一步简化地理分析可视化难度，Tableau 陆续推出了一系列空间函数，如图 12-4 所示。

- MAKEPOINT：把一对经度、纬度数据合并为点，可称之为"空间点"
- MAKELINE：在两个空间点之间创建连线，可称之为"空间路径"
- DISTANCE：测量两个空间点之间的距离，可称之为"空间距离"
- BUFFER：计算数据点周边缓冲区，可以理解为"指定半径范围"
- AREA：用于计算空间多边形的表面积（Tableau 2020.2+版本可用）

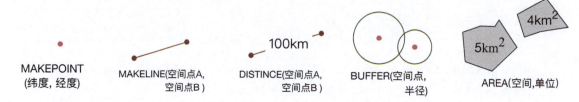

图 12-4　Tableau 主要的空间函数

上述函数都是建立在经纬度空间坐标基础上的；在引用经纬度时，一律纬度（Latitude）在前，经度（Longitude）在后。涉及单位，可选的单位主要有米（meters、metres、m）、千米（kilometers、kilometres、km）、英里（miles 或 mi）、英尺（feet、ft）等——注意一律使用英文。

可以想象如表 12-1 所示的数据表，MAKEPOINT 函数相当于增加了一个辅助列，类似于用合并（Merge）的方式把经度、纬度合并为一个空间点，从而充当"地理角色"——双击即可生成地图。

表 12-1　将经度和纬度合并为一个空间点

地点名称	地点编码	纬　　度	经　　度	MAKEPOINT
一分厂	001	34.53	123.45	(34.53，123.45)
二分厂	002	43.35	134.56	(43.35，134.56)
三分厂	003	33.23	125.45	(33.23，125.45)

如图 10-5 所示，使用 MAKEPOINT()函数为每座地铁站创建空间点，而后双击即可创建空间地图。注意，此时的地图中没有其他维度，所有数据点是作为一个整体出现的——从这个角度看，不能把 MAKEPOINT 直接视为行级别函数。只有在添加线路或者站点名称等维度字段时，才能点击线路或者站点交互。也就是说，空间点优化了地图空间了生成方式，但依然要遵循"维度决定问题详细级别"的基本原则。

第 12 章　特殊的分布：地理空间分析　｜　263

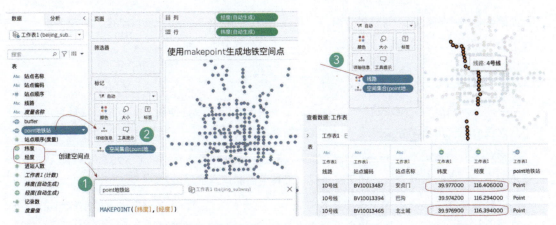

图 12-5　在视图中使用 MAKEPOINT 创建空间点

通常，MAKEPOINT 空间点不会单独使用，而是与其他函数结合，比如 Buffer 缓冲区函数。

BUFFER，用于标记空间点周围特定距离的范围——比如超市的辐射半径。

在图 12-6 中，使用 BUFFER 函数为到达机场设置 100km 的缓冲区（见图 12-6 位置①），而后拖入视图生成新图层，就会看到到达机场周围的较大圆圈（见图 12-6 位置②）。用这种方法，可以替换之前 "end 到达" 图层。每个标记都可以设置位置或是否隐藏（见图 12-6 位置③）。

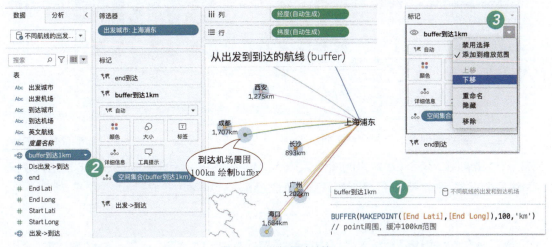

图 12-6　空间缓冲计算

BUFFER 函数的第一个参数是空间坐标点，只能使用 MAKEPOINT 函数创建。另外要注意，BUFFER 函数的结果只能放在 "标记" 的 "详细信息" 中，"标记" 的样式必须是 "地图"。

如果数据表中有数据点的辐射范围，或者根据门店的服务人数折算覆盖半径，可以为每个数据点显示不同的缓冲区。这在门店选址分析、分公司分布等分析中非常有用。

12.2.3 自定义坐标系分布："化学元素周期表"

从更广义的角度看，地理空间分析代表的是一种方法，可以延伸到工厂、园区，甚至自定义场景中。这里介绍使用空间方法完成"化学元素周期表"的方法。

俄国科学家门捷列夫（Dmitri Mendeleev）提出并陆续发展至今的"化学元素周期表"，按照特征逐步形成了标准的排列方法。如何在可视化工具中绘制这样的图表呢？

任何数据点都可以放在 X-Y 坐标系的空间中。只需要按照逻辑为各个元素赋予坐标即可。如图 12-7 所示，每个化学元素都在数据中设置了 X-Y 坐标轴，就可以创建坐标。

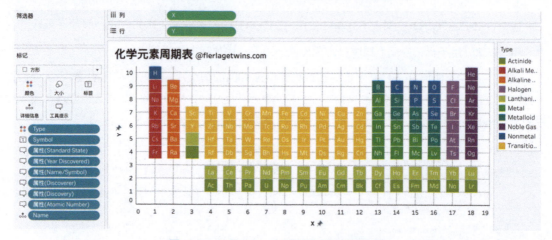

图 12-7　使用 Tableau 绘制的化学元素周期表

看上去和散点图很像，但却截然不同。散点图用于分析两个**变量**的相关性，因此变量是动态的，通常来自数据明细的聚合（比如 SUM(销售额)与 SUM(利润)构建的空间）；而这里的 X-Y 坐标，则是空间中每个数据点的**常量**属性，因此不属于相关性主题。这也是本书把它列入地理空间分析的原因。

12.3　符号地图与填充地图：用大小和颜色标记度量值

点图和热力图分布只关心维度（是什么、在哪里），而不关心度量（有多少）。如果要在地理分布同时增加数量描述，就要引入颜色、大小，甚至饼图等可视化要素，相当于增加更多"数据层"。

12.3.1 符号地图和填充地图：增加更多数据层

图 12-8 展示了地理位置分析最主要的两种可视化形式——符号地图和填充地图。

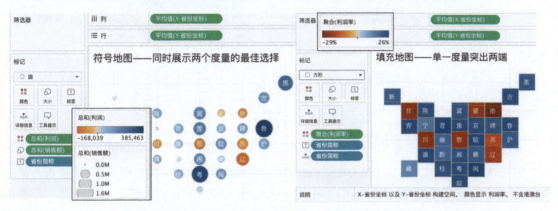

图 12-8　符号地图和填充地图的典型样式（不含中国港澳台区域）

受限于图书审核要求，本书使用自定义 X-Y 坐标代替各省份经纬度坐标系，保留了各省份之间的相对位置，如图 12-9 所示。这种方法在后续会频繁出现。

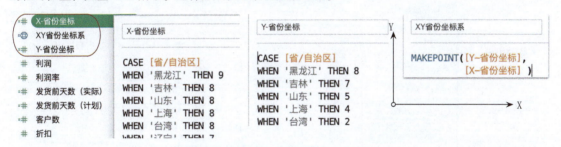

图 12-9　为各省份指定自定义 X–Y 坐标

符号地图可以用圆点、多边形等各种形状代表地理位置；填充地图则使用地理位置自身的区域范围为背景（所以也称为"背景地图"）。在业务分析中，如何恰当地选择符号地图和填充地图？

- 符号地图可以同时使用"颜色"和"大小"展示两个字段；大小常用于展示规模字段，比如销售额、销售数量等，但大小不能展示负值，所以不适合展示利润、利润率等数据，颜色可以完美展示有正负两个极端的数据范围。
- 填充地图只能使用背景"颜色"展示一个字段，通常用于展示"比值字段"，比如利润率，以及包含正负极端的数据，比如利润，如图 12-10 所示。

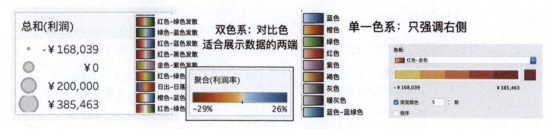

图 12-10 大小无法表达负值,而对比色则完美胜任

12.3.2 地图标记层:组合多种标记样式

Tableau 在 2020.4 及后续版本中,推出了自由组合"数据图层"的"标记图层"功能。

最简单的组合是填充地图(作为背景)与符号地图的组合。如图 12-11 所示,这里使用各省份的手动 X-Y 坐标创建空间坐标(MAKEPOINT()空间函数),隐藏地图层;使用"标记图层"组合 3 个"X-Y 省份坐标系",之后在每个标记中单独设置:最底的图层构建菱形背景(调低透明度)、中间层构建符号地图(符号大小代表销售额)、最上方构建文本。

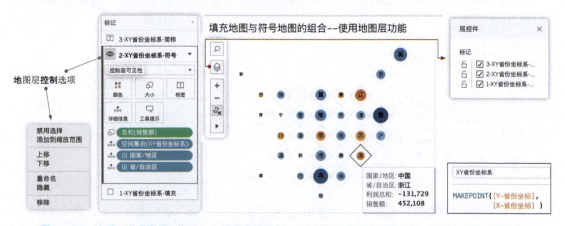

图 12-11 使用"标记图层"构建 3 个数据层的重合[1](读者可以用标准地图创建,这里表达形式受限)

一旦掌握了上述方法,借助以下几个功能的组合,可以实现无穷尽的复杂图形。

- 为数据点在 X-Y 坐标系中创建坐标。
- 使用 MAKEPOINT()函数把 X-Y 坐标转化为空间坐标系。
- 基于空间坐标系使用多重"标记图层"实现"数据图层"的组合。

---

[1] 此处使用了手动 X-Y 坐标,读者可以直接使用超市数据的"省/自治区"完成类似的多重筛选。详见笔者博客的补充说明。

- 不同的"数据图层"分别使用点图、热力图、符号地图、填充地图的样式,并综合标记中的颜色、大小、标签等的使用。

这种组合,借助手动空间坐标,以及此前双轴和度量轴坐标系的限制,进而释放了对组合的想象力。相信会有越来越多的人借助上述的逻辑完成很多实用且丰富的图形。

12.3.3 高级案例:使用表计算自定义空间矩阵

符号地图、填充地图,都可以视为地理坐标系上的散点分布。一对经纬度构成一个区域,增加业务离散字段,则可以构成矩阵空间。图 12-12 展示了多个细分市场在多年的地图分布。

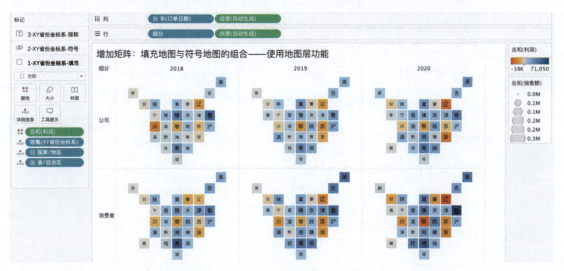

图 12-12 在矩阵空间中的"填充地图"

当然,使用已有离散维度字段构建矩阵是最容易的方法。如果要把 16 年的数据分布在 4×4 的矩阵中,那应该如何呢?Tableau Zen Master Alexander Mou 分享了使用表计算把连续日期转化为 4×4 矩阵的方法,如图 12-13 所示。

如果直接使用"Year"(年)字段则默认并排生成分区,无法生成矩阵。借助表计算创建行列字段,则可以把 16 年转化为 4 行 4 列的矩阵,如图 12-14 所示。

图 12-13　使用表计算把 16 年分布到 4×4 矩阵中（作者：Alexander Mou）[1]

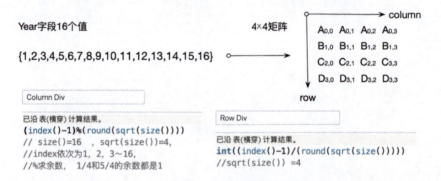

图 12-14　使用表计算把序列转化为矩阵

这种做法使用了高级计算，只要充分地理解基本的数学计算，大部分业务用户还是能理解的（至少可以模仿）。超过这个范围的三角函数计算，在业务环境中则尽可能避免。

基于上述的地理空间样式，结合业务分析的需要，参考此前的可视化逻辑，可以把更多的数据字段通过形状、工具提示等方式添加到地理空间中，从而实现单一到多重"数据图层"的演化。

1　参见 Alexander Mou 的 Tableau Public 页面。

12.4　路径地图：路径多点连线和 MakeLine 双点连线函数

除了与点、面（填充）的结合，还可以使用路径展示数据点的先后次序和流向。

12.4.1　多点路径：使用次序字段连接多个空间点

如图 12-14 所示，以北京地铁、飓风和英格兰公园为例，展示了 Tableau Desktop 绘制路径地图的具体过程与方法。它们都使用了自定义经纬度坐标在地图中构建连线或者区域。上述 3 个案例代表了 3 个路径类型：地铁和飓风代表单向路径，其中地铁使用了固定次序，飓风是动态次序（时间）；公园代表闭环路径，也使用了固定次序。视图中次序字段必须是维度（次序字段），而非聚合度量。

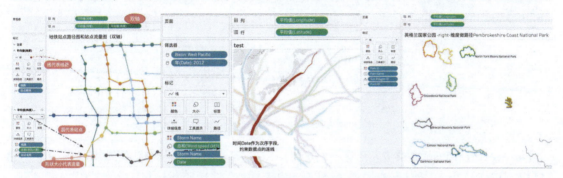

图 12-15　3 种代表性的路径地图：地铁、飓风和公园

不管是单向还是闭环、是固定路径还是动态路径，上述的路径地图都是由非常多的数据点连接而成的；对应的数据源都有如下特征：每一行代表一个数据点，每一行都包含一个次序字段（比如时间、地铁站次序编号）。如图 12-16 所示。

北京地铁数据源（每行数据一个地理点）

站点编码	站点名称	站点顺序	线路	纬度	经度
BV10013454	苹果园	1	1号线	39.926300	116.178000
BV10000295	古城	2	1号线	39.907400	116.190000
BV10013455	八角游乐园	3	1号线	39.907400	116.213000
BV10000302	八宝山	4	1号线	39.907400	116.236000
BV10013456	玉泉路	5	1号线	39.907400	116.253000
BV10013457	五棵松	6	1号线	39.907500	116.274000
BV10013458	万寿路	7	1号线	39.907500	116.295000
BV10000306	公主坟	8	1号线	39.907500	116.310000
BV10000188	军事博物馆	9	1号线	39.907400	116.324000

飓风的路径地图（每行数据一个地理点）

Basin	Storm Name	Date	Latitude	Longitude
West Pacific	PAKHAR	3/26/2012 12:00:00 AM	9.5000	115.7000
West Pacific	PAKHAR	3/26/2012 6:00:00 AM	9.5000	115.4000
West Pacific	PAKHAR	3/26/2012 12:00:00 PM	9.5000	115.1000
West Pacific	PAKHAR	3/26/2012 6:00:00 PM	9.4000	114.8000
West Pacific	PAKHAR	3/27/2012 12:00:00 AM	9.4000	114.5000
West Pacific	PAKHAR	3/27/2012 6:00:00 AM	9.4000	114.3000
West Pacific	PAKHAR	3/27/2012 12:00:00 PM	9.4000	114.0000
West Pacific	PAKHAR	3/27/2012 6:00:00 PM	9.4000	113.7000
West Pacific	PAKHAR	3/28/2012 12:00:00 AM	9.4000	113.4000

图 12-16　路径地图的数据样式（每行一个数据点）

如果构成路径的数据点在一行中呢？比如每个订单中货物的发货港和到货港信息。

12.4.2 点到点路径：Makeline 空间线函数和 DISTANCE()直线距离函数

此时上述方法就不行了，可以改用"空间函数"的方法。MAKELINE()路径函数可以创建从 A 点到 B 点的路径，而 A 点和 B 点可以借助 MAKEPOINT()函数生成，如图 12-17 所示。

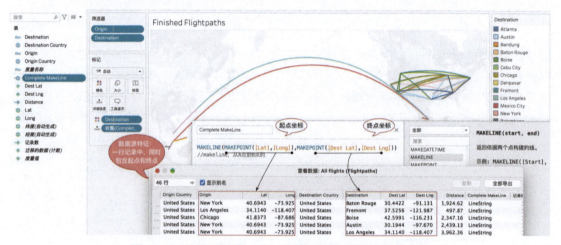

图 12-17　使用空间函数：在一行中同时包含起点和终点的数据

与 MAKELINE()函数类似，还有一个 DISTANCE()函数可以用于计算路径的距离——建立在 MAKEPOINT 空间点基础上。如图 12-18 所示，使用 DISTANCE()函数计算从起点到终点的距离。

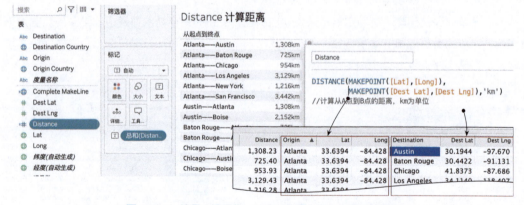

图 12-18　使用空间函数：计算行数据中两个位置点的距离

12.4.3　AREA 空间面积函数

Tableau Desktop 2021.2 版本中增加了 AREA 空间面积函数。和 MAKELINE、DISTANCE、BUFFER 依赖于 MAKEPOINT 不同，AREA 函数必须使用多边形空间。Tableau 支持的空间文件有

GESJSON、KML、SHP 等多种格式，也支持连接多种地图数据库。

这里使用 Maric Reid 的示例仪表板（来自 Tableau Public），借用其"伦敦各行政区空间地图"介绍。如图 12-19 所示，左侧显示了伦敦的面积，后侧则是每个区域的面积。双击 Geometry 空间字段可以直接生成全市的地图，只是默认是"全城一块"（位置①），因此将 AREA 字段加入标签后，显示的全市的空间面积（位置②）。当字段【Lad20Name】加入标记的"标签"之后，各个行政区划的名称和面积才会显示（位置③）。这里同时用字段【Type of district】来突出了几个关键区域。

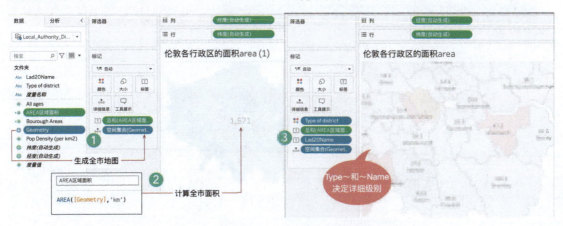

图 12-19　使用 AREA 空间函数计算区域面积

特别注意，视图中只有"空间集合"生成面积时，AREA 结果是全部区域面积，而增加了 district 区划字段后，AREA 计算结果是各区划的面积。可见，AREA 作为度量字段，如同 SUM([销售额])随着视图详细级别变化而变化。

12.5　地理空间图形的说明

讲到这里，地理空间可视化的内容基本结束，最后结合业务分析的经验说明几点。

（1）对可视化，地理可视化不是必备选项，不同的工具实现的难度也大相径庭。如果数据涉及地理位置（数据源中有 where 类型的字段且重要），初学者可以使用符号地图或者背景地图，作为仪表板中的一部分，兼顾筛选器使用。

（2）对中高级用户，地理空间可视化可以做到非常炫酷，特别是在 Tableau "标记图层"的加持之下，因此是高级可视化、比赛、追求炫酷效果的不二之选。但是对业务分析师，"复杂不等于深入，反之亦然"，复杂是眼睛直觉的天敌，本书不建议在业务环境中使用点、线、面之外的特殊形式，特别是弧度。除非你的领导比你更喜欢"炫酷"的图形,并且希望不计代价实现它们。

(3)对分析,"尽可能追求简单,但不要过于简单"(爱因斯坦),重要的是理解业务和领导的思考逻辑,然后融会贯通此前的所有图形。通常,简单而实用,才是业务的目标。就像笔者喜欢 Ken Flerlage 绘制的这种简单而清晰的图形风格,用极简主义的风格,展示了美国大选中两党之争的力量对比,如图 12-20 所示。

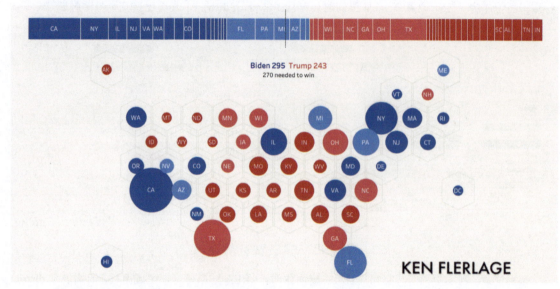

图 12-20　美国大选各州选情条形图与地图组合(作者: Ken Flerlage)[1](引用有调整)

善用工具,表达思考,地理空间可视化是很好的探索阵地。

1　参见 Ken Flerlage 的 Tableau Public 页面。

第 3 篇

超越：从可视化分析走向结构化洞察

至此，本书详细介绍了"问题分析方法"和"可视化构建分析"的主要逻辑及其相互关联。不过，如果到此结束，难免有诸多遗憾。

- 按照问题解析方法（样本范围、问题描述和问题答案），本书还没有介绍"样本控制"，而这是可视化模型化和决策假设验证的关键构成。没有它，可视化会像躺在墙上的油画，再好看也不及花园里飞舞的蝴蝶。借助筛选与交互，敏捷 BI 在深刻的基础上增加了生动，进一步提高了探索分析的效率。
- 问题分析与 7 种基本图形样式及其延伸形式都熟练之后，接下来的路在哪里？无限美好在业务，业务的关键是假设验证和探索分析，前者依赖交互，后者依赖结构化分析。这是本书最终的落脚点。
- 结构化分析，就是"多面向、多角度"分析问题。通过在当前问题中引用其他详细级别的聚合，实现了两个详细级别的结构化洞察。结构化分析的简单形式是相互独立的交互，高级形式是多合一的高级计算。
- 最终，笔者冒昧地为读者提供一下自己的学习经验与建议，希望更多的业务分析师借助敏捷 BI 工具在职业之路上更上一层楼。

这就是第 3 篇的内容。

第 13 章

样本控制与假设验证：交互

问题是由样本范围、问题描述和问题答案 3 个部分构成的。本章简要介绍样本范围的类型、控制方式和在业务中的应用。

分析即假设，决策即择优；假设验证，就是与数据交互的过程。概括而言，交互技术分为以下几个大类。

- 有所取、有所舍的筛选。
- 基于中间变量的高级交互（单值变量用参数、多值变量用集合）。
- 有所突出的高亮显示。
- 弹窗、跳转、导出等交互。

本章重点介绍前两种，第 14 章介绍"在样本范围中指定其他详细级别的结构化分析"。

13.1 在 Excel、SQL、Tableau 中构建分析样本

不同的工具，筛选的位置和查询逻辑有明显的差异，随着技术的发展，功能和易用性都在提高。这里以 Excel、SQL 和 Tableau 为例介绍常见的筛选方法。

13.1.1 Excel 与 SQL 中的静态筛选

在 Excel 中，基于数据明细表，可以通过自定义选择、简单计算或通配符等多种方式筛选数据，多个筛选依次查询，样本逐步缩小，甚至可以基于单元格颜色筛选，并且马上看到结果，如图 13-1 所示。

Excel 中的筛选具有"所见即所得"的优势，适合少量数据的互动查询。但是，在明细数据中，不能针对某个详细级别的聚合完成筛选（比如子类别的利润额）——涉及聚合，属于数据透视表的范围。

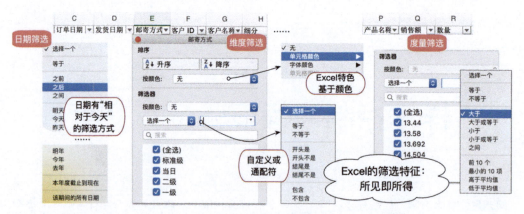

图 13-1 Excel 中的筛选

遇到大数据量、查询聚合和筛选交叉的复杂情形，窗口式的 SQL 查询方式就更有优势。Power BI 中内置的 Power Query 组件也可以视为窗口查询的一种方式。

Excel 和 SQL 的差异，就像有人把所有的积蓄都放在自家抽屉里（所见即所得、随用随取一览无余），而有人则把钱存进银行（平时只看余额不见钱币，通过柜台随用随取）。

SQL 是数据库的窗户。用户借助 SQL 既可以实现明细的筛选，也可以实现特定详细级别的聚合筛选器，只是语法的差异。如图 13-2 所示，左侧代表简单的明细筛选查询，右侧代表建立在明细筛选、聚合及其筛选的过程——判断的依据就是有无聚合函数和"group by"字句，因为 group by 后面的维度是聚合的依据。

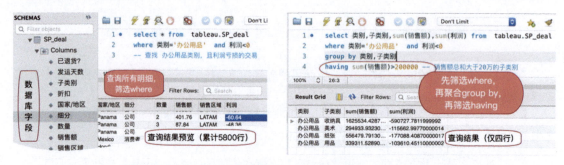

图 13-2 使用 SQL 对明细筛选，和建立在明细聚合上的二次筛选[1]

在图 13-2 左侧的 select…from…where…语法中，where 是对明细的筛选，这里既有维度筛选（类别='办公用品'），也有度量筛选（利润<0），对应的数据明细是"办公用品类别，且利润小于 0 的所有交易"。这个查询过程与 Excel 中的按照字段筛选结果相同。

---

1 这里的数据库使用 Tableau 中的超市数据，基于本地 MySQL 数据库查询。

而图 13-2 右侧的语法则包含了两个筛选过程，首先是 where 语法对应的明细筛选（同左侧的明细筛选器），其次是 having 语法对应的聚合筛选（聚合详细级别是"类别*子类别"）。这个查询过程，相当于 Excel 明细筛选和数据透视表聚合、筛选的结合。

可见，对大数据而言，SQL 虽然需要一点学习的成本[1]，但是它的交互性能、查询效率和通用性是无可匹敌的，它是数据世界的通用语言，因此成为大数据分析中的通用技术。

13.1.2 在 Tableau 中创建筛选的基本方法

相对 Excel，SQL 实现了查询与聚合相统一，但也有它的弱点，它和分析相分离。SQL 通常是 IT 人员使用的工具，他们是数据库的"守门人"。然而分析中最重要的业务逻辑却掌握在业务人员手中，如何实现数据查询、聚合和分析的"三合一"，并尽可能简化前两者的难度，从而推动业务人员自助分析呢？

于是，敏捷 BI 工具开始兴起，其中的代表就是创造性地把"拖拉曳"的交互自动转化为 SQL 查询的 Tableau。Tableau 建立在大约 20 年前斯坦福的科研成果之上，如今，这一技术已经深刻地影响了几乎所有的 BI 软件厂家，甚至人机交互的方式，而其联合创始人 Patrick M.（Pat）Hanrahan 教授也因其在图形方面的突出贡献荣获计算机界的诺贝尔级别奖——图灵奖。图 13-3 展示了 Tableau 在早期原型系统（北极星，Polaris）数据的查询、加工、转化与图形化的方式。

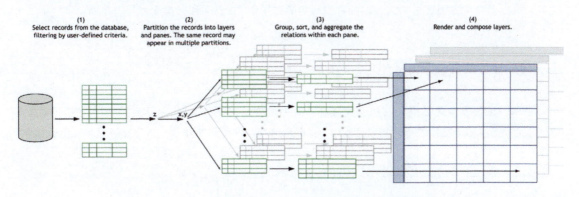

图 13-3　Tableau 原型系统中的数据转化与流行示意图[2]

1　为了写这一段，笔者阅读了图书《SQL 基础教程》（MICK 著），发现 SQL 比笔者想象中容易。
2　图片引用自 *Polaris: A System for Query,Analysis, and Visualization of Multidimensional Databases*，作者：Chris Stolte, Diane Tang, and Pat Hanrahan，vol. 51 | No. 11 | communications of the acm（2008 年 11 月）。

如今，Tableau 已经把这一交互技术发展到更高的详细级别，并延伸到 ETL 和服务器领域。建立在字段分类基础上的数据查询、聚合、交互、计算融为一体，"帮助人人理解并使用数据"。

如图 13-4 所示，使用 Tableau Desktop 直接连接数据库，无须 SQL 语言，拖曳相应字段到视图中，通过合理布局位置就可以实现查询、聚合和可视化展现的全过程。这正是它最迷人的地方。

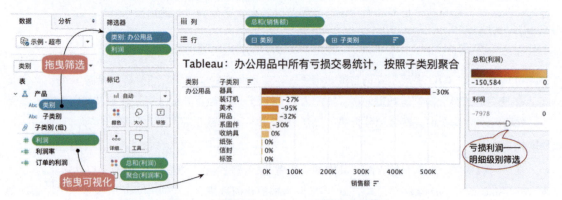

图 13-4 使用 Tableau Desktop 拖曳完成分析

在图 13-4 中，通过拖曳就可以创建维度筛选、行级别度量筛选、聚合筛选，这些工作表中的筛选器统称为"快速筛选器"。Tableau "拖曳即查询、视图即聚合"，它结合了 Excel 的简易与 SQL 的性能，又在可视化方面迈进一大步。筛选过程也通过图形 UI 界面和分类变得异常丰富。

13.2　样本控制的形式与归类

在单一工作表中通过拖曳创建的筛选器，本书称为"快速筛选器"，筛选器根据类型不同有优先级次序；而在多个工作表整合的仪表板中，关联筛选器和共用筛选器则实现了交互查询和筛选控制。

13.2.1　快速筛选器的常见形式与优先级

1. 筛选器的常见形式和默认优先级

有多种方式可以创建分析样本，典型的示例如下文橙色部分所示（这里使用橙色代表样本，蓝色代表问题维度，绿色代表答案）。

- 2020 年 12 月，十大重点单品的销售额是多少？ （离散的日期筛选）
- 从 2021 年 2 月 1 日到 2 月 15 日，各类别的销售额是多少？ （连续的日期筛选）
- 去年，各类别的销售额是多少？（相对范围的日期筛选）

- 消费者细分市场，各类别的销售额是多少？（离散的维度筛选器）

上述是基于维度的筛选器，是相对容易理解的筛选类型——因为它们的样本字段和筛选条件字段是相同的。只要在筛选条件中出现了度量，问题就会变得复杂，特别是当筛选字段与视图维度不同的时候（下面用方框指样本范围中的筛选字段，而用下画线代表筛选条件）。

- 销售额（总和）前 15 名的 客户，每个客户的利润总额是多少？（指定详细级别的聚合筛选——筛选的字段与视图保持一致，都是客户）
- 筛选利润总额亏损 客户，各地区的利润亏损有多少？（指定详细级别的聚合筛选——筛选的字段与视图不同，这种称之为"条件筛选器"）
- 筛选 2020 年所有亏损的交易明细，各类别的亏损利润总和分别多少？（行级别的维度筛选器和度量筛选器）

你会发现，不管是维度还是度量、是明细还是聚合条件、是引用字段本身还是借助计算、是单一字段还是组合，都可以控制分析的样本范围。

在分析中控制分析样本的功能，统称为"筛选"；而在视图或者仪表板中控制筛选的对象，称为"筛选器"。筛选和筛选器如何分类呢？

从"第一字段分类"出发，可以把筛选分为维度筛选和度量筛选——特别注意，这里的度量是问题详细级别的聚合度量。由于维度是聚合度量的依据，因此维度筛选器比（聚合）度量筛选器优先。如图 13-5 所示，在"2020 年，各省份的销售额总和"条形图中，将"销售额"拖曳到筛选器，并选择"总和"（代表聚合筛选），设置聚合范围"至少 300000"，结果就是先筛选年度，再筛选视图度量。

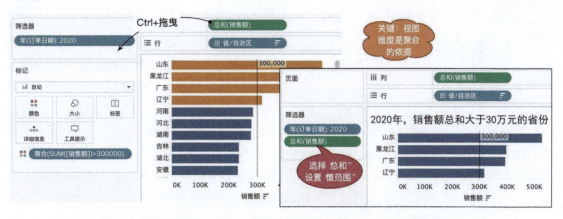

图 13-5 维度筛选器与（聚合）度量筛选器的优先级，以及维度与聚合的关系

2. 筛选器的优先次序

在样本控制中，一个关键就是不同筛选的优先级顺序，考虑到多种计算对样本范围的影响，因此这里从计算的角度理解。

考虑到问题是从行级别到问题详细级别的聚合过程，所有的计算都是在特定详细级别（LOD）上的计算，因此筛选器又可以分为"行级别筛选"（filter on row level）与"聚合筛选"（filter on aggregation）两种。"聚合筛选"又可以分为"依赖于视图维度的聚合筛选器"和"指定详细级别的聚合筛选器"，后者称为"条件筛选器"。它们的优先级如下所示（">"代表左侧优先级更高）。

（指定详细级别的聚合）条件筛选器>维度筛选器（都是行级别）>（依赖于视图的）聚合筛选器

笔者之前还在犹豫，诸如[利润]<0 这样的行级别的度量筛选应该放在哪个位置，甚至想把行级别的度量筛选和聚合度量分开。当笔者从数据明细和问题两个详细级别的角度重建了问题理解和字段分类时（见第 3 章），这个疑惑就烟消云散了——[利润]<0 确实是行级别的计算，但是它的结果是一个布尔判断，布尔属于维度，而非度量。行级别的计算结果，最终要么以维度的方式出现，要么就是聚合度量，在问题详细级别，是没有行级别的度量的，所有的度量都将被聚合。

这里提供一个包含多种筛选器类型的案例，从而说明它们相互之间的关系：在 2020 年，销售额总和前 10 名的客户，在公司细分中亏损的利润总额和盈利的利润分别是多少。

（1）日期维度筛选器：2020 年（背后的计算是 YEAR([订单日期])=2020，布尔维度）

（2）条件筛选器：销售额总和前 10 名的客户，前/后 N 的筛选，是条件筛选的特殊形式

（3）离散维度筛选器：细分=消费者（本质是布尔维度）

（4）基于行级别计算的维度筛选：仅保留利润亏损的交易明细（[利润]<0）（布尔维度）

如图 13-6 左侧所示，把"客户 Id"拖曳到筛选器选择"顶部"条件并设置"前 10，依据：销售额总和"，之后加入订单日期（选择 2020）和细分（选择公司），由于条件筛选器优先，因此获得的结果是"多年销售额总和前 10 名的客户中，哪些人在 2020 年、公司细分有利润贡献"，这里的颜色分类来自行级别的利润判断（[利润]<0）。

如果要把"日期维度筛选"的优先级提高，就要借助"上下文"的方式调整，在"订单日期"筛选器上右击，在弹出的快捷菜单选择"添加到上下文"命令，筛选器变为灰色背景。如图 13-6 右侧所示，此时结果就是"2020 年的所有客户中，销售额总和 TOP 10 的客户，公司细分的利润（总和）"，颜色标记与左侧相同。由于筛选范围变小，数据标记就明显增加。

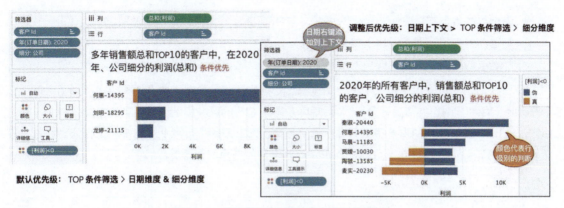

图 13-6 理解多个筛选器的优先级及调整方法

纵观整个 Tableau 的样本控制的相关功能，有全局的筛选（数据源阶段），有小范围的快速筛选（局限单个工作表内部）；有基于已有字段的筛选，更多是基于计算的筛选。本书很难完整地把所有的关键一一列出，这里笔者把自己的经验汇总为图 13-7，可以作为 Tableau "操作顺序" 的宝典。

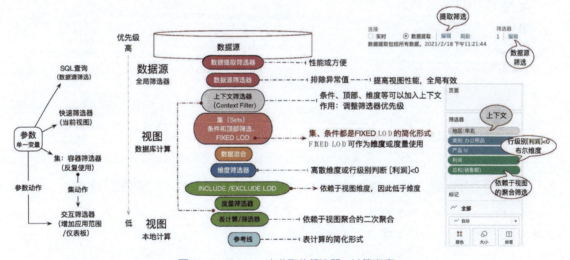

图 13-7 Tableau 中典型的筛选器、计算次序

除了强大的筛选功能，Tableau 还支持多个工作表关联控制或者统一控制，这就是最接近业务主题分析的仪表板功能。

13.2.2 关联筛选器和共用筛选器

在基于仪表板的探索分析中，筛选的功能才真正重要起来。分析师需要考虑以下几个要点。

- 筛选器的类型与优先级（维度、度量、条件/顶部、计算类型等，参考图13-7）。
- 筛选器的应用范围（适用于整个仪表板还是部分视图）。
- 筛选器的筛选条件（视图中的所有字段都筛选，还是指定特定详细级别的筛选）。

图13-8所示的仪表板中整合了多个工作表（分别是矩阵条形图、散点图和排序条形图）以及多个筛选器（订单日期、类别、细分）。激活矩阵条形图右侧的漏斗筛选，就相当于增加了一个"筛选动作"，默认就能以点击的形式筛选其他所有工作表。而右侧筛选器默认来自单一工作表，通过在下面菜单中设置"应用于工作表"，则可以将筛选器设置为共用的筛选器。

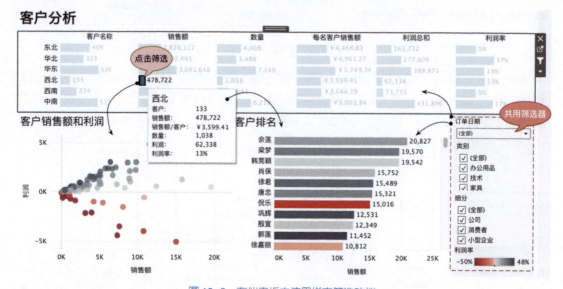

图13-8 在仪表板中使用样本筛选功能

仪表板中的筛选器，依然遵循单一工作表中的筛选器优先级，因此必要时可以调整。

具体的技术细节非本书所能覆盖，希望了解更多Tableau的筛选知识的读者，欢迎翻阅官方文档或者《数据可视化分析（第2版）》一书的第6章。

13.3 基于中间变量的高级样本控制

上述的样本范围是直接使用字段或者简单计算构建筛选样本的方式，这也是交互的最基本、最主要的形式。即便是借助计算，样本范围也是"一次性"的，不能保存，难以对比。相比之下，各类计算机编程语言都设置了"变量"作为中介，高级的分析也需要看这样的中间变量，才能实现动态标杆分析、动态选区占比等功能。

业务用户可能觉得"变量"有些生涩难懂，其实它们是求解方程的必备要素，这也是代数历史上的伟大进步，敏捷分析历史上也是同理。

$$X=1, X+Y=3$$
$$a^2 + 4^2 = 5^2$$

"变量"是传递数据的工具。基于中间"变量"的筛选和计算可以反复使用，Tableau 中分为两种基本形式。

- 传递单一值的参数（parameter）
- 传递多个值的集合（set）

变量作为样本的载体，再以"动作"为更新方式，Tableau 中的交互就瞬间丰富起来。Tableau 中的交互方式如图 13-9 所示，筛选、高亮和 URL 跳转代表传统的一次性交互，而参数和集代表以中间"变量"为媒介的高级交互。这里仅做必要的说明。

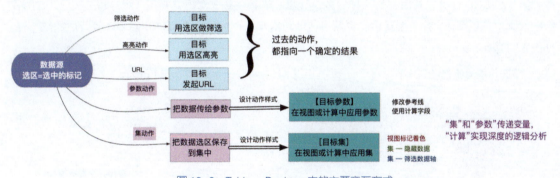

图 13-9　Tableau Desktop 中的主要交互方式

1. 参数（parameter）

参数是最简单、最普遍使用的变量工具，它是全局范围的。

比如，为了让领导能够自定义选择"TOP 分析"的范围，可以设置一个参数控制视图的范围，如图 13-10 所示。

Tableau 中的参数简单灵活、创建方便，不受字段类型限制，可以在数据源阶段（比如加入自定义 SQL 之中）、可视化阶段等多个地方使用，因此是最普遍的变量容器。

但是，Tableau 的参数只能传递单一值，如果需要多个变量（比如选择多个省份之后，计算这些省份销售额在全国的占比），而此时就需要其他变量工具了——这就是伟大的"集"。

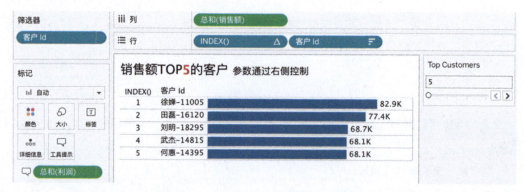

图 13-10 通过参数控制筛选交互的范围大小

2. 集（set）

在数据类型中，"集"是容纳多个值的重要类型，比如{1,2,3}{中国,德国,塞尔维亚}。Tableau 中的"集"和 LOD 计算，背后都是这样的多值计算。笔者在第 3 章把"集"、"组"和"字段"作为高级字段类型加以阐述，就是希望读者更深层次地理解集、条件筛选器、FIXED LOD 等背后的统一性，如图 13-11 所示。

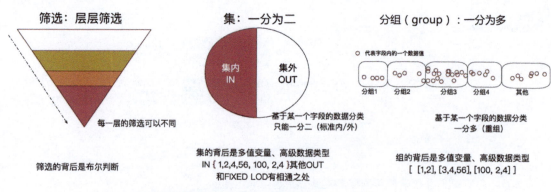

图 13-11 筛选、集和组的 Tableau 图示

单一变量的参数和多变量的集，是从基本视图通往高级业务分析的必由之路。借助交互带来的快捷假设验证，实现业务分析效率的提高。

在《数据可视化分析（第 2 版）》第 7 章，笔者深入介绍了基于集的部分高级应用，如图 13-12 所示，结合集动作功能，可以任意选择省份更新动态省份集，集更新计算，计算更新图形。

集的功能如此强大，因此笔者把它与数据关系模型、表计算和 LOD 表达式并列称为"Tableau 高级分析的四大金刚"。在 Tableau 中，作为变量的参数和集也有明显差异，这里简述如下。

- 参数：支持任意数据类型，支持连续性字段，可以跨数据源使用，易于交互，只能传递单一变量。
- 集：可以容纳多个数据，以布尔值的形式出现（因此特别适合对比），只能容纳离散数据，依赖数据源。

鉴于本书的主题限制以及软件的差异性，具体的交互技术不在此展开。关于 Tableau 交互的相关内容，可以参考《数据可视化分析（第 2 版）》第 7 章或者官方相关文档。接下来，笔者就借助"购物篮关联分析"介绍如何在指定详细级别完成聚合。

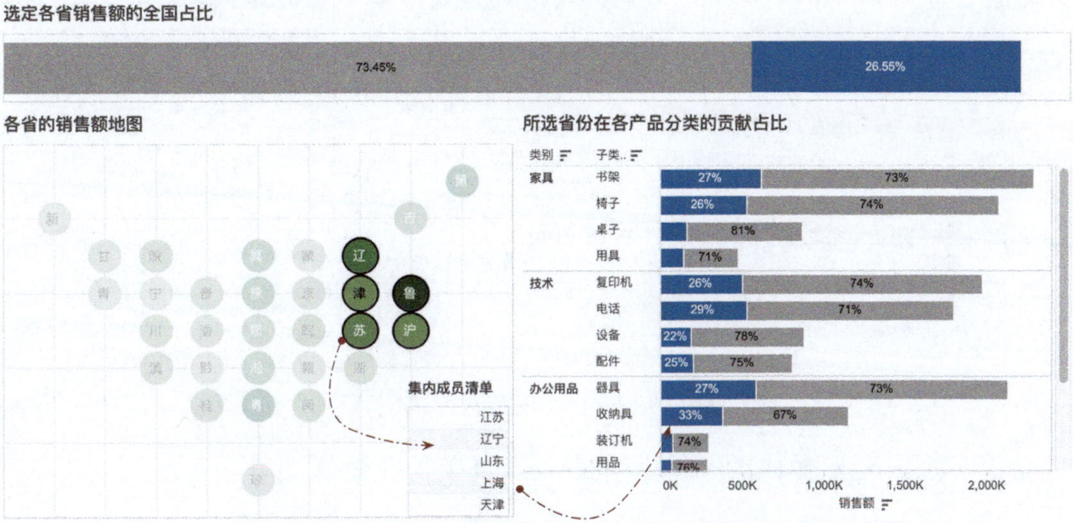

图 13-12　借助集和集动作动态计算选定省份的销售额占比

13.4　样本控制的高级形式：指定详细级别的条件筛选

作为问题分析中变化最多样的部分，样本范围类型众多、组合多样，其中最关键的部分，是指定详细级别的条件筛选，特别是当这个详细级别与视图详细级别不同的时候。

13.4.1　指定详细级别条件筛选的 3 种方式

为了在样本范围中增加高级计算，从而完成有难度的结构化分析，读者需要理解这些不同的筛选类型之后的"异中之同"，特别是从底层的计算角度理解，才能在更加复杂的业务场景中驾轻就熟。

比如，筛选"利润总和大于 1.7 万元的客户 Id"，这里"客户 Id"是筛选字段，"利润总和大于

1.7 万元"是筛选条件,"客户 Id"作为维度字段是聚合的依据(要害),因此可以理解为指定详细级别(客户 Id)上的聚合计算。使用快速筛选器、集和 FIXED LOD 这 3 种方式都可以完成,如图 13-13 所示。

FIXED LOD 语法是结构化分析的关键,它专门用于完成指定详细级别(既非数据表行详细级别、又非视图详细级别)的聚合。一旦理解它,你的业务理解则会进入一个新世界。

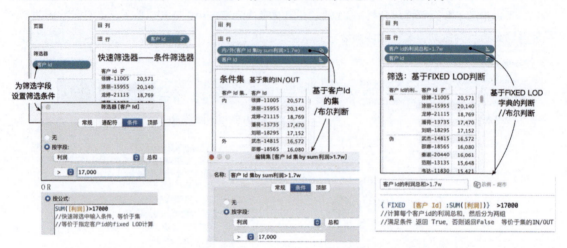

图 13-13　基于维度的聚合筛选:条件筛选、集和 FIXED LOD 的实现方法

13.4.2　购物篮关联分析的样本解读——量化筛选条件

在《数据可视化分析(第 2 版)》一书中,全书最重要的案例,就是 10.5 节的"购物篮关联分析",它综合使用了样本筛选、计算,可以为业务用户提供敏捷的连带购买分析。在这里,使用快速筛选器、集和 FIXED LOD 多种方法加以实现,帮助读者更好地理解背后的过程。这个过程也是医药公司门店动销率等类似问题的基础。

下面分析"在包含桌子的订单中,各个子类别的销售额总和、订单数及连带率"。

在本案例中,样本范围"在包含桌子的订单中"对应的筛选字段是"订单",而筛选条件则是"包含桌子(子类别)"。只是和之前的"利润总和大于 1.7 万元的客户"不同,这里的条件似乎是基于维度的判断,而非基于聚合的判断(SUM[利润]>17000),归根结底,都是布尔判断。

问题的关键就是,如何把"基于维度的判断"(包含桌子)量化为布尔判断呢?

遇到难题,一定要从简单的详细级别开始,或者从数据表行级别明细开始。

如图 13-14 所示,基于 Excel 明细理解,这里的分析样本是"包含桌子(子类别)的订单 Id"。

可以使用逻辑计算为符合筛选条件"包含桌子"的交易（行）打标签为 1，否则为 0（对应"辅助 1"列）——在 Excel 中，就是 IF([子类别列]='桌子',1,0)。

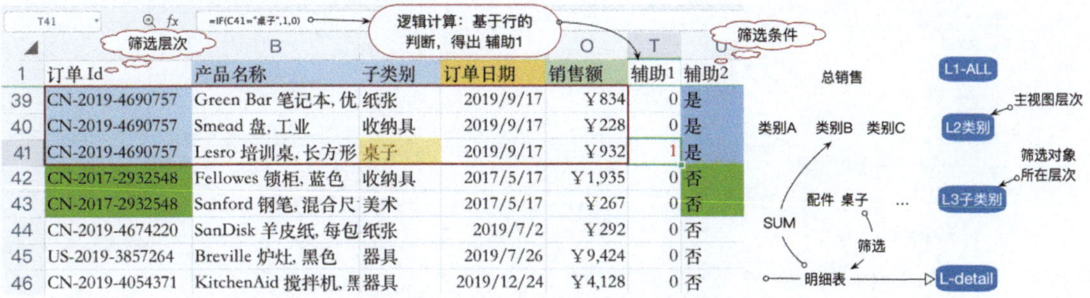

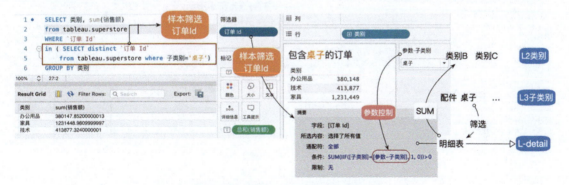

图 13-14　使用 Excel 理解复杂的样本筛选

不过，筛选的不是"辅助 1"列中的数值 1，而是包含 1 的订单 Id；为此，再增加一个辅助列"辅助 2"——也就是"辅助 2"列中"是"的部分。此时的关键又变成了，如何在"订单 Id"的详细级别，基于"辅助 1"列的值为"辅助 2"列打标签。此时的计算就是跨行的聚合计算，而非"辅助 1"的行级别的计算。聚合的计算默认无法在数据表中完成，因此就需要数据透视表或者 SQL 聚合。

而借助 SQL，高级的 IT 分析师可以把不同详细级别的判断和聚合融为一体，如图 13-15 所示。

图 13-15　基于 SQL 高级语法的样本控制[1]

不过，SQL 的这种方式是一次性的，很难切换样本；而且也超过了大部分业务用户（包括笔者）的能力。而 Tableau 以优雅的条件筛选或者 FIXED LOD 语法解决了业务用户的困扰，可以指定详细级别（这里是订单 Id）完成聚合，然后作为标签使用；还可以结合参数，实现动态的查询和图形化。

1　有读者提出了连接（join）的 SQL 方法，不过 IN 语法更有助于理解样本的范围。

先介绍一下条件筛选器的方法。既然有了"辅助 1"字段，那么筛选订单 Id 的筛选条件就变成了："辅助 1"字段的总和大于或等于 1 的订单 Id，如图 13-16 所示。

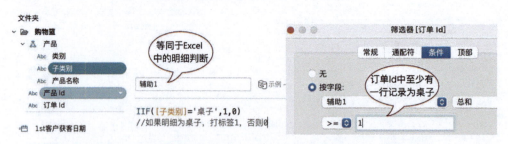

图 13-16　在行级别辅助字段基础上，通过条件筛选器完成指定详细级别聚合

同样的道理，也可以使用"集"，把符合上述筛选条件的订单 Id 保存为样本。在"订单 Id"字段上右击，在弹出的快捷菜单中选择"创建→集"命令，在弹出的窗口中选择"条件"，可以如图 13-16 所示一样设置聚合；也可以把"辅助 1"的逻辑直接写到公式中——就是把手动选择的逻辑改为自定义公式，如图 13-17 所示。

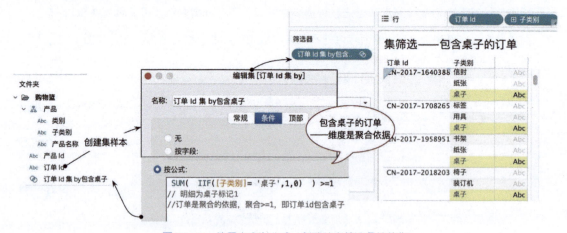

图 13-17　使用自定义公式，创建特定筛选条件的集

在这个过程中，最关键的是"如何量化筛选条件（包含桌子）"，而推荐的转化方式就是通过辅助字段转化为方便计算的数字标签。其中，第一个标签"辅助 1"是行级别的判断，第二个标签"辅助 2"就是条件筛选器或者集（对应是/否的判断），其中第二个标签是基于指定详细级别的聚合条件。

指定详细级别的聚合条件，底层的计算公式就是 FIXED LOD 详细级别表达式——FIXED 即指定，LOD 即详细级别（level of detail）。因此上述的过程可以用一个逻辑完成，如图 13-18 所示。

第 13 章　样本控制与假设验证：交互 | 289

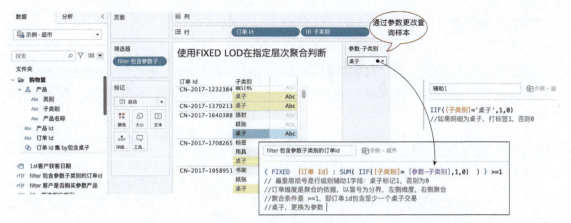

图 13-18　使用 FIXED LOD 计算，创建指定详细级别的聚合条件（注意使用了参数）

而 Tableau 的高级还在于可以直接使用参数替换上述逻辑中的"桌子"，这样单一的问题就变成了适用于任何子类别的交互式查询。相比样本的复杂性，视图的问题和聚合相对简单得多，这里可以快速完成"包含参数子类别的订单中，各个子类别的订单数量及连带订单率"，如图 13-19 所示。

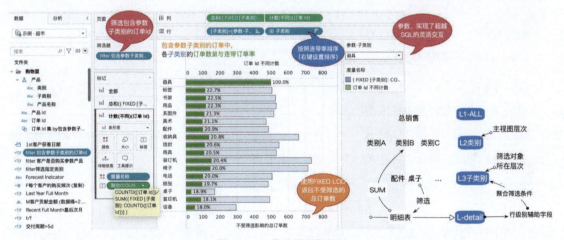

图 13-19　购物篮关联分析

在这里，问题的详细级别（类别 L2）和筛选对象所在的详细级别（子类别 L3）是不同的。这个逻辑使用 Excel 恐怕难以实现，SQL 又缺少交互功能，使用 Tableau 多年之后，它帮助笔者增强了对这个业务场景的理解。

13.5 性能：逻辑计算位置对筛选的影响

在企业服务的过程中，笔者越来越多地遇到"性能"方面的咨询。性能是一个综合软硬件、计算、筛选、视图设计等多个要素的主题。这里介绍最普遍存在的一种：在不同位置建立筛选条件对性能的影响。

13.5.1 筛选的本质与筛选的标准位置

第 13.2 节介绍了筛选的多种形式，如果要分析它们的"异中之同"，即筛选的本质是计算。更准确地说，所有的筛选都是布尔判断的计算。不同的工具，只是用不同的"外壳"做了人性化的包装而已。

而布尔判断的计算中，主要使用以下的逻辑运算符和判断：

- AND（与）、OR（或）、NOT（非）
- =（等于）、<>（不等于）
- <（小于）、>（大于）

前面介绍的"相等判断筛选器""范围条件筛选器"都可以转化为对应的计算过程。比如：

[类别] = '办公用品'　OR [类别] = '家具'

[类别] = '办公用品'　AND　YEAR([订单日期]) = 2020

理解了这个基础，关键是下面的一段：

所有的筛选都可以转化为计算，而计算又可以分为行级别计算、聚合计算和指定详细级别的聚合计算等多种方法，因此，筛选和计算的结合就有了多种方法。

比如，2016 年，各个类别、子类别 的 销售额总和。

以逗号和"的"为分隔，这个问题可以清晰地分为样本范围（对应计算为：订单日期=2016）、问题描述（对应维度：类别*子类别）和问题答案（对应聚合：销售额总和）3 个部分。其中，样本范围约束聚合的大小、问题描述约束聚合的数量。

在 Excel 中，可以先筛选订单日期，然后把减少后的数据明细做成透视图；在 SQL 中，可以在 where 条件中增加筛选条件，然后基于维度完成聚合，语法如图 13-20 左侧所示；而在 Tableau 中，创建快速筛选只需要把对应的字段拖到"筛选器"窗格并选择即可，它的背后对应的就是计算的判断，如图 13-20 右侧所示。

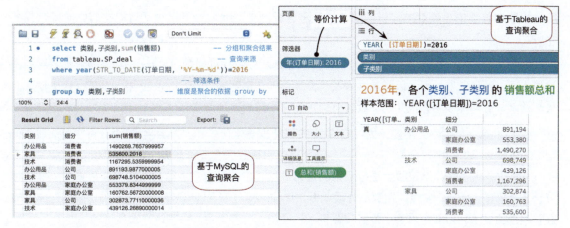

图 13-20　SQL 和 Tableau 完成筛选的标准操作

所谓"筛选的标准位置",就是筛选部分和问题部分要严格区分,这也是后续性能优化的关键之一。

13.5.2　在聚合过程中间接筛选的"非标准操作"及其代价

除了上述标准化的筛选操作,还可以通过"打标签"的方法间接完成筛选——这种方法在 IT 用户和 Excel 用户中流行。还是以上面的问题(2016 年,各个类别、子类别 的 销售额总和)为例,很多人习惯在 Excel 中先建立辅助字段,再完成分析聚合,如图 13-21 所示。

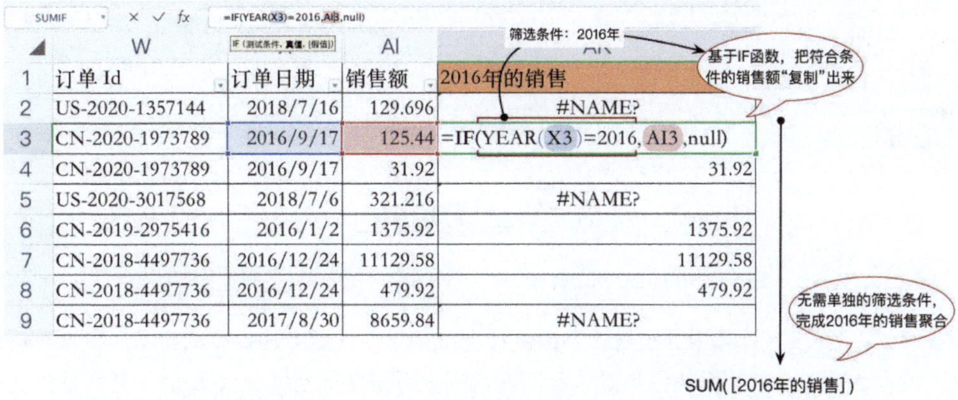

图 13-21　使用逻辑判断创建辅助列的方法

笔者把这种增加辅助列完成特定需求的方法称为"打标签"。这种方法借助中间的辅助计算完成"预先数据处理",强制把不符合条件的数据行改为空值(NULL)或 0 值,然后做聚合计算。它的本质是用数据处理的思维解决分析问题，这种思维试图把所有的分析过程尽可能在明细阶段预先处理好。

它的优势是"一招胜百招"，对初学者简单实用；它的缺点则是"只有一招"，通用性的背后是维护困难、性能低下。很多人把这种方法不分场合地迁移到 SQL 和 Tableau 中，如图 13-22 所示。虽然结果与之前标准的方法并无二致，但却是完全不同的两种思路。

在第 3 章中，本书把字段分为"行级别字段"（业务字段）和"聚合字段"（分析字段）两个类型，并总结为"第三字段分类"，这个字段分类通常包括数据准备和高级的聚合计算。在这里，建立在 IF() 函数基础上的计算实质上是行级别的计算函数，它并没有完成数据筛选，只是强制修改了不符合条件的值。所以，它是"用数据处理的方法间接地完成筛选"。这种借助行级别计算间接完成筛选并聚合的方法，无形中浪费了很多计算资源和性能，过度使用，会带来严重的性能问题。

例如，你是一所万人学校的校长，希望选拔 100 名优秀学生代表参加"全国可视化大赛"，设置了两门科目的考试题。可以先考第一门，而后基于第一门考试的成绩减少第二门考试的人数，从而节约选拔成本和大家的时间；但是提供考试卷的供应商建议所有人都参加两门考试——并告诉大家，如果第一门考试表现不佳，第二门考试可以交白卷。你应该知道这两种方法的差异。

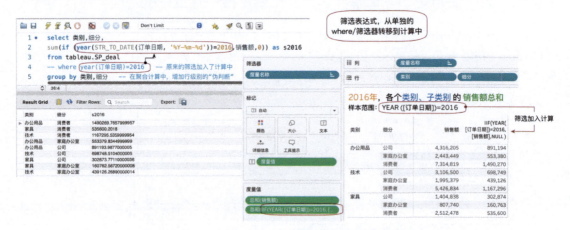

图 13-22　SQL 和 Tableau 中，基于辅助字段的间接筛选方法

很多时候，"在聚合计算中通过逻辑判断间接完成筛选"就像上述拙劣的安排。它没有提前筛选数据从而减少之后聚合的数据明细数量，反而通过辅助计算累计空值或者 0 值，其实是多此一举，消耗算力。根据笔者不太严谨的本地测试，上面的案例中，"借助辅助字段的筛选方法"，比"标准方法"耗时要增加 30% 以上，随着筛选字段中数据值的特征，性能影响会有明显不同。

13.5.3　不同筛选方法的高级分类与适用场景

在这里，笔者并非一味反对使用辅助计算完成筛选计算，笔者反对的是不加分辨地过度使用这种方法，看似简单，实则性能低下，并非最优选择。

笔者强烈建议，业务分析师应该把建立完善的思考模型和理论方法当作第一要务，当然也大可不必看到"模型"和"理论"就觉得深不可测，无非是经验丰富的人总结的最佳实践而已。读者首先要建立以下的综合认识：

- 问题都可以分为"样本范围、问题答案（详细级别）和问题答案（聚合）"3 个部分。
- 聚合是从数据表行级别到问题的视图详细级别的聚合过程。
- "行级别计算"是数据准备，"聚合计算"是数据分析，前者是在数据明细中计算，要消耗更多的性能（算力），后者是在视图详细级别或者指定详细级别计算，计算结果更少，也更快。
- 筛选的本质是逻辑判断计算，逻辑判断计算可以是行级别计算（逻辑判断部分没有聚合，如[利润]>0），也可以是聚合计算（逻辑判断部分包含聚合，如 SUM([利润])>0），使用前者间接完成筛选，要消耗更多性能（算力），推荐使用后者。

随着理论认识前后贯通、实践经验日渐丰富，每位读者都可以建立自己逻辑自洽的知识和方法体系，而从不断优化自己的分析作品。

本书推荐把"筛选范围"作为一个单独的过程完成（对应 SQL 中的 where 条件部分），结合第 13.2 节与第 13.4 节，可以把基于单一工作簿的筛选分为以下几种类型：

- 基于行级别计算的快速筛选器（比如 2021 年、办公用品类别、交易利润亏损的产品明细及销售额总和）。
- 基于聚合计算的快速筛选器，这里的聚合计算的依据是视图的维度（比如利润总和大于 1000 元的客户明细及利润总和）。
- 基于指定详细级别的聚合的条件筛选器，这里的聚合计算的依据需要事先指定，与视图详细级别不同（比如仅保留利润总和大于 10000 元的大客户，查看这些客户购买的产品明细及其利润总和）。
- 参考第 13.4 节，指定详细级别的聚合，可以使用条件筛选（一次性使用）、集（取维度保存为样本多次使用）和 FIXED LOD 计算（在聚合上进一步计算完成复杂条件）等，它们背后的本质是相同的。

这是基于"第三字段分类"建立的筛选器分类规则，同时也要考虑聚合依赖的详细级别与视图详细级别的关系（记住，维度/详细级别是聚合的依据）。

那什么时候使用诸如 IIF(YEAR([订单日期])=2016, [销售额],NULL)数据处理的方法间接完成筛选，而后用 SUM() 等聚合方法嵌套完成聚合分析呢？以笔者目前有限的项目经验，姑且说明如下：

- 在学习的初级阶段，尚不能熟练使用"层次方法"完成多详细级别的分析，使用这种方法建立更低聚合度详细级别的聚合（比如在全国各月的销售额趋势中，增加"苏州分公司"各月的销售额趋势），但是这种情形仅限于短期使用，否则有碍于建立完整的层次思维。
- 在进行复杂的逻辑计算，特别是同一个字段不同值之间的比较计算时，用上述的方法实现类似"转置"的效果，从而替代稳定性欠佳的表计算，比如 2017 年的销售额与 2016 年的差异，或者各月相对去年 11 月的同比。虽然以聚合为基础的表计算性能远高于行级别计算，但是考虑到它的脆弱性和不好驾驭，这种方法可以使用，但依然需要保持谨慎；笔者见过有人全程使用这种方法完成销售日报分析，性能非常缓慢，而事后想要更改逻辑方法会更加困难。
- 这种方法适用于筛选条件简单、临时性补充其他计算的不足，不建议在大数据量的环境中使用。

这里用一个简单的例子说明，如图 13-23 所示。这里使用 SUM(IIF([类别]='办公用品', [销售额],null)) 计算，在"全国各连续季度的销售额趋势中"加入了"办公用品各连续季度的销售额趋势"，"相当于"加入了更低聚合度详细级别的聚合（注意仅仅是"相当于"，并未真正构建第二个详细级别，因为没有表计算或者侠义 LOD 计算）。虽然结果正确，但是 10 万行的数据就无形中增加了 10 万次的判断（假定数据明细有 10 万行）。

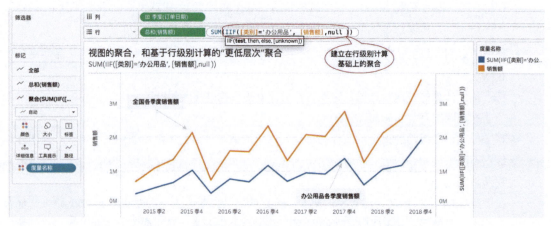

图 13-23　使用逻辑计算创建行级别辅助字段，完成聚合

本书极力推荐的"层次分析方法"，旨在让大家区分"总公司的销售额"是相当于"类别（办公用品）"更高聚合度详细级别的聚合，这里可以使用 FIXED LOD 完成，如图 13-24 所示。

图 13-24　标准方法：使用 LOD 计算（预先聚合）完成指定详细级别的聚合

在这里，FIXED 指定季度，只需要预先聚合 16 个数据值（各连续季度的销售额总和），然后和原来的 16 个聚合值构建共同图形即可，相比 10 万次的行级别计算，它们的性能一个"天上"、一个"地上"。

要进入大数据的深层次领域，建议大家适当放下之前的一些思维习惯，从而换取更高效的可能性。如今的很多业务用户和分析师，已经被所使用的工具限制住了思考，从这个意义讲，Tableau 对笔者而言是一种"业务思考的救赎"。

第 14 章

从表象到本质：结构化分析是业务可视化分析的灵魂

临近本书的尾声，我们再次回到原点，分析的目的是什么？辅助业务决策。决策依赖深度思考，思考不能被图形替代。可视化图形的目的是协助决策者更高效地思考，探索数据之间的逻辑和关系。

超越图形本身，回归业务本质，业务分析师应该从"展现性分析"走向"探索性分析"，特别是探索多个问题、多个详细级别之间的相关性，本书称为"结构化分析"。

14.1 结构化分析是通往业务探索的必由之路

本书此前介绍了代表性的分析工具，Excel"老当益壮"，但进行复杂分析时受限；SQL 高级、简洁，但抽象，难以图形化，难以在业务分析师中推广；以 Tableau 为代表的敏捷 BI 工具，**查询即聚合、聚合即视图、视图即问题**，这种敏捷、优雅兼顾"颜值"的组合创新技术降低了业务用户的使用门槛，同时为思考更深入的业务问题提供了空间。

不过，如果只是用 Tableau 完成查询、聚合和展示的简单过程，分析停留在"三图一表"以及简单展现上，只用它"更快地完成过去的工作"，那无疑是浪费了它的才华。这也正是很多 Tableau 用户当前的情况。本书写到这里，希望每位业务用户能把 Tableau 视为思维训练、业务洞察的工具，把它视为打开全新世界的钥匙，而不仅仅是"更快地通往旧目的地的列车"。

那么，本书要极力推荐的全新世界是什么？

简而言之，是业务分析中结构性的**问题分析**与**探索分析**方法，即超越单一图形本身，从多个角度分析业务，特别是不同问题之间的结构相关性。比如销售波动与客户忠诚度、购买力的关系，产品销量与多品类连带购买之间的关系，会员分阶段的留存、流失等。本书此前的章节，已经暗中穿插了相关内容，并在第 13 章系统讲解了在样本范围中引用另一个详细级别聚合的多种方法。

14.1.1 结构化分析是业务复杂性的要求

下面笔者先以个人观点阐述结构化分析的背景和重要性,然后简述它的基本形式。

其一,技术进步和数据爆炸提高了业务需求复杂度。

正如此前所讲,单一维度的聚合查询,已经逐渐难以满足业务用户的需求。互联网及信息技术快速进步,不仅成为这个时代的基础设施,而且正在飞速改造和重塑传统行业。在不远的未来,"每个公司都将是数据驱动型的公司"。

各行各业的"数据化改造"产生了大量数据,这有助于释放业务人员的业务想象力,也需要业务人员都能多维度、多层面、大跨度地思考问题。在复杂的世界面前,每个决策的背后,都有几十个潜在的假设需要验证。这种方式重在动态探索,而非静态展现;重在多问题交互验证分析,而非单一问题的"三图一表"展开。

因此,敏捷 BI 分析近十几年来逐步兴起,以仪表板和交互为基本形式的可视化比之前的"三图一表"有更高的知识密度和更完整的业务逻辑,适应了业务环境的需求复杂化趋势。

其二,市场的快速变化,挑战了业务人员经验思考的极限

过去,领导者可以凭借少量的报表就能掌握公司的全局,如今市场竞争越来越激烈、跨界创新越来越普遍,出现了越来越多的超乎传统经验的业务情形。既定的思维模型和业务模型已经到了极限,此时,业务用户需要不断从混沌的数据中总结经验和智慧,补充完善"先验模型"。

以笔者服务过的很多客户为例,很多传统的行业领先企业,虽然已经在数据化之路上投资千万元,但是却一直沿用过去的业务思维在使用这些数据,问题单一化、分析静态化、事后总结先于事先验证。对互联网公司中已经普及的客户分析模型、价值分析模型和关联分析,在大部分传统行业中还远没有达到应有的认知水平。

多维度、多详细级别的结构化分析,会让客户重新理解业务逻辑,突破经验思考的限制,特别是敏捷分析带来的快速假设验证,可以帮助业务人员更快地模拟变化,做出更精准的业务决策。

其三,结构化分析是多个问题之间的相关性分析

舍恩·伯格在其《大数据时代》一书中总结说,大数据时代追求相关关系,胜过因果关系。这可以视为商业世界对数据爆炸现实的折中和妥协,如果想要证实因果关系,就要考虑千百种可能被证伪的可能性,这在商业世界不经济,也不必要。商业世界不需要证明"尿裤是啤酒销售量增加"的真正原因,只需要确认二者的相关性及其适用范围,就可以建立营销思路,潜在的原因可以随着时间被发掘和进一步验证。

在混沌数据中寻找相关性,建立假设、验证思考,转化为商业行为,就是使用数据资产提高决策效率的重要方式。

第 10 章中，介绍了相关性的侧重是每个问题详细级别（维度）上的度量之间的相关性，是在单一问题详细级别上展开的。不过，问题的三大构成（样本范围、问题描述和问题答案）中的关键是问题描述（维度），问题答案（度量）只是回答问题。在复杂多变的业务环境中，多个问题之间的交互、相关性才是关键，本书把这种多个角度看待问题，特别是多个问题之间的结构性关系，称为"结构化分析"。

因此，**结构化分析不是一种图形类型，而是一种分析思路**。简单的结构化分析可以通过标记、仪表板互动来实现，高级的结构化分析（也是接下来要讲解的结构化分析）则需要在一个视图中同时引用多个详细级别的聚合，从而更加直观地发现二者的相关性。

14.1.2 结构化分析的基本形式

在本书中，**结构化分析是指在主视图详细级别基础上，引用另一个详细级别的聚合值，分析多个详细级别问题结构性关系的分析**。结构化问题的基本特征就是必须包含两个详细级别，其中必然有一个是"主视图详细级别"，即初始视图中维度字段组合而对应的问题详细级别；另一个详细级别是"（聚合度）不同于当前视图详细级别的子问题详细级别"，对应 SQL 嵌套聚合查询、Tableau 详细级别表达式。

- 在主视图详细级别中引用另一个详细级别的方式可以是显性的，也可以是隐性的。
  通常而言，隐性的引用居多，不管是之前的"购物篮关联分析"，还是接下来要讲解的"客户购买力分析"，这也符合大数据分析的基本特征——关注特征，而不关心个体差异。
- 结构化分析必然要使用自定义计算[1]，特别是狭义的 FIXED LOD 表达式。
  由于维度是聚合的依据，视图中的默认聚合都会被当前视图维度所限制，想要在主视图中引用另一个详细级别的值，同时不受当前视图详细级别的控制，就需要"指定详细级别完成聚合"，指定即 FIXED，详细级别即 LOD，所以 FIXED LOD 是最常见的方式，在很多地方又可以转化为表计算、EXCLUDE/INCLUDE LOD 等其他形式。
- 结构化分析是可以使用任意一种图形的表示方法。

它的基本特征不是图形的复杂性，而是在一个分析视图中，包含了不同聚合度的多个问题详细级别，从而描述彼此之间的详细级别或者分解关系。

结构化分析的典型代表就是"各年的销售额增长及客户矩阵""不同购买频次的客户数量""各省份的客户购买力排名"等问题。如图 14-1 所示，看似简单的图形背后，都包含"主视图详细级别"

---

[1] 本书侧重方法和逻辑，关于高级计算的内容，参考本书的姊妹篇《数据可视化分析（第 2 版）》第 2 篇。

和间接引用的问题详细级别。此类的问题，可以视为检验敏捷 BI 工具是否敏捷的基本标准。

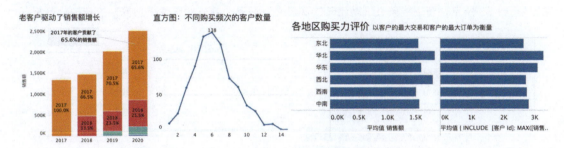

图 14-1　几个典型的结构化分析图例

那之前堆叠条形图所体现的包含关系，也是结构化分析吗？

举例说明一下，分析"各类别的销售额"以及对应的"各类别销售额在不同细分市场的构成"，如图 14-2 所示。

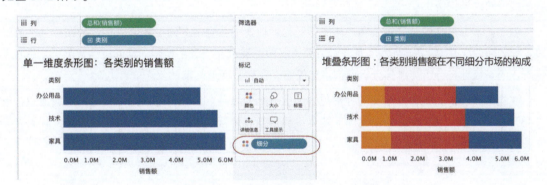

图 14-2　单一详细级别的聚合（见第 6 章）

问题的详细级别和描述是由维度字段决定的，因此图 14-2 左侧视图的问题详细级别是"类别"（对应 3 个聚合值），图 14-2 右侧视图则是"类别*细分"（对应 9 个聚合值）。可以说，图 14-2 右侧的数据是在图 14-2 左侧数据上的结构性展开，但是按照本书的"结构化分析"定义，视图中都只有一个详细级别，没有引用额外的详细级别，因此不能称为结构化分析视图。因为数据查询是在单一问题详细级别"类别*细分"上聚合，并没有更改详细级别的聚合及其"总分关系"的构成。[1]不过，如果把堆叠条形图转化为带有"合计百分比"的比例条形图或者单纯增加标签，视图中就潜在地引用了更高聚合度详细级别的聚合，可以视为结构化分析的简单形式。

---

[1] 当然，堆叠条形图的坐标轴可以隐性地代表更高层次聚合度的"各类别的销售额"，因此此前本书把基于维度的堆叠条形图称为"增加了结构性维度"，但并非是这里结构化分析的典型形式。请读者注意。

在接下来的以结构化分析为代表的高级分析中,笔者会分享多年来应用最有效的层次性分析方法。如图 14-3 所示,使用线条直观地表示层次及聚合关系,并以此厘清更加复杂的结构化分析。

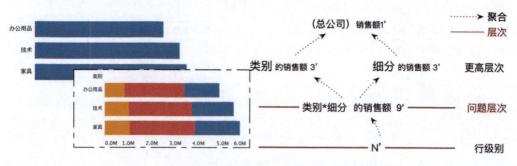

图 14-3　使用线条和层次分析结构性关系

重申一遍,高级分析的基本特征不是图形的复杂性,而是在一个分析视图中,包含了不同聚合度的多个问题详细级别。

因此,本书严格区分了复杂图形与高级图形的概念——前者是通过矩阵、标记、坐标轴或者计算实现图形的"高大上",而后者通过引用额外层次的聚合完成了主视图问题的结构化分析。后者才是真正的高级业务分析。业务分析应该追求简洁、实用,而非炫酷的复杂。

在业务实践中,笔者总结了几种常见的高级分析的场景。它们都是在几个常见的层次上组合而来的,接下来,本书首先介绍常见的问题详细级别及其相互关系,之后介绍以不同组合方式为代表的结构化分析类型。

14.2　可视化分析中常见的详细级别及其组合关系

正如第 3 章所言,每个问题对应的数据都是从行级别到问题级别的聚合过程。首先介绍每个问题中必然存在的两个详细级别(LOD):数据表行级别(Table LOD)与问题详细级别(Viz LOD)。之后介绍在问题详细级别基础上间接引用的其他相对详细级别(Reference LOD)。

14.2.1　行详细级别、问题详细级别及聚合度、颗粒度

对每个单一问题,回答的过程都是从数据表的明细级别层次到问题详细级别的聚合过程。Excel 的数据透视表、SQL 的 select…from…group by 查询、Tableau 的拖曳式分析,都可以是聚合查询的不同形式。

对于一个给定的数据表而言,业务逻辑是既定的,对应的数据表数据表行级别也是确定的、不

变的，因此是客观的，适合作为比较的基准点。基于相同的数据源，多个主观的、灵活的问题就具有了比较的可能。以数据表行级别（L-Detail）为起点画一个"虚拟的尺子"来衡量多个问题之间的关系，由于每个问题都是从同一个数据表行级别到问题的聚合，因此这个尺度可以称为"聚合度"（aggregation）。如图 14-4 所示。

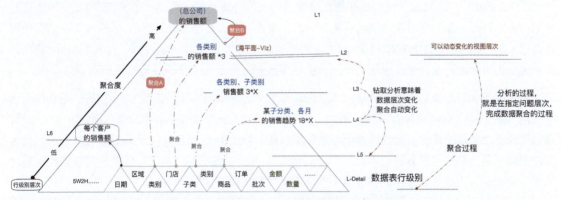

图 14-4　聚合度：多个问题详细级别比较的尺度

在不考虑样本范围的前提下，L1 详细级别的聚合值也可以从 L2 详细级别聚合而来，因此说 L1 详细级别的聚合度比 L2 的聚合度更高。同理，L2 的聚合度比 L3（各类别、子类别的销售额）更高。相对于 L2、L3 详细级别的问题，L6（每个客户的销售额）的维度是完全不同的，L2 详细级别的一个类别销售额总和是由 L6 详细级别多个客户的销售额构成的，一个客户的销售额可能分布到多个类别中，因此 L2 详细级别和 L6 详细级别是完全独立的、没有包含关系的。

总而言之，基于相同数据源的问题之间存在以下 4 种关系。

- 问题 A 和问题 B 详细级别的聚合度相同（比如"各类别的销售额"与"各类别的利润"）。
- 问题 A 详细级别的聚合度高于问题 B（比如 L2 层次高于 L3）。
- 问题 A 详细级别的聚合度低于问题 B（比如 L3 层次问题低于 L2）。
- 问题 A 详细级别的聚合度和问题 B 的完全无关（比如 L2/L3 相对于 L6）。

这种层次关系，是高级计算和结构化分析的理论基础，也是跳出传统分析走向高级业务分析的必由之路。在本书中，经常会有"问题 A 的详细级别（层次）高于 B"的表述，它所对应的完整意义就是"问题 A 详细级别的聚合度，高于问题 B 详细级别的聚合度"，随着组织中分析师沟通语义趋向一致，"问题的聚合度"可以简称为"问题详细级别""聚合层次"，甚至"层次"，但不推荐。

分析中非常重要的一个需求是"钻取分析"，就是在样本操控的基础上，在具有聚合度上下关系的一组问题中来回切换，从而获得业务见解。

在Tableau中，问题"详细级别"（level of detail）有时简称"级别"或"层次"（level），因此，以下概念对等：

LOD（level of detail）=详细级别=层次（level）

在Tableau中，所有的计算都是在指定详细级别上的计算，因此笔者称为"广义LOD表达式"，包括行级别计算、基于视图详细级别的聚合计算、聚合的二次聚合（表计算），以及独立于问题的预先聚合（FIXED/INCLUDE/EXCLUDE LOD表达式，简称狭义LOD表达式）。这是Tableau整个计算大厦的逻辑基础。在这个体系下，可以快速领悟所有计算逻辑，从而在高级分析中游刃有余。

聚合度代表的是自上而下的立场，这也是业务分析师与数据沟通的方式；与此相关，IT用户通常使用"颗粒度"（granularity，简称"粒度"）描述问题之间的层次关系。颗粒度与聚合度完全相反，聚合度越高、颗粒度越低，聚合度越低、颗粒度越高。如图14-5所示。由于业务分析师从问题出发思考问题，主战场是问题分析，因此常用"聚合度"，自上而下探索；而IT分析师从查询数据出发思考实现逻辑，主战场是数据表和数据关系，因此常用"颗粒度"。

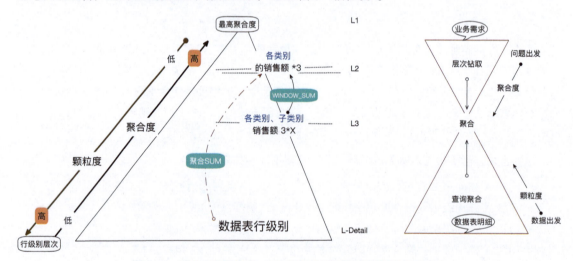

图14-5 聚合度和颗粒度：不同视角看到问题详细级别的两个角度

分析即聚合，聚合也分为多种方式。从L-Detail明细而来的聚合，与从更低聚合度详细级别而来的聚合在逻辑上完全不同，前者对应透视表、SQL聚合查询、Tableau默认聚合，后者对应透视表中的"值显示方式"、SQL中的OLAP窗口函数、Tableau表计算和基于狭义LOD表达式的二次聚合。简单地说，后者是建立在前者的聚合之上的二次计算，是高级问题分析、结构化分析的理论基础，更多内容，可以参考《数据可视化分析（第2版）》第3篇部分。

14.2.2　结构化分析的基本类型

结构化分析是在主视图基础上，引用另一个详细级别的分析，基于"聚合度"的层次框架，以主视图详细级别为参考基准，额外引用的详细级别（reference LOD）就有了几种典型的情形。

- 在"主视图详细级别"中引入更高（聚合度）详细级别的聚合——非典型形式。
- 在"主视图详细级别"中引入更低（聚合度）详细级别的聚合——典型形式。
- 在"主视图详细级别"中引入行详细级别的聚合——典型形式，引入更低聚合度的特殊形式。
- 在"主视图详细级别"中引入（聚合度）独立详细级别的聚合——典型形式。

这里，笔者先从相对好理解的行级别字段开始，然后逐步深入引入其他详细级别的聚合。

14.3　结构化分析的几种典型场景和案例

14.3.1　交易的利润结构分析：主视图引入数据表行级别的聚合

业务背景是，领导不仅仅希望看到"每个子类别的销售额、利润聚合"，还希望通过分析每个子类别的**利润结构**，从而分析子类别业务经理的倾向性。

如图 14-6 所示，左侧两个条形图为各个子类别的销售额总和、利润总和，其中颜色代表"利润总和"，因此亏损的桌子就突出为极值的颜色。这两个聚合的依据是视图的维度（子类别），因此只能查看结果，无法反映结构。再次加入利润创建第 3 个坐标轴"利润总和"，在标记的"颜色"卡中创建逻辑字段[利润]<0，并确保拖曳到"颜色"上，此时每个子类别的利润总和就被拆分为左右两侧的两个聚合值——左侧代表亏损的交易总和，右侧代表盈利的交易总和。

具体而言，图 14-6 后面两列均为"利润总和"，但是第 3 列条形图是第 2 列条形图在行级别（交易是否盈利）的结构性分解，实现的方式是增加一个颜色标签（[利润]<=0，布尔，离散维度）。布尔判断是分类字段，而且不带聚合，是在数据表的行级别完成的，因此视图中显性地引用了行级别的数据值，之后再分组聚合。

既然是行级别的判断，则可以设想为在 Excel 的明细中，在"利润"字段之后增加了一个辅助列，公式为[利润]<=0，对所有行依次做判断，如图 14-7 所示。

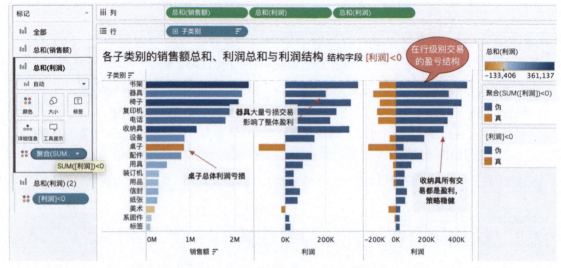

图 14-6 问题详细级别与数据表行级别的混合

212 行 ☑显示别名 ☑显示所有字段

子类别	订单 Id	产品名称	销售额	利润 ▲	[利润]<=0	产品 Id	订单日期	发货日期	国家/地区
书架	CN-2020-4433229	Dania 书库，金属	0.0M	-0.56	True	家具-书架-10002113	7/10/2020	7/14/2020	中国
书架	CN-2020-3360134	宜家 墙角架，金属	0.0M	-0.17	True	家具-书架-10003254	12/1/2020	12/6/2020	中国
书架	US-2020-4752200	Bush 柜，传统	0.0M	0.00	True	家具-书架-10003110	12/9/2020	12/14/2020	中国
书架	CN-2020-5779998	Bush 柜，传统	0.0M	0.00	True	家具-书架-10003110	9/18/2020	9/22/2020	中国
书架	CN-2020-4347413	Sauder 墙角架，金属	0.0M	13.44	False	家具-书架-10004000	10/16/2020	10/21/2020	中国
书架	CN-2020-5869494	Sauder 柜，白色	0.0M	15.68	False	家具-书架-10000196	12/16/2020	12/22/2020	中国
书架	CN-2020-4795502	宜家 书架，白色	0.0M	23.24	False	家具-书架-10003237	10/28/2020	11/2/2020	中国
书架	US-2020-2904914	Sauder 柜，白色	0.0M	31.36	False	家具-书架-10000196	4/21/2020	4/27/2020	中国
书架	CN-2020-3245528	Sauder 墙角架，金属	0.0M	33.60	False	家具-书架-10004000	4/3/2020	4/8/2020	中国

图 14-7 [利润]<=0 的判断相当于在明细中增加了辅助列计算

通过图 14-6 可以清晰地看出，部分盈利不错的子类别都存在大量的亏损交易，盈利前六的子类别中，只有“收纳具”最稳健，绝对不存在任何亏损的营销活动。

如果你是这家公司的董事长，你打算给哪几个子类别的运营经理颁发奖励呢？当然，还应该进一步分析，这些亏损交易的来源，是过度折扣，还是临期商品，是人为调价，还是价格不当？

如果问题稍微复杂一点，利润的结构分析从“是否盈利”改为“高中低的盈利结构”，其中单笔交易利润大于或等于 500 元为高利润、大于或等于 0 元为中等利润，否则为亏损。此时，可以创建一个行级别的逻辑字段，名称为“交易的利润标签”，又一次替换之前的[利润]<0 颜色标签，如图 14-8 所示。

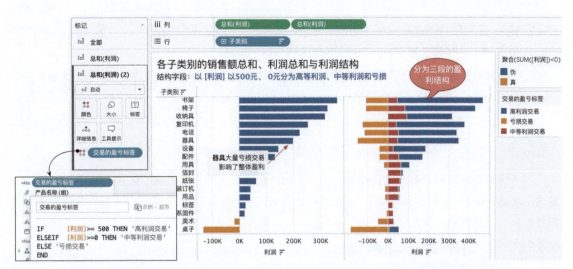

图 14-8　使用 IF() 逻辑函数在行级别把所有交易标记为 3 个类别，并查看各个子类别的利润结构

其他基于行级别的标签，也可以使用类似的思路。究其本质，就是在当前视图详细级别（子类别维度）上，引用了数据表行级别的字段（[利润]<0 或者是"交易的利润标签"字段）。这里的逻辑判断相当于为每一笔交易打了标签，而结构化分析，是在标签特征上的分析，只关注分类，不关注个体。

好的结构化分析，有助于发现简单聚合中看不到的结构性风险。

14.3.2　订单的利润结构分析：主视图引入独立详细级别的聚合

看到上面的交易利润结构分析，部分子类别的运营经理可能说，"在高价值客户的盈利订单中，我们会给予一些价格折扣或者赠品，因此亏损的交易是盈利订单的促销部分，存在部分亏损交易是很正常的"。如何证实或者证伪这样的假设呢？如果假设成立，从订单详细级别理解交易，以订单 ID 为详细级别的利润聚合应该是正数，可以在订单 ID 的详细级别增加"盈亏标签"一探究竟。

由于每个订单必然只对应一个客户，只需要计算"每个订单 Id 的利润总额"，基于"每个订单 Id 的利润总额"做逻辑判断（区分盈利订单和亏损订单等），之后观察每个子类别的分类就好了。

逻辑上通顺了，我们要确认问题和聚合过程中包含的多个问题详细级别。

- A 主视图详细级别：子类别（显性的维度只有一个）。
- B 数据表数据表行级别：订单 Id*产品 Id（聚合的依据，也是聚合度的起点）。
- C 额外引用的详细级别：订单 ID 详细级别（用它来对主视图的子类别做进一步结构化分类）

- 确定 A 和 C 的关系，一笔订单包含多笔交易（每个订单 id*产品 id 对应一笔交易），因此相当于 A（主视图详细级别），C 是聚合度更低的详细级别。

这里的关键是计算"额外引用的详细级别聚合"，Tableau 创造性地提供了狭义 LOD 表达式，在"主视图详细级别"之外，指定详细级别完成聚合（fixed another LOD and aggregate），如下所示：

$$\{FIXED\ [订单\ Id] : SUM([利润])\}$$
// fixed another LOD（订单 ID） and aggregate （SUM 利润）

指定什么详细级别，对应的字段就在冒号左侧，在这个详细级别完成的聚合，则在冒号右侧。把这个表达式命名为[Fixed 订单的利润]，之后使用 IF()逻辑函数创建"color 订单利润标签"判断，再将其加入"子类别的销售额和利润"条形图之中，如图 14-9 所示。

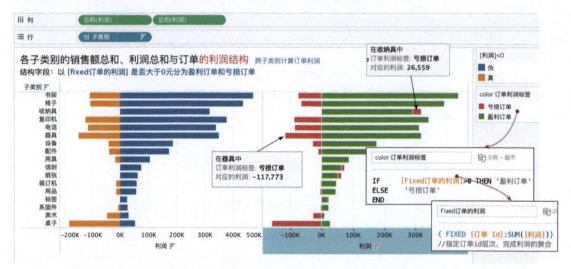

图 14-9　使用 FIXED 预先聚合，借助逻辑函数划分 3 个类别，再查看客户角度的利润结构

这样，每个子类别的利润总和，就被标记成了不同的"订单盈亏状态"，视图详细级别也就发生了相应变化。注意，左侧是每个子类别在交易详细级别（行级别）的利润盈亏状态，右侧是每个子类别在订单详细级别（跨子类别）级别的利润盈亏状态。借此我们会发现，在各个子类别中，包括没有亏损交易的"收纳具"，都包含大量亏损的订单（标记为红色部分）。"收纳具"中的亏损订单来自于连带购买的其他子类别。如果亏损的交易是作为"盈利订单"中的赠送，那么即便左侧有亏损，右侧应该没有亏损订单才对，"亏损交易是在高价值订单中出现的"的假设也就被证伪了。

这里的关键是 FIXED 订单详细级别，因此对应的聚合是是跨子类别的订单利润，从而获得更高视角。

由于主视图的"子类别"和 FIXED 引用的"订单"是相互独立的,因此本书把这个案例列入"在当前视图中引用独立详细级别的聚合"的结构化分析案例。以客户矩阵为代表的 RFM 会员分析,都是此类场景。

14.3.3 客户矩阵分析:当前视图详细级别引入独立详细级别的聚合

引入"相对于当前视图详细级别完全独立的聚合度详细级别",是高级分析中最重要的类型,也是更加抽象的问题类型。这个类型的典型代表是客户的 RFM-L 指标分析[1]。

在本书第 1 章中,就使用了这个结构化分析方法,完成"各年度的销售额及其客户矩阵结构分析",从而展示"销售额逐年增长"的现象背后"过度透支老客户"的潜在风险要素。

如图 14-10 所示,左下角的迷你柱状图是以"订单日期(年)"为问题详细级别展示的"各年度销售额趋势"。增长是否健康?其一是利润结构(参见 14.3.1 节子类别的盈利结构),其二是客户矩阵结构。

如图 14-10 右侧所示,要在当前的问题详细级别(订单日期)中引入另一个完全独立的详细级别的聚合(即每个客户的最小订单日期——获客日期,又称"客户矩阵"),就构成了如题所讲的"当前视图详细级别引入完全独立详细级别的结构化分析"。

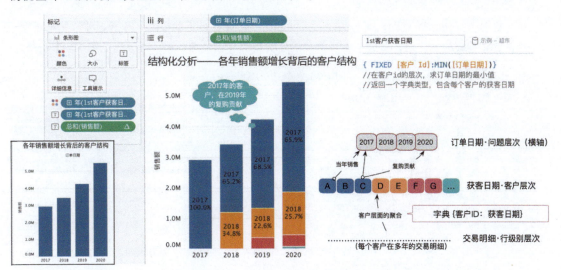

图 14-10 在销售额增长背后的客户结构

初学者可能对 FIXED LOD 望而生畏,其实只要分析好问题,确认要引用的聚合是"每个客户的

---

[1] 更多关于此问题的诠释,参见《数据可视化分析(第 2 版)》第 10.5 节。

最小订单日期"（fixed 客户 LOD and minimize 订单日期），问题之中就已经对应了语法。

$$\{ \text{FIXED} [客户] : \text{MIN}([订单日期])\}$$

由于 Tableau VizQL 本质上依然是一种 SQL 查询，上述可视化视图背后的交叉表（见图 14-11）可以通过嵌套 SQL 完成。不过，这个很明显超过了大部分 IT 分析师对业务的理解能力，更超过了业务分析所能掌握的技术边界。

图 14-11 各年度销售额增长及客户矩阵分析——转化为交叉表

好在如今有了 Tableau，Tableau 在不懂业务逻辑的 IT 和难以驾驭高精深技术的业务人员之间提供了便捷的桥梁，花一点时间理解"基于可视化逻辑的进化版 SQL 语法"，然后体会遨游在数据海洋的快感和驾驭业务逻辑的酣畅淋漓。

在《数据可视化分析（第 2 版）》中，笔者总结了 RFM-L 分析的模型，基于这种"只需要写一次"的自定义字段构建方法，有助于进一步降低业务用户开展敏捷分析的难度，如图 14-12 所示。

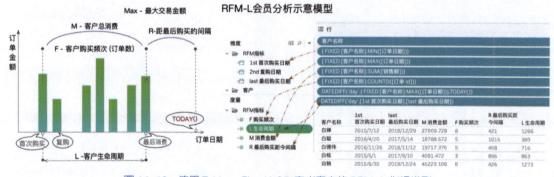

图 14-12 使用 Tableau Fixed LOD 完成客户的 RFM-L 指标模型

在业务的圈子里，多一点技术知识，有时候工作效率就大不相同。

14.3.4 环形图：当前视图详细级别引入更高聚合度详细级别的聚合

相当于在当前视图引入行级别聚合、更低详细级别聚合和独立详细级别聚合，引入更高详细级别聚合是结构化分析的"非典型形式"。其中，又以"合计百分比"为最重要的结构视角。这里以环形图为例介绍背后的详细级别结构，以及聚合和聚合的二次聚合的典型差异。

在第 8 章 8.6 节，介绍了饼图的升级版"环形图"（doughnut chart）及其背后的原理，如图 14-13 所示，通过双轴图构建了"各个细分的销售额占比"（L1 详细级别）以及"（总公司，即所有细分的）的销售额总和"（L2 详细级别）。

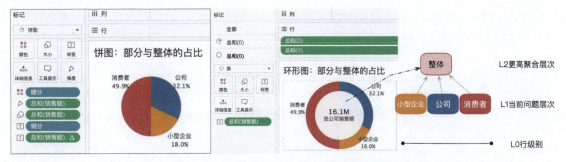

图 14-13　环形图是在饼图基础上增加了更高详细级别的聚合

在当前视图中，完成更高聚合度的详细级别聚合，有两种基本的方式：一种是重新从行级别做单独的聚合；另一种是在当前聚合的基础上直接计算"聚合的二次聚合"。两种方法虽然结果可以完全一致，但前者消耗更多的计算资源，因此高级用户在复杂场合下应该注意选择。

如图 14-14 所示，"聚合的二次聚合"（从 L1 到 L2）可以从视图中少数的聚合完成更高聚合，计算更快，对应表计算中的 WINDOW_SUM()或者 TOTAL()函数；而"单独的聚合"（从 L0 到 L2）通常需要从更多明细中完成聚合，对应 SUM()函数，性能更慢。

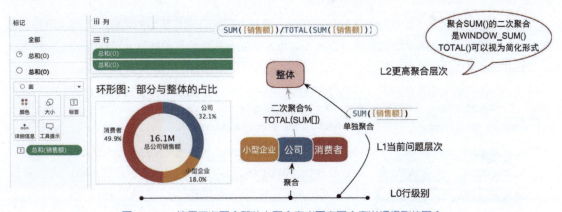

图 14-14　使用二次聚合和独立聚合完成更高聚合度详细级别的聚合

如果使用此前的 FIXED 理念，单独聚合也可以使用"指定总公司（最高）层次完成聚合"的方式（可以把"总公司"视为是一个细分之上的全局字段），那么就可以使用 FIXED 总公司计算聚合的方式获得。由于"总公司"是一个全局字段，那么可以省略。以下 3 个表达式是等价的。

{ FIXED [总公司]: SUM([销售额])}

{ FIXED: SUM([销售额])}

{ SUM([销售额])}

那什么时候使用聚合的二次聚合，什么时候使用 FIXED 指定详细级别聚合呢？在没有筛选器的前提下，优先使用表计算（性能更快），如有筛选器，即取决于计算是否要受筛选器控制，如图 14-15 所示。

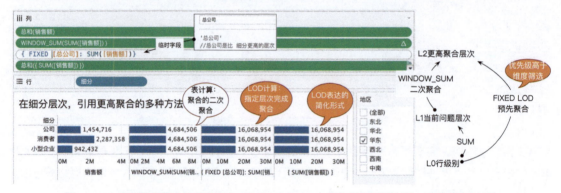

图 14-15　完成最高聚合的多种方法，注意 FIXED LOD 优先级高于筛选器，后者高于表计算

为了进一步区分二者的差异，根据逻辑的不同，本书把狭义 LOD 表达式中指定详细级别完成聚合的方式称为"预先聚合"。预先聚合的结果可以作为维度使用，也可以作为度量被二次聚合。这里的二次聚合的性能要低于表计算的二次聚合。

当然，通常结构化分析是指基于当前问题详细级别的分解，而非更高的聚合。因此，堆叠条形图虽然具有结构化分析的成分，但是并非典型。可以用坐标轴或者参考线显示"各类别的销售额"，那么就具有了上述环形图类似的结构特征，如图 14-16 所示。

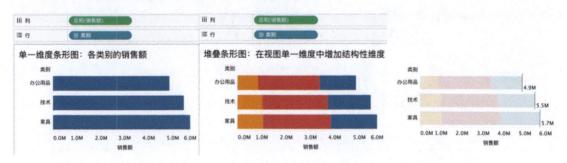

图 14-16　带有合计的堆叠条形图是非典型的结构化分析

14.4 结构化分析的高级形式：嵌套 LOD 的多遍聚合

上述的结构化分析，都是在主视图引入另一个详细级别完成结构化聚合。这里讲解一个高级案例，它不仅需要指定详细级别完成聚合，而且需要完成多次聚合。

14.4.1 客户购买力：使用嵌套 LOD 完成多遍聚合

假设要给领导做一个"2020 年，各地区的客户购买力对比分析"，"2020 年"是分析样本，问题的详细级别字段是"地区"（决定了视图详细级别），聚合度量"客户购买力"是理解的关键。

在客户分析指标中，通常使用时间（比如"距今购买的时间间隔"）和频次指标衡量客户的忠诚度，而用"客户的累计消费金额"（SUM）和"最高交易金额"（MAX）衡量客户的购买力，如图 14-17 所示。

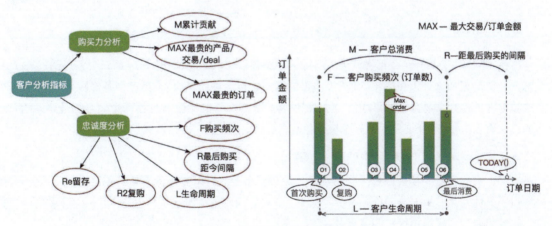

图 14-17 客户分析中的常见指标

从地区角度理解"客户购买力"也是同理，此时只需要计算地区内所有客户的购买力指标的聚合，而无须保留每个客户的指标值。这也是大数据分析的基本特征——关注样本特征，而不关注个体差异。

首先将"地区"和"客户"作为两个独立问题的详细级别关系。由于客户可以在多个地区消费，二者有交叉，没有层次关系，因此二者的聚合值就属于"相对独立的聚合关系"。当一个客户在多个地区有消费时，那么应该分别计算在多个地区的购买力，因此，各地区的"客户购买力"指标，就来自"每个地区、每个客户的累计贡献金额和最大交易金额"。此时的"地区*客户"详细级别，相对主视图"地区"就不是独立的详细级别，而是更低的聚合详细级别了。

在问题详细级别（地区）引用更低聚合度详细级别（地区*客户）的聚合，但是不引用这个聚合依赖的维度（不要在视图中看到客户的维度字段）。如图 14-18 所示，使用 FIXED [地区],[客户]的简化形式 INCLUDE [客户]，函数分别引用了该地区每个客户的累计消费和最大交易额，然后对所有客户的聚合值计算平均值，从而获得该地区的购买力指标。INCLUDE 的好处类似于表计算，它依赖于视图确定聚合的详细级别，因此计算的优先级晚于视图中的维度筛选器。

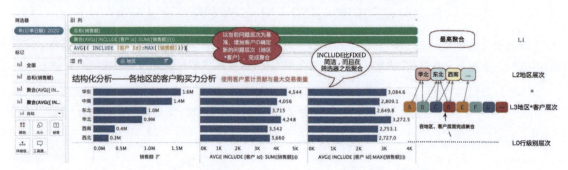

图 14-18　在当前视图，引用更低聚合度的聚合完成二次聚合

在图 14-18 中，第一个条形图代表"各地区的销售额总和"（市场规模），第二个条形图代表"每个客户在该地区的累计消费的平均值"（即每位客户钱包金额的均值），第三个条形图代表"每个客户在该地区的最大交易金额的平均值"[1]（即每位客户最高交易的均值）。后面两个聚合都是典型的"聚合的二次聚合"，从而保证只返回一个聚合值。

到这里，只是复习第 14.3.2 节的内容，接下来才是重点。

当然，有时领导除了关心最大交易额，还会考虑用最大订单去衡量客户的购买力——因为单笔交易过于具体，客户的一次订单更有参考意义。这样，问题中就出现了"地区、客户、订单" 3 个维度，相互组合的问题详细级别明显更多。

如果要以"各个地区中，每个客户的最高订单金额的均值"作为购买力指标，那么就要出现 3 次聚合过程。

- L1 最高聚合：总公司（这里没有用）。
- L2 主视图详细级别：地区。
- L3 引用的第一个详细级别：客户的最大值（这里引用客户的详细级别，INCLUDE 客户）。

1　注意，"订单"指单一客户一次购买的所有产品，"交易"指订单中的单一产品，最大交易金额不考虑购买产品的数量。

第 14 章 从表象到本质：结构化分析是业务可视化分析的灵魂

- L4 再次引用的第二个详细级别：每个客户的、每个订单的销售额总和（为了计算 L3 详细级别的聚合，需要先完成 L4 详细级别的聚合，INCLUDE 客户、订单）。
- L0 数据表行级别：即订单 Id*产品 Id 的详细级别，也是所有的直接聚合的最终起点。

这种复杂度，就到了 Tableau 高级计算的巅峰——嵌套 LOD 表达式。图 14-19 所示的 3 个条形图矩阵分别展示了 "地区的交易均值（衡量产品）" "地区中各客户最大交易的均值（衡量客户购买力）" "地区中各客户最大订单金额的均值*衡量客户的购买力"。

图 14-19 使用 INCLUDE 完成交易详细级别和客户*订单详细级别的聚合

据此可以看出，虽然西北地区的交易单价更高，但客户购买力却落后于华东地区和中南地区，还可以综合对比客户的平均贡献等其他指标，进一步探索背后的业务逻辑。

为了解释上述的结果，在此可以换一种形象的说法，假定 "华北" 区域全年对应 100 名客户 200 次订单 500 次交易，则第 1 个值（1838.5）对应 500 次交易的均价，第 2 个值（3272.5）对应 200 个订单最高交易的均价，第 3 个值（3976）对应 100 个客户最高订单的均价；分别是 500 个、200 个、100 个数据的平均值。对很多工具而言，如果配合数据处理，单独完成每个条形图似乎都不难，但是基于明细数据同时实现，则是很多工具不可逾越的障碍。

那为什么不分开，请 IT 人员使用 SQL 分别完成 3 次聚合，然后分别完成 3 个图形呢？技术上可行，但在业务上就难以综合比较和评估。而且，随着数据源的分散化，更进一步的交互就无法实现，进而阻挡了交互式分析的可能性。

这个案例有助于理解大数据分析典型的特征：查看这个详细级别的客户特征，但不关心每个客户个体是谁，买了什么。后面会重点阐述这个分析角度的价值。

至此，本书解释了 4 种常见的结构化分析的情形。初学者会有一定的难度，需要在熟练使用第 2 篇图形样式的基础上，结合业务环境进一步理解。

14.5 通用的详细级别分析方法

14.5.1 结构化分析与"问题结构"

此前，本书把任意问题都分为 3 个构成"样本范围、问题描述（维度）和问题答案（聚合）。不管是样本范围、问题描述，还是问题答案，任意部分都可以间接引用另一个详细级别的聚合值，从而在一个问题中，同时引用多个数据详细级别的聚合。

结构化分析可以从问题解析中的任何一个部分展开，通常以聚合环节引用其他详细级别居多，而样本环节引用较少（但也更难）。如图 14-20 所示，从样本范围、问题描述（维度）和问题答案 3 个角度，分别可以引用另一个详细级别的聚合值，就有了 eg.2、eg.3、eg.4 的案例。

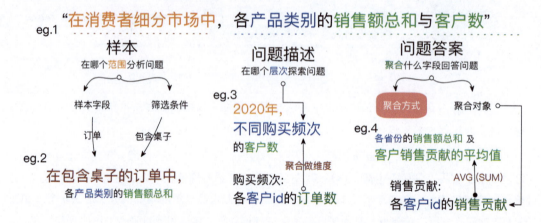

图 14-20　问题的 3 个部分都可以引用其他详细级别的聚合

在第 13.4 节，本书介绍了 eg.2 对应的"购物篮关联分析"，而在 14.4 节，则介绍了 eg.4 对应的"各地区的客户购买力分析"。

这里的 eg.3 案例，和以往都有些不同。之前的结构化分析，以 14.3.3 节为典型案例，在当前主视图基础上引入另一个详细级别，我们只需要在 FIXED 对应的问题详细级别选择合适的聚合，就基本正确。而这里的"2020 年，不同购买频次的客户数"则大为不同，问题所依赖的维度（购买频次），就是主视图的关键构成要素；它又依赖于客户详细级别。

这个问题也是会员分析中的经典问题。如图 14-21 中间所示，横轴代表"不同的购买频次"，纵轴代表客户数量，其中购买 13 次的客户共有 9 个人。这里的"购买频次"既是当前视图中的维度（决定视图的详细级别和客户数聚合），又是另一个详细级别（客户）的聚合依据。

第 14 章　从表象到本质：结构化分析是业务可视化分析的灵魂 | 315

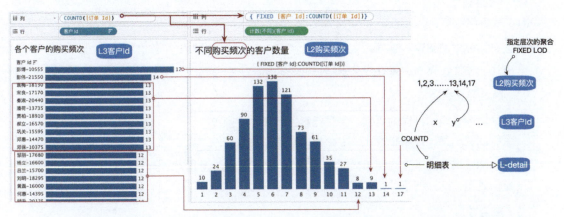

图 14-21　引用其他详细级别的聚合构成维度（共计 9 个人的购买频次（订单 Id 不重复计数）为 13 次）

"购买频次"是在客户详细级别聚合而来的，因此需要指定详细级别完成聚合，即 FIXED 客户、订单 Id 不同计数。相对主视图的详细级别（也就是客户的特征），预先聚合是和视图无关的，因此只能使用 FIXED 的绝对指定方式。最终，通过直方图查看分布，而不关心具体客户的情况。

这就是典型的引用另一个详细级别的聚合作为维度，从而决定问题的详细级别。借助 Tableau 优雅的 LOD 语法，分析师可以轻松地完成这个过程，而且直接以图形的方式展现。

14.5.2　详细级别分析的 4 个步骤

至此，本书已经分别详细介绍了单一详细级别"简单问题"和多个详细级别"高级问题"，这里，有必要将二者统一起来，介绍一下笔者多年总结的"详细级别分析"方法[1]。

业务分析师可以把问题分析与可视化分为 4 个步骤：分析问题、确定详细级别、聚合数据、可视化展现。各个阶段的重点如下（见图 14-22）。

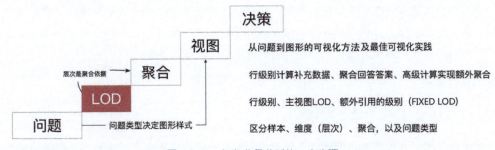

图 14-22　复杂业务分析的 4 个步骤

1　"层次分析"方法引用自《数据可视化分析（第 2 版）》第 10.5 节并修改完善。

（1）分析问题

- 区分问题中的筛选、维度、度量和聚合类型——对应问题的 3 个静态结构。
- 占比、同比、排序、累计等单独二次计算。

（2）确定详细级别

- 确认数据表明细行详细级别，用于行级别计算（必须）。
- 确认问题的"主视图焦点"从而构建主视图（必须）。
- 确认除主视图焦点外的详细级别及其与主视图的关系，从而选择高级计算表达式（适用于高级问题）。

（3）聚合数据

- 使用行级别函数补充基本字段的不足（非必须）。
- 使用聚合计算回答问题（聚合，必须）。
- 使用窗口计算或者狭义 LOD 表达式生成主视图之外详细级别的聚合（适用于高级问题）。

（4）可视化展示

- 将交叉表转化为可视化图形，并通过颜色、大小、形状等方式增强可视化图层。

不同的工具，具体的实现方法各有不同，通常共同的目的是多详细级别的业务分析，从多个角度、结构化地分析业务逻辑。本书后续部分的案例，会将这个方法置入其中。

14.6 和结构化分析相反的"努力"方法

介绍完结构化分析，接下来有必要介绍一下与之完全相反的分析倾向。

一个人可能因畏惧通往成功之路上的坎坷而选择放弃，至少也要避开那些通往深渊的陷阱，这样也能保持平静的幸福。分析也是同样的道理，即便在短期内受限于技术和业务理解不能成为高级业务分析师，但也要知道哪些是歧途，否则容易消磨掉对未来的信心。

接下来的这些方向，"危害性"逐渐降低，请尽可能远离。

14.6.1 "形式大于内容"的图形

每个可视化图形和仪表板，都包含了形式（可见）和内容（意义）两个部分。可见的部分是框架、基础，而它反映的数据关系、内容和意义才是关键，通往业务决策。因此，可视化分析和设计需要兼顾二者的平衡，就像我们每个人兼顾活着与价值一样（见图 14-23）。

第 14 章 从表象到本质：结构化分析是业务可视化分析的灵魂 | 317

图 14-23　形式还是意义，这是个问题

在很多客户和分析师那里，有一种让"形式复杂化"的倾向，特别是给领导设计的仪表板大屏，普遍存在"过度设计"的倾向。一旦这种风气开始形成并弥漫，就会慢慢成为业务分析中最大的障碍，不仅阻碍了技术的探索，而且阻碍了数据的沟通。

这种"过度设计"的几个典型特征是：追求没有意义的美化、片面地追求数据密集度（又多又长不留白）、追求炫酷新颖的复杂图形、试图用立体图形增强可视化效果等。

举例来说，很多人为了美观做"末端是圆角的条形图"，众所周知，条形图用长度代表大小，末端的线对应刻度，"圆角"虽然让棱角分明的图形变得柔和，但是对分析数据毫无意义。如图 14-24 所示，末端是圆角的条形图甚至还不及棒棒糖图直观。

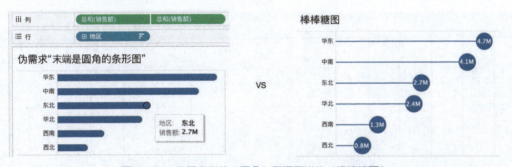

图 14-24　毫无意义的"圆角"和还不错的"棒棒糖图"

棒棒糖图用细线条保持条形图排序的本质，用带有标签的圆圈增强数据的直观性，整体简洁而不失优雅。当然，这样的改变也有代价，那就是原本一次查询、聚合的过程，变成了两次查询的双轴合并（计算机并不会因为这是相同的聚合而简化过程），视觉优化的代价就是计算机性能的额外付出。

当然，双轴给计算机带来的性能负担还在可控之内，很多复杂图形远远没有那么友好。特别是追求过度炫酷的仪表板大屏，会使用立体、动画，甚至默认轮播滚动的特殊渲染的效果，或使用经过复杂处理的图片或者动画。

还有一种"不良风气"是立体图形，虽然很多工具，包括 Python 支持完成立体样式的可视化图形，但这并非必要，甚至对数据分析有碍。虽然人类两只眼睛的作用在于分辨距离，但显然不适合"在平面上的立体图形"。

因此，图 14-25 所示的图形都应该避免。

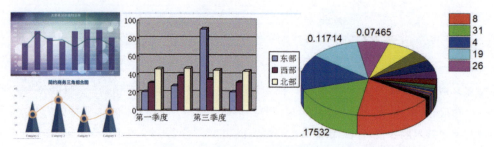

图 14-25　过度形式化的图形和立体图形

各种"形式主义"的诱惑不仅存在于单一图形中，也存在于仪表板设计阶段。

很多人刚进入分析领域，会被很多酷炫的图形所吸引，笔者通常会避之不及（因此笔者也做不出来），如图 14-26 所示。凡是超过业务领导可视化分析能力的图形，都不值得作为首要学习目标，除非你的目标不是业务，而是比赛或者其他同样形式化的东西——在某个阶段，这是值得鼓励的。

图 14-26　来自 Tableau Public 的可视化两则[1]

在客户服务的过程中，笔者经常遇到各种各样的奇怪需求，通常，笔者都会问自己以下几个问题，然后做出不同的回答。

- 这个需求对业务有意义吗？
- 这个有意义的需求，形式大于内容吗？
- 这个有意义、有必要的需求，所选工具能实现吗？
- 这是一个什么类型的问题，选择怎样的可视化样式？

一定不要忘了，可视化分析服务的是人，是业务，不要在不重要的地方耗费宝贵的时间和精力。

1　Sivaramakrishna Yerramsetti 和 CJ Mayes，分别为 2020 年 12 月 11 日和 15 日的"今日可视化"全球榜。

14.6.2 缺乏代表性和意义的指标

14.6.1 节的问题来自制作可视化图形的人，还有一种危害巨大的误区，来自提出分析需求的"甲方"（业务部门）。有时，他们对可视化分析的伤害超过了很多人所能理解的地步。

笔者曾在某个客户提供服务时从 IT 人员那里遇到这样的问题：

"公司业务部门让分析师完成各种同比、环比计算，之前主要是销售的年度、季度和月度同比、环比，如今又增加了周同比、天同比、相同周内的同一个工作日同比等。"

通常情况下，样本越小，有效性就越低，而且极容易受到其他要素的干扰，比如节日、天气等对两年同一天销售的影响。作为运营的基本单位，年、月的同比和环比是有业务意义的，但是周和天的同比意义就微乎其微（当然因行业不同也会有不同）。股票交易就是一个明显的例子。

业务用户为什么会有很多类似这样的缺乏价值的指标，而且动辄就做出调整？

这与大部分业务用户缺乏系统的统计学素养有关，比如概率、误差、可信度、可信区间、样本有效性、随机变量等概念，并不像求和、平均值一样普及。所以有些明显没有分析价值的指标，也会因为新颖被加入分析范围，贻害众人一段时间，然后才发现缺乏价值再销声匿迹。

另外，这与业务用户思考的方向错误和所用工具有关。人们习惯性地按照昨天的思维模式去扩展分析视野，而且，业务用户的思维方向被他们所使用的传统工具限制住了，一个以 Excel 习惯为思维底层的人，是无法理解多个详细级别的结构化分析的，即便他有这样的"灵光乍现"的瞬间，也会被"抱歉，工具无法实现"的现实所浇灭。

那些时不时提出一些怪异的分析指标的企业，通常是缺乏成熟的指标体系的传统企业。特别是在转型的过程中，对新业务的理解不足，更容易导致分析指标朝令夕改。

因此，分析师要借助自己对统计学的理解，积极参与到业务用户的指标设定和评估上来；同时业务人员也应该积极学习各行业国内外成熟的分析模型，然后加以本地化改造，逐渐建立自成体系的分析指标体系，从而保证指标体系长期的有效性和一致性。

14.6.3 缺乏互动性的图表

使用以 Tableau 为代表的敏捷 BI 工具，一个重大的误区是"仅仅"把它视为 PowerPoint 展示的素材来源，这无疑浪费了敏捷 BI 的才华。

数据可视化分析要服务于业务决策，需要提供以 WHAT-IF 为代表的假设验证，甚至要考虑不同访问角色、数据权限等的数据要求，这都需要提供动态交互的设计。

在 Tableau 自带的"超市仪表板"中，有如图 14-27 所示的视图。在数据分发时，可以基于地区

（地区经理）做权限控制，可以提供日期选择和参数控制，这样就为可视化提供了权限和交互的可能性。

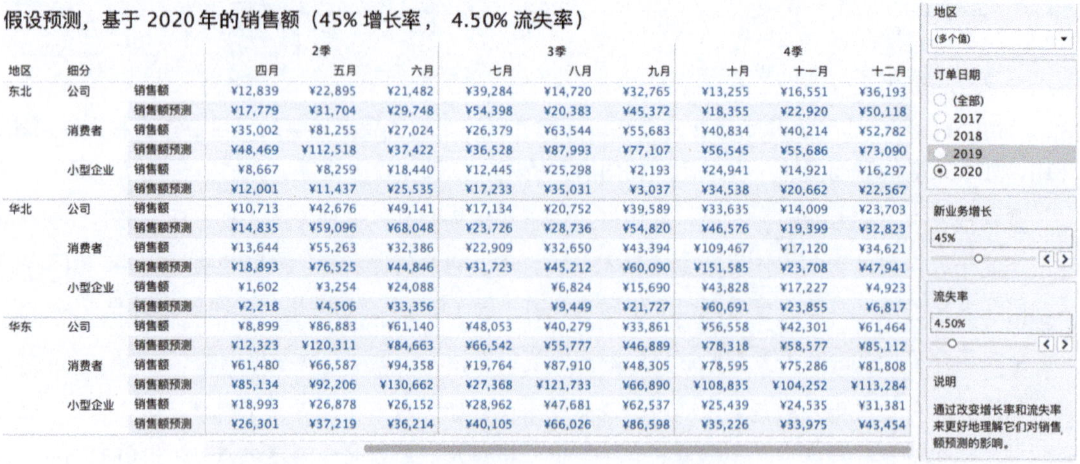
假设预测，基于 2020 年的销售额（45% 增长率， 4.50% 流失率）

			2季			3季			4季		
地区	细分		四月	五月	六月	七月	八月	九月	十月	十一月	十二月
东北	公司	销售额	¥12,839	¥22,895	¥21,482	¥39,284	¥14,720	¥32,765	¥13,255	¥16,551	¥36,193
		销售额预测	¥17,779	¥31,704	¥29,748	¥54,398	¥20,383	¥45,372	¥18,355	¥22,920	¥50,118
	消费者	销售额	¥35,002	¥81,255	¥27,024	¥26,379	¥63,544	¥55,683	¥40,834	¥40,214	¥52,782
		销售额预测	¥48,469	¥112,518	¥37,422	¥36,528	¥87,993	¥77,107	¥56,545	¥55,686	¥73,090
	小型企业	销售额	¥8,667	¥8,259	¥18,440	¥12,445	¥25,298	¥2,193	¥24,941	¥14,921	¥16,297
		销售额预测	¥12,001	¥11,437	¥25,535	¥17,233	¥35,031	¥3,037	¥34,538	¥20,662	¥22,567
华北	公司	销售额	¥10,713	¥42,676	¥49,141	¥17,134	¥20,752	¥39,589	¥33,635	¥14,009	¥23,703
		销售额预测	¥14,835	¥59,096	¥68,048	¥23,726	¥28,736	¥54,820	¥46,576	¥19,399	¥32,823
	消费者	销售额	¥13,644	¥55,263	¥32,386	¥22,909	¥32,650	¥43,394	¥109,467	¥17,120	¥34,621
		销售额预测	¥18,893	¥76,525	¥44,846	¥31,723	¥45,212	¥60,090	¥151,585	¥23,708	¥47,941
	小型企业	销售额	¥1,602	¥3,254	¥24,088		¥6,824	¥15,690	¥43,828	¥17,227	¥4,923
		销售额预测	¥2,218	¥4,506	¥33,356		¥9,449	¥21,727	¥60,691	¥23,855	¥6,817
华东	公司	销售额	¥8,899	¥86,883	¥61,140	¥48,053	¥40,279	¥33,861	¥56,558	¥42,301	¥61,464
		销售额预测	¥12,323	¥120,311	¥84,663	¥66,542	¥55,777	¥46,889	¥78,318	¥58,577	¥85,112
	消费者	销售额	¥61,480	¥66,587	¥94,358	¥19,764	¥87,910	¥48,305	¥78,595	¥75,286	¥81,808
		销售额预测	¥85,134	¥92,206	¥130,662	¥27,368	¥121,733	¥66,890	¥108,835	¥104,252	¥113,284
	小型企业	销售额	¥18,993	¥26,878	¥26,152	¥28,962	¥47,681	¥62,537	¥25,439	¥24,535	¥31,381
		销售额预测	¥26,301	¥37,219	¥36,214	¥40,105	¥66,026	¥86,598	¥35,226	¥33,975	¥43,454

图 14-27　一个标准的 WHAT-IF 假设验证

相对可视化图形，交互设计的理念还需要进一步普及，特别是基于参数和动态集合的功能设计，为高级业务分析打开了一扇天窗，从而遥望和分析更多的可能。

14.6.4　不符合直觉的设计

还有一类影响可视化分析的障碍，存在于设计和直觉地带。和“过度设计”不同，它们可以称为“错误的设计”，比如用虚线代表连续的趋势折线，用气泡图衡量大小，混乱的颜色、缺乏排序的条形图，人为更改的坐标轴，等等。“错误的设计”要么来自“无知”（比如缺乏美感），要么来自“蓄意”（故意隐瞒要点）。

通常，这一类设计都可以借助直觉发现端倪——你会感到不舒服、混乱和迷惑。

相对而言，这类问题最容易解决，只需要掌握本书第 2 篇的常见图形的绘制逻辑，并多做相关图形的对比，及时获得视图用户的反馈，慢慢就能培养对图形的感觉。

上述是笔者在服务客户时遇到的主要问题。转型期的中国和中国企业，都不同程度地面临各种问题，随着知识的普及，未来一定要有更多的企业从这样的困境中走出来，并走向业务探索分析的大道。在本书第 15 章，笔者将冒昧地提出自己的点滴拙见。

第 15 章

归来：成为优秀的业务分析师的个人建议

本书的重点是业务可视化分析。最后，笔者想基于多年来业务实践、数据分析及客户服务的经历，给出一点点业务可视化分析的拙见，希望能帮助更多新人和企业用户穿过数据的迷雾，畅享分析的喜乐。

如果要用几句话概括，暂且总结如下。

业务是土壤，数据是种子，软件是工具；可视化图形是树木，仪表板是树林；
地无穷尽，天无尽头，学习以制胜，反思以制心，远离诱惑，循序渐进。

15.1 好奇、探索和持续学习的欲望，是前进的源泉

分析的对象是业务，但最重要的还是理解业务和完成分析的人。

大数据分析是 21 世纪的新兴专业，又是当下最稀缺的岗位之一。面对技术的快速发展、知识的迅速迭代，特别是深奥莫测的业务环境，只有那些为此做好了充分准备，且主动拥抱变化的人方才能胜任。

业务分析师要同时面对来自两个方面的未知：一方面是大数据的"深渊"；另一方面是业务的"复杂"，有时还有"人性"。这就要求业务分析师具备超乎寻常的好奇心和探索欲、百折不挠的毅力，以及随时学习补充"知识食量"的热忱。缺少了任何一点，都很难在充满不确定的路上保持长远的定力。

做数据分析的过程，就像信心满满地爬一座山，不料却是一个坡连着一个坡，如图 15-1 所示。

分析师应该充分地认识这其间的辛苦，并保持"以终为始""长期主义"的毅力。

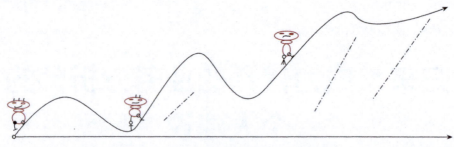

图 15-1　分析师的旅程（根据网上图片改编）

不过倒也没有什么可怕，人生不就是这个样子的吗？显然没有比好好活着更难的事情了。

15.2　学习理解原理，方能举一反三、事半功倍

学习 Tableau 对笔者一个非常深刻的启示是"凡事从根上问为什么"，也许这就是很多人所推崇的"原理性思考"或者"第一性原理"。

大数据可视化分析可以从多个角度切分为多个板块，比如统计学原理、可视化规则、业务逻辑等，每个板块都有前人总结的原则、方法和思考体系，即便时代不同、工具各异，背后的很多地方都可以互通。一旦掌握了这些方法，在时间和实践的酝酿之下，就具备了触类旁通、举一反三的基础。时常阅读好书，给笔者提供了在客户服务过程中源源不断的营养。

读书和学习是一个在头脑酝酿化学反应而非物理堆叠的过程，假以时日，就不断有灵感如星星之火，最后终成燎原之势。当然，学习无须设限，广泛阅读和学习有助于创新，逐渐地才会有触类旁通、举一反三的感觉。

在《数据可视化分析（第 2 版）》一书中，笔者从 DIKW 的模型理解数据与业务的关系，用 Tableau 2020.2 版本中"物理与逻辑"的分层方法倒推理解整个数据合并体系，用详细级别分析方法理解整个复杂问题，并重建了整个计算的理解体系。一步一步，最终实现各个角度的逻辑自洽和前后统一。也正是在这个过程中，笔者理解了 Tableau 面向业务环境的方法论，并希望以"Tableau 传道士"的公众号和"喜乐君"博客保持帮助更多人学习。

作为非 IT 背景并且晚来的分析师，这就是笔者成长的体会。笔者脱离了科班的 IT 基础，也免除了那些背景知识的束缚，按照 Tableau 的逻辑体系，一步步从零搭建了可视化逻辑体系。

在本书中，笔者试图进一步完善问题分析的"逻辑大厦"，然后在《用图表说话：麦肯锡商务沟

通完全工具箱》一书的逻辑基础上，把可视化分析体系往前推进一步，最终通往结构化分析的业务重点。

当然，原理永无止境，这就是科学的成长之路。在阅读《统计学的世界》一书时，笔者也发现自己的盲区远远超过预期。比如，在该书第2部分的内容回顾中，作者总结了如图15-2所示的框架帮助笔者理解了散点图的层层逻辑结构。

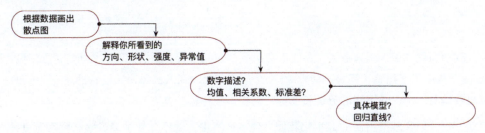

图 15-2　从数据到模型的过程（来自《统计学的世界》，模仿绘制）

15.3　深入理解业务，方能立于不败之地

业务是分析的土壤，建议每一位分析师都要深耕你所在的业务环境，直到达到游刃有余的地步，方才转身探索另一个领域。

当然，深入理解业务的最好方法不是"远观"，而是身临其境、置身其中。笔者早年在零售行业的工作经验，给笔者的数据分析之路提供了莫大的帮助，之后作为项目经理全权负责门店管理、人员、营销、产品等业务，又体验了领导观察业务和数据的视角。

对任何一个行业和公司，数据都是对业务逻辑的记录和展现，业务逻辑相对而言是稳定的，业务经理和分析师只需要沿着公司领导每年、每季度、每月的管理和运营视角，就能大致洞察业务的来龙去脉，依次建立整个企业的常规分析仪表板。这也是笔者给初次转型数字化运营的客户建议的捷径。只有以新技术提高传统的分析效率，才有时间和精力展开接下来的业务探索分析。

业务探索分析不外乎"人、财、物"几个方面，如图15-3所示，沿着类似的角度进一步展开，几乎就可以触及主要的业务板块，并确定核心的分析主题和分析指标。

动态业务就像是各种板块的拼盘（甚至可以对应到公司的业务部门和岗位）。按照上述逻辑，业务分析师可以完成核心主题的数据可视化分析，并带领对应业务的负责人展开自助分析，进而细化到决策验证领域。

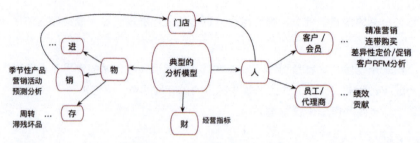

图 15-3　一个分析指标的简单模型

深入理解原理和深入理解业务，是优秀分析师的左膀右臂。企业招聘"分析专家"，不是因为他/她的数据工具使用得熟练，而是因为他/她对业务的长期、深入的思考，这种思考深入原理，使他/她可以轻易地看到别人看不到的分析和业务的真相，故称为"专家"。

比如，在《数字蝶变：企业数字化转型之道》一书中，数字化转型专家赵兴峰老师就阐述了他多年业务经验之后的数字化理解，面对完全相同的数据，他可以给出独立的、创造性的理解，这是业务分析师的最高境界。

15.4　分析要从明细开始，过度整理会远离真相

在业务分析的过程中，应该尽可能从最具有业务代表意义的数据明细开始分析，而非通过各种中间表。业务分析和探索的关键是查找业务中数据之间的逻辑关系，业务逻辑关系只有通过明细才能尽可能地恢复原貌。每一次数据加工，都是对真实业务的扭曲或提炼。

业务探索分析不外乎"人、财、物"几个方面，更完整地说，每一个业务逻辑，都是如下一句话的不同版本：

"谁（who）在何时（when）、何地（where），给谁（whom），以何种方式（how），提供了什么产品（what），交易的量化指标是什么（how much）"。

这其中的每个字段，又都是由详细级别鲜明的很多值构成的，比如"事业部、大区、门店、业务员"构成了"谁（who）"，"哪年哪月哪日、几点几分几秒"构成了"何时（when）"，"类别、子类别、产品名称、产品 id"构成了"产品（what）"，诸如此类。

经常，分析师为了提高效率使用聚合工具对数据做预处理，这种方式通常限于常规的定制化报表，用于给领导展示宏观角度、确定性的问题，而非探索业务。

从业务的角度，聚合意味着业务逻辑的折叠。比如，聚合到年月的销售汇总，就无法再从订单角度探察产品的关联销售和客户的忠诚度；聚合到子类别，对产品的分析就止步于子类别。虽然这

有助于提高确定性问题的分析效率,但它无疑也在分析师和业务用户面前树立了一面高墙,隐藏了真实的决策需要,降低了结构化分析的可能性。

曾经有一家大型客户的 IT 分析师,在刚开始使用 Tableau 时,习惯性地以 Excel 加工的"数据透视表"作为数据源,然后来问笔者如何实现结构化的分析场景。陷入的就是这个处境。

大数据分析以应对庞大的"大数据"为基本前提,如果一个分析软件无法在几千万行的数据中实现敏捷分析,它就失去了作为大数据业务分析工具的前提。

当然,作为数据分析的重要组成部分,数据准备和治理也要兼顾明细数据的数据探索和聚合数据的综合展现的基本目标。因此,可以根据不同的数据场景,生成不同的数据源,但务必保持数据来源的一致性。图 15-4 展示了使用 Tableau Prep Builder 完成的基于 SAP HANA 大数据量的整理流程(部分),最终输出了多个数据源,从而驱动不同的业务场景,实现效率与真理的结合。

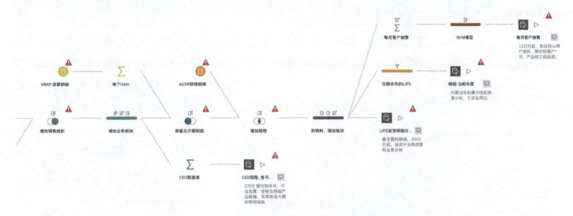

图 15-4　一个典型的数据整理流程 (左侧省略更多来源)

中心线是包含了核心业务字段的业务明细数据,设计产品规格、发票、客户明细等,数据量超过几千万行。同时生成了"CEO 数据源""大客户数据源""当年明细"多个节点,以此兼顾特定场合的定制报告和分析。

15.5　工具不在多而贵在精,熟能生巧、巧能生智

如今,最令我们兴奋的事情之一大概是工具前所未有的方便,以至于选择时都无所适从。基于 Excel 体系的各种衍生品直到 Power BI,基于 Python 的各种开发包,基于各种数据库的通用 SQL,基于敏捷拖曳的代表性工具 Tableau 等,百花齐放、百家争鸣。

产品无所谓好坏,只有是否适合你;选择也无所谓对错,只是各有得失而已。也有人说各种工

具各有利弊，各取其一，对高手而言可能适用，对初学者反而会是毒药，多未必是好，反而容易导致失衡。

笔者个人之见，不管是偏向底层的 SQL、Python，还是面向业务的 Tableau、面向 IT 的 Power BI，都在逻辑体系上自成一格，通往业务分析的"罗马"。因此，精通任何一门技艺，都能达到事半功倍的效果，而且有助于用它的逻辑体系去快速地理解其他工具的设计原理。毕竟作为分析工具，出发点和服务人群各有差异，但是分析的大方向和目的地却殊途同归。

每个人的选择根据自己的学习背景、职业岗位、发展路径而定，SQL 即将成为如同 Excel 的通用工具，Python 面向 IT 背景的分析师，Tableau 面向业务用户，Power BI 居于中间，偏向 IT 人员。

分析师一旦深刻地掌握了一门工具，并在业务环境中驾轻就熟，接下来就可以适当学习其他工具，取长补短。比如通过学习 SQL，简化了 Prep Builder 中的取数逻辑，而 Python 的可视化包让笔者理解了更多的图形。

初学者，学不在多，而贵在精；先熟能生巧，辅助思考后能生智。图 15-5 右侧所示是笔者学习 Tableau 过程中几个关键的时刻，通过深入理解字段和计算，最后在"LOD 详细级别"的地方找到了交汇点，从而突破了理解上的很多瓶颈；之后又把详细级别的理解从字段扩展到数据表，理解了数据合并的多种方式，最后通过本书的"问题的详细级别分析方法"融会贯通。

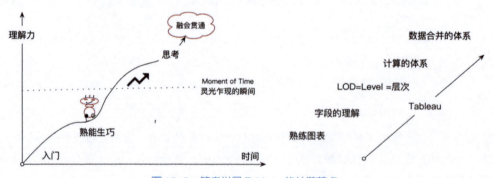

图 15-5　笔者学习 Tableau 的关键节点

15.6　循序渐进，不要好高骛远

每个知识体系都比我们预料得要庞大，特别是深入其中更会发现知识的浩瀚。因此学习的耐心至关重要，只有秉承"长期主义"的态度，循序渐进，方能致远。

既要坚守业务，又要保持跨学科的开放态度，比如笔者对 SaaS 商业化的最深刻的理解，来自多年前阅读的一篇名为 SaaS Metrics 2.0[1] 的文章，其中基于客户的成本（CAV）和贡献（LTV）的生命周期模型，让笔者看到了长期主义商业模式的魅力。如图 15-6 所示，全文用了两个简单的图形和两个公式，就让人明白了背后的原理。笔者深受启发，甚至尝试用这个模型来理解笔者的客户服务过程。

想要学习更多的分析模型，就需要深入相关的著作。

定价作为营销中的皇冠，笔者几乎所有的相关知识都来自赫尔曼·西蒙的两本经典书籍——《定价圣经》与《定价制胜》，特别是前者几乎可以涵盖所有企业的价格体系，不管是零售业的动态价格、航空业的登记定价，还是国际定价。反复阅读这样的好书，加上对所在行业的理解，就能逐渐为业务用户提供更多有价值的见解。除了定价，其他的商品分析和客户分析模型也是同理。

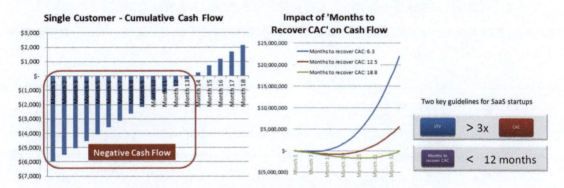

图 15-6　SaaS Metrics 2.0 摘要（图片布局略有改动）

时间和好书，会帮助我们在分析中取得胜利。希望本书也是其中之一。

1　*SaaS Metrics 2.0 - A Guide to Measuring and Improving what Matters*，作者：David Skok，来自 For Entrepreneurs，通过搜索引擎搜索可得。

后记&参考资料

感谢众多读者，感谢各位客户的历练，让笔者得以重新思考，并建立本书中业务思考的模型框架。本书的初衷是为初级用户建立基础的数据分析框架，不料又写到深处不能自拔，回看全书，更像是脱离软件的一本"业务分析与可视化分析"的跨界图书。

希望读者能从本书中获得一些营养，更希望这些营养能帮助大家理解典型业务分析的基础。

在《数据可视化分析（第2版）》出版之后，本书部分内容做了调整，重新印刷，希望帮助更多人了解Tableau可视化的精华。

本书参考资料如下。

1. Tableau官方网站、技术白皮书、蓝皮书、博客、知识库等。
2. *Polaris: A System for Query, Analysis, and Visualization of Multidimensional Databases*，Chris Stolte, Diane Tang, and Pat Hanrahan，vol. 51 | No. 11 | communications of the acm(NovEmbER 2008)。
3. *THE EARLY ORIGINS AND DEVELOPMENT OF THE SCATTERPLOT*, MICHAEL FRIENDLY AND DANIEL DENIS, *Journal of the History of the Behavioral Sciences,* Vol. 41(2), 103–130 Spring 2005。
4. *Advanced Presentation* by Design, Dr. Andrew Abela。
5. *Visual Business Intelligence*, Stephen Few。
6. 博客：flerlagetwins，Ken Flerlage & Kevin Flerlage。
7. 博客：VizPainter: Tableau Tips and Tricks, Storytelling, and Data Visualization。
8. 博客：The Information Lab。
9. 博客：扫地sir（姜斌）托管于简书。
10. 博客文章：*How to Make a Span Chart in Tableau* by Christopher Marland。
11. 博客文章：*SaaS Metrics 2.0 - A Guide to Measuring and Improving what Matters*，作者：David Skok，来自For Entrepreneurs。

12. 丹尼尔·卡尼曼 著,《思考,快与慢》,中信出版社。

13. 高云龙、孙辰 著,《大话数据分析:Tableau 数据可视化实战》,人民邮电出版社。

14. [美] 基恩·泽拉兹尼 著,马晓路、马洪德 译,《用图表说话:麦肯锡商务沟通完全工具箱》(*The Say it wity Charts Complete Tooldit*),清华大学出版社。

15. [美] 邱南森 著,《数据之美:一本书学会可视化设计》,中国人民大学出版社。

16. [美] Alberto Cairo 著,罗辉、李丽华 译,《不只是美:信息图表设计》(*The Functional Art*),人民邮电出版社。

17. [美] 黄慧敏(Dona M.Wong)著,白颜鹏 译,《最简单的图形与最复杂的信息:如何有效建立你的视觉思维》,浙江人民出版社。

18. 《SQL 基础交叉》,MICK 著,孙淼 罗勇 译,人民邮电出版社,2017 年 6 月第 2 版。

19. 《深入浅出数据科学》,斯楠·奥兹德米尔(Sinan Ozdemir)著,张星辰 译,人民邮电出版社,2018 年 10 月。

20. 《数字蝶变:企业数字化转型之道》,赵兴峰 著,电子工业出版社,2019 年 9 月。

21. 《穷查理宝典:查理·芒格智慧箴言录》查理·芒格,中信出版社,2016 年 12 月。

22. 《统计学的世界》[美] 戴维·穆尔,[美] 威廉·诺茨 著,郑磊 译,中信出版社,2017 年 9 月。

23. 《女士品茶》[美] 戴维·萨尔斯伯格 著,刘清山 译,江西人民出版社,2016 年 8 月。

24. Tableau Public 网站,特别是以下诸位的作品:
    Ken Flerlage、Andy Kriebel、Alexander Mou、Jeffrey Shaffe、Penny、Tim Deak、Adam Crahen、Sumeet Bedekar、Yuli_Wg、Sivaramakrishna Yerramsetti、CJ Mayes、Amruta Vivrekar、Srikanth Gurram、Bethany Lyons。

25. 博客:"喜乐君 blog"。

26. 《数据可视化分析:Tableau 原理与实践》,喜乐君 著,电子工业出版社,2020 年 7 月。

27. 《数据可视化分析(第 2 版):分析原理与 Tableau、SQL 实践》,喜乐君 著,电子工业出版社,2023 年 9 月。

"业务数据分析系列"图书

《数据可视化分析：Tableau 原理与实践》
喜乐君 著

《业务可视化分析：从问题到图形的 Tableau 方法》
喜乐君 著

《数据可视化分析（第 2 版）：分析原理与 Tableau、SQL 实践》
喜乐君 著

《解构 Tableau 可视化原理》
姜斌 著

封面待定